高等职业教育精品工程系列教材

U0812168

电气控制与PLC应用技术
——基于三菱FX3U系列

主　编　战祥森　罗　旭
副主编　方弄玉　周　琦　郑元示　付　友
主　审　曹成涛

電子工業出版社
Publishing House of Electronics Industry
北京·BEIJING

内 容 简 介

本书以面向岗位、突出实践技能为主线，以培养学生的电气控制与 PLC 编程技能为目标，详细介绍了掌握电气控制技术和 PLC 控制技术的方法和思路。本书共分为十一个项目，主要包括常用低压电器、电动机的控制、典型生产机械的电气控制分析、PLC 的基本指令应用、编程软件的应用、PLC 的功能指令应用和模块应用等内容。本书以岗位为导向、以任务为载体，将理论和实践紧密结合在一起，内容全面而实用。本书配有大量插图，可以方便读者对相关知识点的理解。

本书可作为高职、高专等院校的电气自动化、机电一体化、数控技术、应用电子技术、机器人应用技术等工科类专业的教学用书，也可作为机电行业岗位培训人员、机电爱好者及企业设备管理者等技术人员的参考用书。

图书在版编目（CIP）数据

电气控制与 PLC 应用技术：基于三菱 FX3U 系列 / 战祥森，罗旭主编．—北京：电子工业出版社，2020.6

ISBN 978-7-121-39080-7

Ⅰ. ①电… Ⅱ. ①战… ②罗… Ⅲ. ①电气控制—高等学校—教材 ②PLC 技术—高等学校—教材 Ⅳ. ①TM571.2 ②TM571.61

中国版本图书馆 CIP 数据核字（2020）第 099466 号

责任编辑：郭乃明　　特约编辑：田学清
印　　刷：北京捷迅佳彩印刷有限公司
装　　订：北京捷迅佳彩印刷有限公司
出版发行：电子工业出版社
　　　　　北京市海淀区万寿路 173 信箱　邮编　100036
开　　本：787×1 092　1/16　印张：14.25　字数：364.8 千字
版　　次：2020 年 6 月第 1 版
印　　次：2021 年 7 月第 2 次印刷
定　　价：44.00 元

凡所购买电子工业出版社图书有缺损问题，请向购买书店调换。若书店售缺，请与本社发行部联系，联系及邮购电话：（010）88254888，88258888。

质量投诉请发邮件至 zlts@phei.com.cn，盗版侵权举报请发邮件至 dbqq@phei.com.cn。

本书咨询联系方式：（010）88254561，guonm@phei.com.cn。

前　言

本书以培养应用型高技能人才为根本目标，以电气自动化、机电一体化等专业工作岗位的能力需求为依据，突出技术应用性和针对性，注重实践能力的培养，兼顾理论教学、技能培训、职业资格鉴定考核等内容。本书共分为十一个项目，主要包括常用低压电器、电动机的控制、典型生产机械的电气控制分析、PLC 的基本指令应用、编程软件的应用、PLC 的功能指令应用和模块应用等内容。每个项目均结合生产实际，具有很强的实用性和针对性，并配有习题以进行能力提升。

本书编者具有多年的企业现场经验、职业技术院校教学经验和职业技能鉴定培训考核经验，在总结多年经验的基础上编写本书。本书具有以下突出特色。

1．力求课程内容与职业标准对接。本书融入了“电工”工种的大量内容，内容更加接近生产实际，可以为参加职业技能鉴定的读者带来帮助。

2．力求学习过程与生产过程对接。本书采用“理实一体化”的教学思路，在每一个项目的内容安排上，先引入几个任务，然后在对相关知识的介绍中实施任务，可以实现一体化教学，使读者在实施几个任务的过程中对相关知识融会贯通。

3．力求从以能力为本位的角度出发，以打造轻松的学习环境。本书提供了大量编程实例，以崭新的视角将理论与实践有机结合起来，并以图文并茂的方式呈现给读者。

4．力求专业术语解释通俗易懂。

5．根据生产现场和技术发展的需要，本书添加了 GX Works2 编程软件的使用内容，以使读者掌握先进的编程方法和控制方法。本书创造性地利用触摸屏控制 PLC，使读者不使用硬件设备就能够直观、形象地学习 PLC。

参加本书编写的老师来自广州珠江职业技术学院、广东农工商职业技术学院、广东交通职业技术学院等院校。战祥森和罗旭担任本书主编。战祥森编写了项目七、项目八、项目九、项目十，并且负责全书的统稿、设计工作；罗旭编写了项目六；战祥森与周琦共同编写了项目十一；郑元示编写了项目一、项目二、项目三、项目四；方弄玉与郑元示共同编写了项目五。此外，方弄玉对本书的编写提出了宝贵的建议。在编写过程中，编者参考了相关著作和文献，也查阅了网上的相关资料，在此对这些著作文献的作者和资料的提供者表示衷心感谢。

曹成涛教授负责本书的审稿工作，并在审稿过程中提出了许多宝贵意见和建议，在此深表谢意。

本书可作为高职、高专等院校的电气自动化、机电一体化、数控技术、应用电子技术、机器人应用技术等工科类专业的教学用书，也可作为机电行业岗位培训人员、机电爱好者及企业设备管理者等技术人员参考用书。

尽管编者在教材的特色建设方面做出了许多努力，但由于编者水平有限，加之时间仓促，难免会有不足之处，敬请广大读者提出宝贵意见及建议。

编者

2019 年 8 月

目　　录

项目一　三相交流异步电动机的直接启动

本项目主要以三相交流异步电动机的自锁控制、顺序控制、异地控制和正反转控制为实例进行讲解。

通过学习低压电器的选用与维护、低压电器的电气图形符号和三相交流异步电动机的基本控制电路，学生应能较系统地掌握常用低压电器及三相交流异步电动机的结构和工作原理。常用低压电器是控制三相交流异步电动机运行方式的基础，通过学习三相交流异步电动机的基本控制电路，学生可在任务实施过程中提升自身的思考能力、分析能力、解决问题的能力，同时可培养自身处理问题的专业素养。

教学导航及目标

知识重点	掌握低压电器的选用与维护方法； 熟悉电路中低压电器和触点的作用； 掌握电气控制电路的检测方法
知识难点	低压电器的选用与维护； 电器安装接线的基本方法； 三相交流异步电动机基本控制电路的连接与调试
建议教学方式	建议从三相交流异步电动机的直接控制电路开始，先讲解简单的电路结构原理，从而引导出开关电器在电路中的作用，激发学生学习的兴趣，实现教、学、做一体化的教学方法
建议学时	20 学时
知识目标	掌握常用低压电器的选用及维护； 掌握电气控制的基本原则； 三相交流异步电动机基本控制电路的连接与调试
技能目标	掌握低压电器的选用与识读技术； 掌握低压电器常见故障判断与处理技术； 掌握电气控制电路的连接与调试技术； 掌握电气控制电路常见故障判断与处理技术

任务引入

1.1　三相交流异步电动机全压启动控制电路

三相交流异步电动机的全压启动控制是电动机最简单、最直接的控制方式。通过学习低压电器的结构和工作原理，利用低压电器的不同组合来进行电动机的启动控制，实现以下的控制任务。

1. 控制任务一：三相交流异步电动机的自锁控制

控制过程如下，按下启动按钮后，电动机得电启动并保持连续运转；按下停止按钮后，电动机失电停转。电动机自锁控制电路操作简单、维护方便、低压电器少。本任务内容在 1.7 节实施。

2. 控制任务二：三相交流异步电动机的顺序控制和异地控制

控制过程如下，对于顺序控制，电动机在启动时有限定的顺序，即启动第一台电动机后，才能启动第二台电动机，若第一台电动机未启动，则第二台电动机无法启动，电动机的顺序控制可有效预防误操作或违规操作，保障设备安全和操作人员人身安全。对于异地控制，同一台电动机有两套或两套以上操作按钮，这些按钮安放在不同的地方，两地或多地可以对同一台电动机进行操控，异地控制具有操作方便、电路简单、维护方便等优点。本任务内容在 1.8 节实施。

3. 控制任务三：三相交流异步电动机的正反转控制

控制过程如下，按下正转按钮以后，电动机正转，若需要电动机反转，则要先按下停止按钮，使电动机失电停转，然后按下反转按钮，电动机得电反转。本任务内容在 1.9 节实施。

在下面的内容中，我们将通过学习低压电器的相关内容，来逐步完成上述任务。

相关知识及实施

1.2　三相交流异步电动机

三相交流异步电动机如图 1-1 所示，电动机接线盒如图 1-2 所示。

图 1-1　三相交流异步电动机

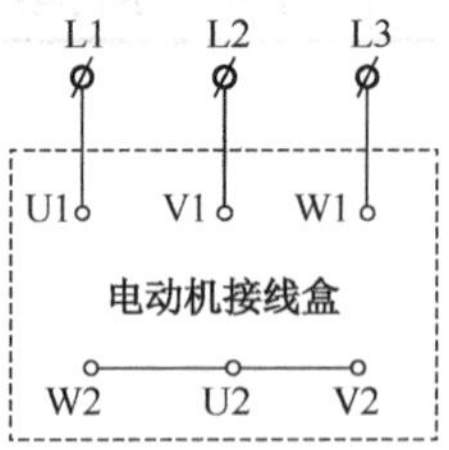

图 1-2　电动机接线盒

在选用三相交流异步电动机时，要注意电动机的铭牌标注，如图 1-3 所示。

三相交流异步电动机		
型号：Y132M-4	功率：7.5kW	频率：50Hz
电压：380V	电流：15. 6A	接法：Y
转速：1440r/min	绝缘等级：B	功率因数：0.85

图 1-3　三相交流异步电动机的铭牌标注

1.3　配电电器

配电电器是指用于控制频率为 50Hz、额定电压为 1200V 及以下、直流电压为 1500V 及以下的电气设备的通断和调配的电器，如刀开关、断路器、隔离开关等。

低压开关指的是用于电源的分断、保护和控制的低压开关电器，如刀开关、负荷开关和组合开关等。

1.3.1　刀开关

刀开关结构简单，它是应用最广泛的手动控制低压电器，其主要类型有负荷开关、板型刀开关。常见的负荷开关有开启式负荷开关和封闭式负荷开关。开启式负荷开关又称闸刀开关，常用于对照明电路和小容量不频繁手动接通与分断的动力电路的控制。

1. 刀开关的结构

刀开关由手柄、触点、静插座、绝缘地板和铰链支座等组成。刀开关按极数可分为单极刀开关、双极刀开关和三极刀开关；按操作方式可分为直接手柄操作刀开关、杠杆操作刀开关和电动操作刀开关。

2. 刀开关的选用

刀开关的主要技术参数有额定电流、额定电压、通断能力、电动稳定电流和热稳定电流等。

当发生短路故障时，刀开关不产生变形、未被破坏或动触点自动弹出时的短路电流峰值就是刀开关的电动稳定电流。在通常情况下，刀开关的电动稳定电流为其额定电流的数十倍。热稳定电流是指电路发生短路现象时，刀开关在某个时间段内通过的最大短路电流，且该电流不会使刀开关发生熔焊现象，同样，这个短路电流的最大值也是额定电流的数十倍。

3. 刀开关的安装

在安装刀开关时，应使其保持与地面垂直且手柄向上扳为合闸，向下扳为分闸，这样有利于灭弧。刀开关不能倒装或平装，倒装时容易受动触点自重的影响而造成误合闸，进而造成人身伤害和财产的损失。

1.3.2　负荷开关

负荷开关常用于电力拖动电路的接通与分断。常见的负荷开关有开启式负荷开关和封闭式负荷开关。

1. 开启式负荷开关

开启式负荷开关又称胶盖瓷底刀开关，常用于电气照明线路、电热线路及分支线路的接通与分断。开启式负荷开关具有价格便宜、维修方便、操作简单等特点，因而得到广泛应用。三极负荷开关可用于小容量三相交流异步电动机的接通和分断，但不能频繁进行操作。

开启式负荷开关由瓷手柄、触点、进线座、出线座、熔体、瓷底座和胶盖等部分组成。相比刀开关，开启式负荷开关增加了熔体和胶盖两部分，可实现短路保护。

常见的开启式负荷开关有 HK1 系列、HK2 系列。HK1 系列开启式负荷开关的瓷底座与下胶盖经铰链连接，可防止下胶盖掉落，有利于单手操作和熔体的维护。在一般情况下，对于普通的照明和电热器类负载来说，可以根据负载的额定电流来选择负荷开关的容量；对于电动机来说，还需要考虑电动机的启动电流，可以选用启动电流是电动机额定电流的 4 倍左右的负荷开关，尽可能选大容量的负荷开关，不可勉强或满额选用。

（1）HK 系列开启式负荷开关如图 1-4 所示。刀开关及负荷开关的电气图形符号如图 1-5 所示。

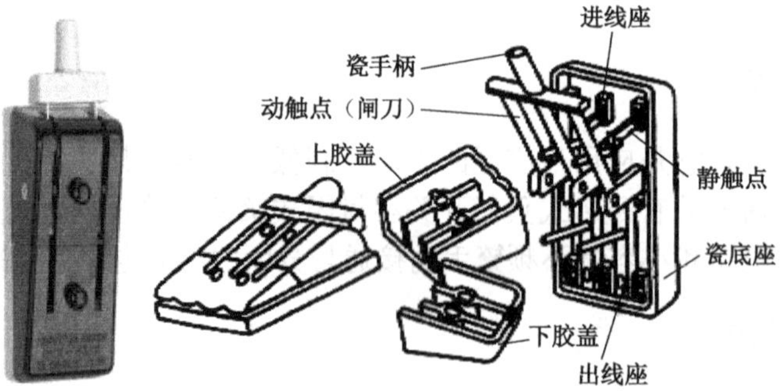

图 1-4　HK 系列开启式负荷开关

刀开关的电气图形符号　　　　负荷开关的电气图形符号

图 1-5　刀开关及负荷开关的电气图形符号

（2）HK 系列开启式负荷开关由刀开关和熔断器组成。负荷开关的底座上安装有进线座、出线座、上胶盖、下胶盖、静触点、熔体、动触点（闸刀）及瓷手柄等。上胶盖可以防止操作失误触及带电金属或分断时产生的电弧击伤人。HK 系列开启式负荷开关的型号及含义如图 1-6 所示。

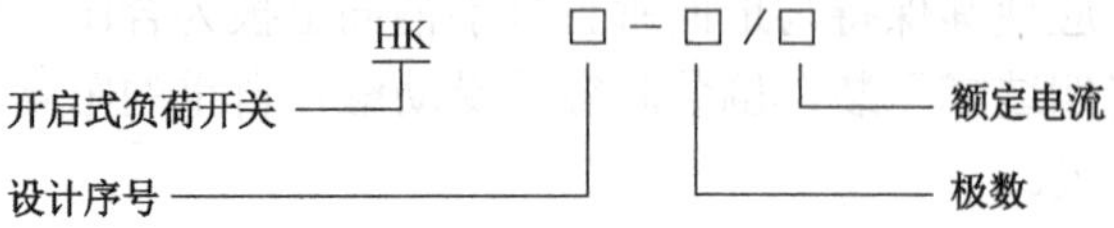

图 1-6　HK 系列开启式负荷开关的型号及含义

（3）开启式负荷开关结构简单、价格便宜，常用于照明线路和小功率电动机控制电路。开启式负荷开关没有灭弧装置，操作时动触点和静触点容易因接触不良而引起电弧烧蚀，所以不能频繁进行分断和接通操作。

（4）开启式负荷开关选用原则。在用于普通照明和电热器类负载时，宜选用额定电压为220V，额定电流大于或等于电路负载额定电流之和的负荷开关；在用于电动机时，宜选用额定电压为380V，额定电流大于或等于电动机额定电流4倍的负荷开关。

（5）开启式负荷开关的安装和使用。开启式负荷开关必须垂直安装在开关板上，合闸时瓷手柄必须向上，不能倒装或水平安装，以免误操作引起安全事故；在用于照明线路时，要安装符合规定的熔体，以防短路或过载扩大故障范围。在安装引线时，要把电源进线接在静触点的进线座上，负载一端连线接在动触点的出线座上。当需要更换熔体时，在分断电源后，负载和熔体都不带电，方便更换熔体。在进行熔体更换时，应更换相同规格的熔体，禁止大小规格不一致的熔体的熔体混搭使用，以免经常性地发生故障。在进行分闸与合闸操作时，应尽可能一步到位，避免分闸不迅速、合闸不到位操作，以免引起接触部位电流过大或发热烧蚀等故障。

（6）开启式负荷开关常见故障及处理方法如表1-1所示。

表1-1　开启式负荷开关常见故障及处理方法

常见故障	原因分析	处理方法
合闸，熔丝熔断	熔体规格小； 线路负载短路	更换符合要求的熔体； 排除负载短路故障
触点烧蚀或烧坏	分合闸动作过慢，电弧过大； 触点烧坏； 开关容量小	调整或更换触点； 更换刀开关
合闸，有一相或两相开路	熔丝熔断或接触不良； 开关进、出线接触不良； 刀开关动、静触点接触不良	更换熔丝或修复熔丝； 重新紧固接线； 调整或更换触点

2. 封闭式负荷开关

封闭式负荷开关又称铁壳开关，常用于照明线路、电热器等电气设备的接通与分断，也可用于小功率电动机的不频繁启停控制线路。

封闭式负荷开关由触点、熔体、灭弧装置、操作机构等组成，并用防护铁壳包装。封闭式负荷开关特点：采用蓄能合闸，在利用弹簧进行合闸与分闸时，开关能够迅速接通和分断，且接通和分断的速度与操作手柄扳动的速度无关，只要到达某个位置，弹簧就能起作用，这有助于提高开关的可靠性；具有互锁保护装置，在开关处于合闸位置时，箱盖不能打开，且箱盖打开时，开关不能进行合闸操作，这有助于提高操作开关的安全性。

（1）封闭式负荷开关的型号及含义如图1-7所示。

（2）封闭式负荷开关的结构。常见的封闭式负荷开关有HH3、HH4、HH10、HH11等系列。HH4系列封闭式负荷开关采用统一的设计外观，其主要由刀开关、熔断器、外壳和操作机构等组成，如图1-8所示。封闭式负荷开关与开启式负荷开关的电气图形符号是相同的。

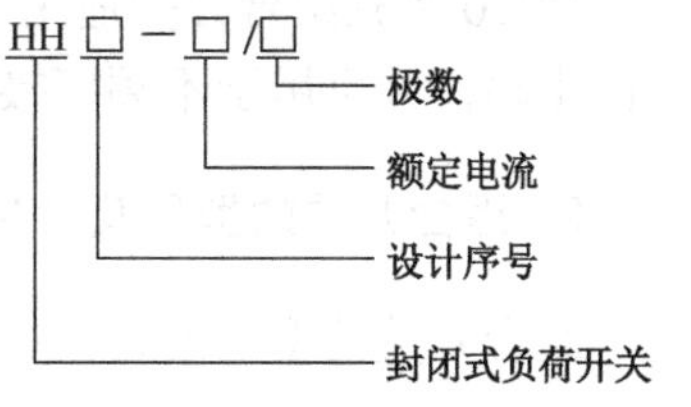

图1-7　封闭式负荷开关的型号及含义

（3）封闭式负荷开关熔断器的选用。熔断器的额定电压不能小于线路的工作电压；在用于电动机时，熔断器的额定电流应为电动机额定电流的3倍左右；在用于控制普通的照明和电热器线路时，可根据线路的额定用电量来选用。

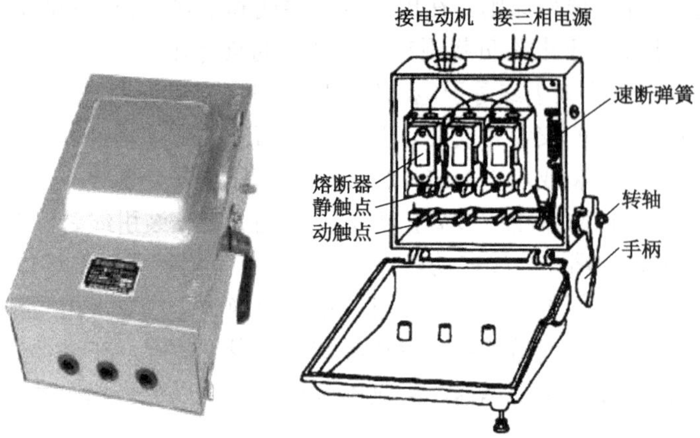

图 1-8　HH4 系列封闭式负荷开关

（4）封闭式负荷开关的安装与操作。在安装时，必须垂直安装，离地高度应不小于 1.5m，安装位置的选择应以操作方便和安全为依据；在接线时，静触点接线端子应接电源进线。

1.3.3　组合开关

组合开关又称转换开关，其由多组触点组合而成，是一种变形刀开关。组合开关用动触点代替了闸刀，用左右旋转代替了刀开关的上下分合动作，有单极、双极和多极之分。常用的组合开关有 HZ 等系列。组合开关的电气图形符号如图 1-9 所示。HZ10 系列组合开关如图 1-10 所示。

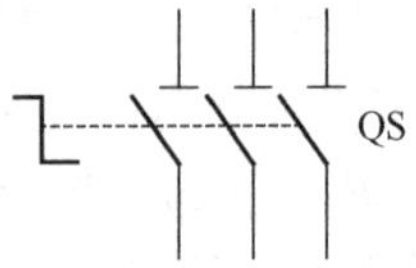

图 1-9　组合开关的电气图形符号

图 1-10　HZ10 系列组合开关

1. 组合开关的适用范围

HZ10 系列组合开关适用于交流电压为 380V 以下（频率为 50Hz）或直流电压为 220V 以下的电路，并可用于不频繁接通或分断电路、切换测量三相电源、改变负载的连接方式等。

2. 组合开关的型号及含义

组合开关的型号及含义如图 1-11 所示。

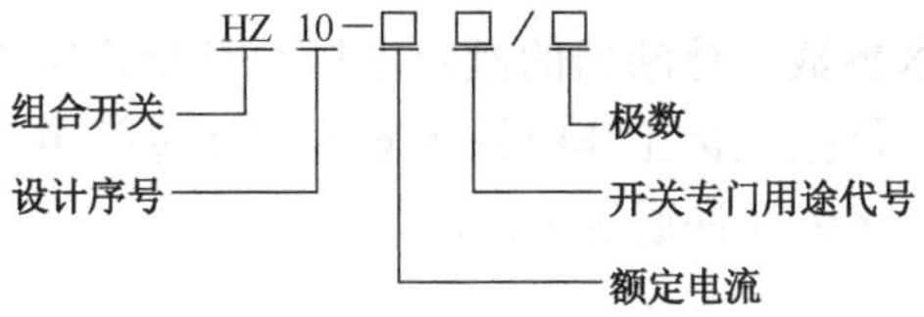

图 1-11　组合开关的型号及含义

3. 组合开关的结构

组合开关的多个动触点和静触点分别装于多层绝缘件内，动触点跟随手柄旋转从而改变组合开关的通断位置。组合开关的顶盖部分是由滑板、凸轮、扭簧及手柄等零件构成的操作机构，由于该机构采用了扭簧储能结构，因此其能快速闭合及分断开关，开关闭合和分断的速度与手动操作无关，采用这种机构可以提高产品的电气性能。

1.4　保护电器

保护电器常用于保护电路、电源和用电设备，以使电路和设备在短路和过载状态下运行不至于损坏。常见的保护电器有熔断器、热继电器等。

1.4.1　熔断器

熔断器是一种简单有效的保护电器，其具有容易安装、分段能力强、维护和使用方便等优点，能起到使电路与电源隔离的作用。熔断器串联在需要保护的电路上，用作短路保护。

1. 熔断器的结构

熔断器主要由熔体和安装熔体的熔座或熔管两部分组成。熔体由锡铅合金制成丝状或片状。熔管由陶瓷、绝缘钢或玻璃钢制成，在熔体熔断时可以起到灭弧作用。熔断器的熔体与被保护电路串联，当电路发生短路故障时，熔体中流过较大的短路电流，当短路电流所产生的热量达到熔体的熔点时，熔体熔断，电路被切断，从而达到保护电路的目的。

2. 熔断器的电气图形符号

熔断器的文字符号是FU，其电气图形符号如图 1-12 所示。

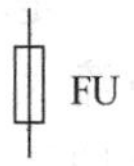

图 1-12　熔断器的电气图形符号

（1）熔断器的分类。熔断器有自恢复式、瓷插式、螺旋式等类型，如图 1-13 所示。

自恢复式熔断器　　瓷插式熔断器　　螺旋式熔断器

图 1-13　熔断器的分类

（2）熔断器的主要技术参数。熔断器的额定电压，是指正常工作时熔断器两端允许加的电压；熔断器的额定电流，是指正常工作时熔断器允许通过的电流；熔体的额定电流等级，是指正常工作时熔断器所配熔体允许通过电流的等级。

3. 熔断器的选择

（1）熔断器的类型选择。根据不同的场合、不同的保护对象，有针对性地选择熔断器的类型。当用于配电线路时，选择密闭式熔断器；当用于电动机时，选择螺旋式熔断器。

（2）熔断器的额定电压的选择。熔断器的额定电压不能小于线路的额定电压。

（3）熔断器的额定电流的选择。熔断器的额定电流不能小于熔体的额定电流。

（4）熔体的额定电流的选择。对于保护照明电路和非电感性设备的熔体，其额定电流要稍大于或等于负载电流之和。对于输配电线路的熔体，其额定电流要稍小于或等于线路的安全电流。对于在电动机回路中用作短路保护的熔体，要考虑电动机的启动条件，按电动机启动时间的长短来选择熔体的额定电流，如启动时间不长的电动机，可以按公式

$$I_{st}\text{（电动机启动电流）}=1.5\sim2.5I_n\text{（熔体额定电流）}$$

选择熔体的额定电流；启动时间较长或启动比较频繁的场合，可以按公式

$$I_{st}\text{（电动机启动电流）}=3\sim3.5I_n\text{（熔体额定电流）}$$

选择熔体的额定电流。

4. 熔断器的使用与安装

（1）当熔断器熔断后，应更换相同规格和型号的熔断器。

（2）在安装熔断器时，要使熔断器各部分接触良好，避免因接触不良造成的触点过热导致熔断器非正常熔断，进而影响电气设备正常工作。

（3）应经常检查熔断器的表面，并定期对其进行维护和保养，发现异常情况应及时更换熔断器。

（4）熔断器的选择应该符合电气设计要求，不能将熔断器随意替换为其他类型的熔断器。

1.4.2　热继电器

热继电器是利用电流流过热继电器时产生的热量而动作的继电器，即继电器是根据通过线路的过电流大小来决定动作时间的。热继电器主要用于电动机的过载保护、电流不平衡运行、断相保护及其他电气设备发热线路的控制。

常用的热继电器基本都是双金属片式的。热继电器按复位方式分为自动复位式热继电器和手动复位式热继电器；按级数分为单极热继电器、两极热继电器和三极热继电器。

（1）热继电器的型号及含义如图 1-14 所示 。

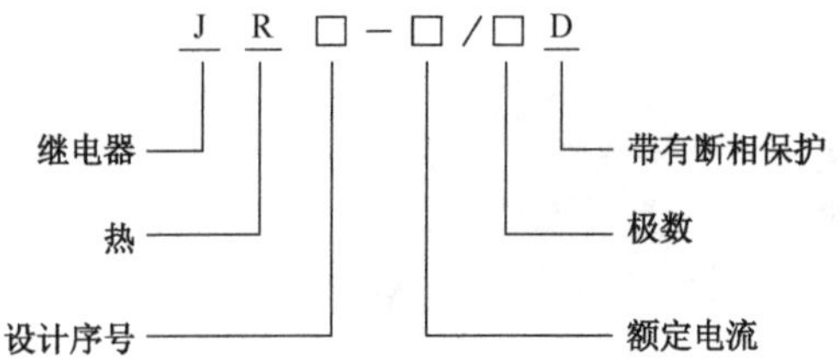

图 1-14　热继电器的型号及含义

（2）热继电器的结构及工作原理。

常用的热继电器有 JR20、JR36 等系列，这些系列的热继电器都是双金属片式的。下面以 JR36 系列热继电器为例，分析热继电器的结构及工作原理。

JR36 系列热继电器的外形与结构如图 1-15 所示。热继电器主要由热元件、触点系统、电流整定装置、动作机构、复位机构和温度补偿元件等部分组成。热元件由双金属片和绕在外

面的电阻丝组成，双金属片由两种不同膨胀系数的金属片复合而成，金属片的材料一般为铁镍合金或铁镍铬合金；电阻丝的材料一般为镍铬合金或康铜。动作机构利用杠杆和弹簧来保证触点（一般为一个常闭触点和一个常开触点）的可靠、迅速动作。电流整定装置利用旋钮和电流调节凸轮调节连杆间隙，以得到需要动作的位移，进而实现调节整定电流的功能。复位机构有自动复位和手动复位两种复位模式，一般自动复位模式的复位时间小于5min，手动复位模式的复位时间小于2min，由复位调节螺钉实现复位模式的切换。温度补偿元件即双金属片，在受热弯曲的时候，可以保持动作和方向一致，且在常温下受环境或其他发热元件的影响小。

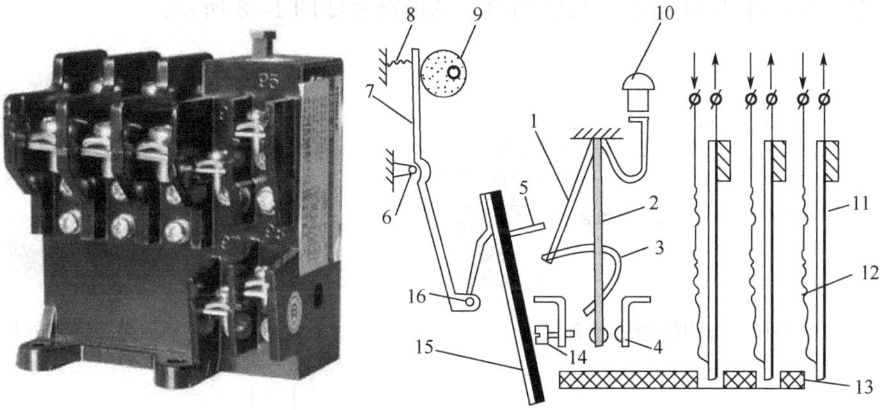

1、2—片簧；3—弓簧；4—触点；5—推杆；6—固定转轴；7—杠杆；8—压簧；9—凸轮；10—手动复位按钮；

11—主双金属片；12—热元件；13—导板；14—复位调节螺钉；15—补偿双金属片；16—轴

图 1-15　JR36系列热继电器的外形与结构

热继电器的工作原理：主双金属片与热元件串联，接通电源后主双金属片受热弯曲，使导板向左移动，推动补偿双金属片，补偿双金属片连同推杆在轴的限制下沿顺时针方向转动，推杆转动使两个片簧产生位移，达到一定位移量后，弓簧将改变触点的原始状态。凸轮用来整定动作电流，改变凸轮的位置，可以使杠杆的位置发生变化，同时改变补偿双金属片与导板的间距，进而改变热继电器的动作电流。热继电器通过复位调节螺钉将触点调为手动复位模式或自动复位模式，将复位调节螺钉向右拧到一定位置即可实现自动复位；将复位调节螺钉向左拧到一定位置时，需要手动按压手动复位按钮才能使触点复位。

因为热继电器主双金属片受热膨胀需要一定的时间，不会对电动机或线路的故障做出瞬动的短路保护，所以电动机出现短时间的短路故障或电动机启动运行时，热继电器不会动作。由于热继电器不能瞬动，因此可以满足电动机启动电流大和长时间工作的性能要求。

1.5　主令电器

主令电器常用于自动系统的控制，以发出指令的形式来控制自动电器的动作。常见的主令电器有按钮、主令开关、行程开关等。

1.5.1　按钮

按钮也称控制按钮或按钮开关，是指短时间接通或断开线路的手动主令电器，常用于电动机的控制线路。

按钮由按钮帽、桥式触点、复位弹簧和外壳等组成。常见的按钮大多是复合按钮，即由一组常开触点和一组常闭触点组成。对于复合按钮，当按下按钮时，常开触点和常闭触点都会处于分断状态，在很短的时间内，常开触点能够闭合；当松开按钮时，在复位弹簧的作用下，两组触点会复位。

按钮按结构分为旋转式按钮、指示式按钮、紧急式按钮。常见的按钮一般都有明显的区分，以免误操作。例如，停止按钮是红色的，启动按钮是绿色的。

按钮的型号及含义如图1-16所示。常见的按钮有LA10、LA18、LA19、LA20等系列，常见按钮的外形如图1-17所示。按钮的电气图形符号如图1-18所示。

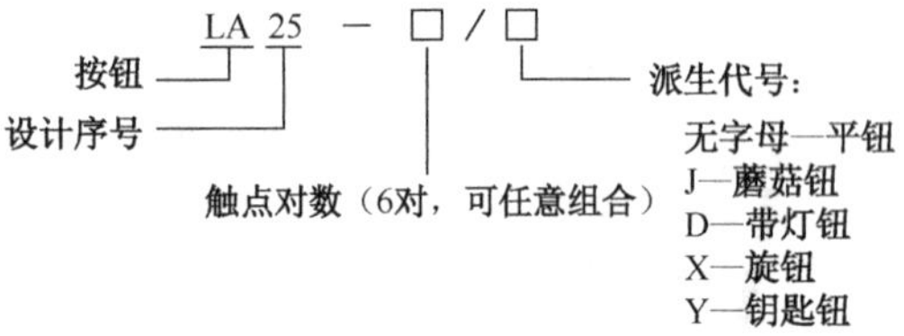

图1-16　按钮的型号及含义

图1-17　常见按钮的外形

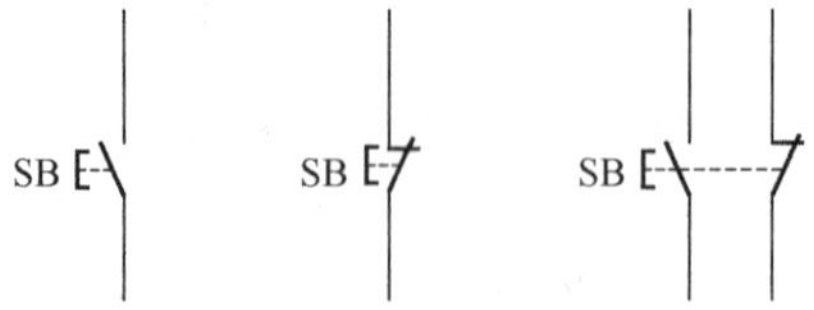

（a）常开触点　（b）常闭触点　（c）复式触点

图1-18　按钮的电气图形符号

1.5.2　行程开关

行程开关又称限位开关或位置开关，是指控制工作机械运动方向和行程的开关。行程开关的基本原理与按钮的基本原理相同，不同的是行程开关并不是由人操作的，而是通过工作机械的挡铁的接触或按压，来改变自身状态进而控制工作机械动作的。行程开关常用于限制工作机械的行程或位置，当工作机械行驶到一定位置时，会触发行程开关动作，进而实现停止、变速、反转等动作。

行程开关的型号及含义如图1-19所示。常用的行程开关有LX19、LXK2、JLXK1等系列。

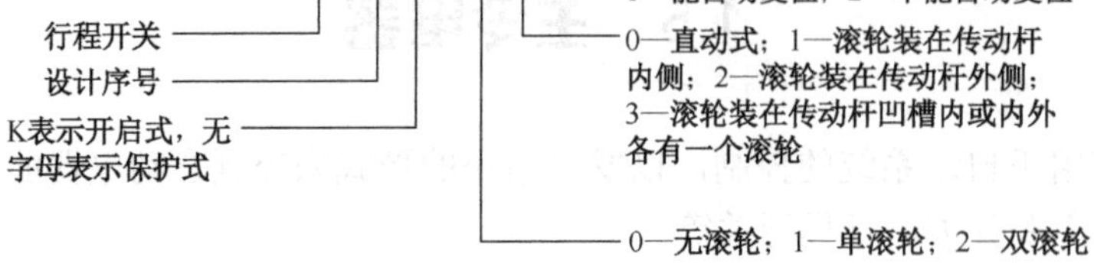

图1-19　行程开关的型号及含义

行程开关的外形与结构如图1-20所示。行程开关的结构基本相似，大多由触点系统、操作机构及外壳三部分组成。

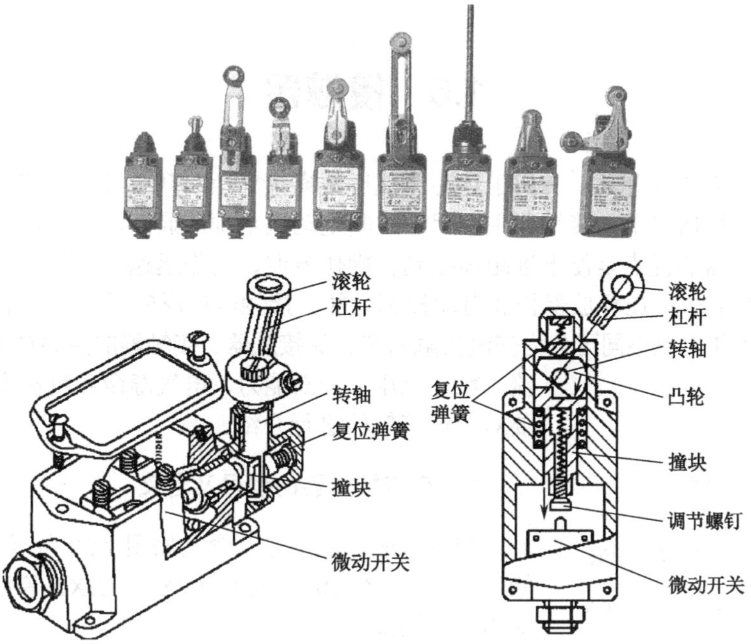

图 1-20　行程开关的外形与结构

行程开关的文字符号为 SQ，其电气图形符号如图 1-21 所示。

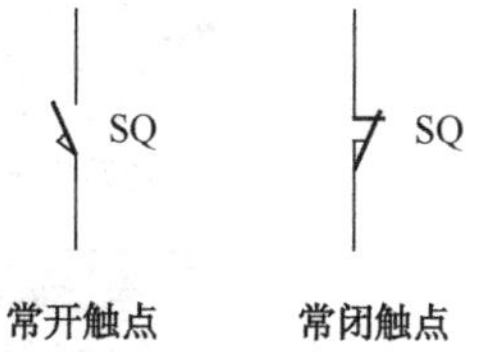

图 1-21　行程开关的电气图形符号

下面以 JLXK1 系列行程开关为例介绍行程开关的工作原理。当工作机械的挡铁压到行程开关的滚轮时，杠杆和转轴一起转动，进而推动撞块挤压微动开关，使常开触点闭合，常闭触点断开；当工作机械的挡铁离开行程开关的滚轮后，在复位弹簧的作用下，行程开关各部件复位。

按钮式行程开关和单轮旋转式行程开关属于自动复位式行程开关。双轮旋转式行程开关属于非自动复位式行程开关，即挡铁离开行程开关的滚轮后，行程开关不会自动复位，需要由挡铁在反方向位置触碰才能复位。

在选择行程开关时，应根据动作要求、触点数量和安装位置进行合理选择。在安装行程开关时，安装的位置要牢固；滚轮的位置不能装反，与挡铁碰压的位置要调整准确，保证能与挡铁可靠触碰。使用中的行程开关要注意保持清洁，应能保证动作可靠、灵敏、无卡阻现象，防止油垢或粉尘依附在其表面而造成接触不良或导致误动作。

行程开关的常见故障及处理方法如表 1-2 所示。

表 1-2　行程开关的常见故障及处理方法

故障现象	故障分析	处理方法
挡铁触碰行程开关的滚轮后，触点不动作	触点接触不良； 触碰位置不准确； 内部弹簧偏移或失效	清洁触点表面； 重新固定滚轮位置； 调整或更换弹簧
挡铁离开行程开关的滚轮后，触点不复位	内部撞块卡死； 复位弹簧损坏； 调节螺钉间隙过小	清洁或润滑内部撞块； 更换复位弹簧； 调整调节螺钉位置

1.6　接触器

接触器属于电磁式开关，常用于远距离或近距离频繁地断开或接通交流、直流主电路和控制电路。在一般情况下，接触器主要用于控制电动机电源的通断，也可以控制其他设备电源的通断。接触器的优点是便于远距离控制、操作方便、动作迅速、工作可靠、使用寿命长等。接触器还具有欠电压释放保护和自动控制功能。接触器广泛应用于电力拖动系统。

接触器按工作电流不同可分为交流接触器和直流接触器。接触器的主要技术参数有额定电流、额定电压、分断能力、电气寿命和机械寿命等。下面主要对交流接触器进行介绍。

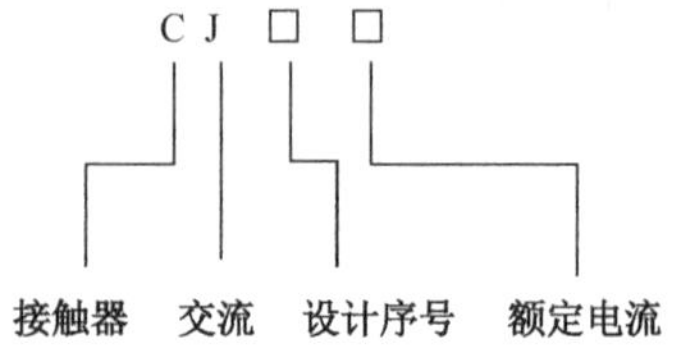

图 1-22　交流接触器的型号及含义

1. 交流接触器的型号及含义

交流接触器的型号及含义如图 1-22 所示。常见的交流接触器有 CJ0、CJ10、CJ20、CJX1、CJX2 等系列，其外形如图 1-23 所示。

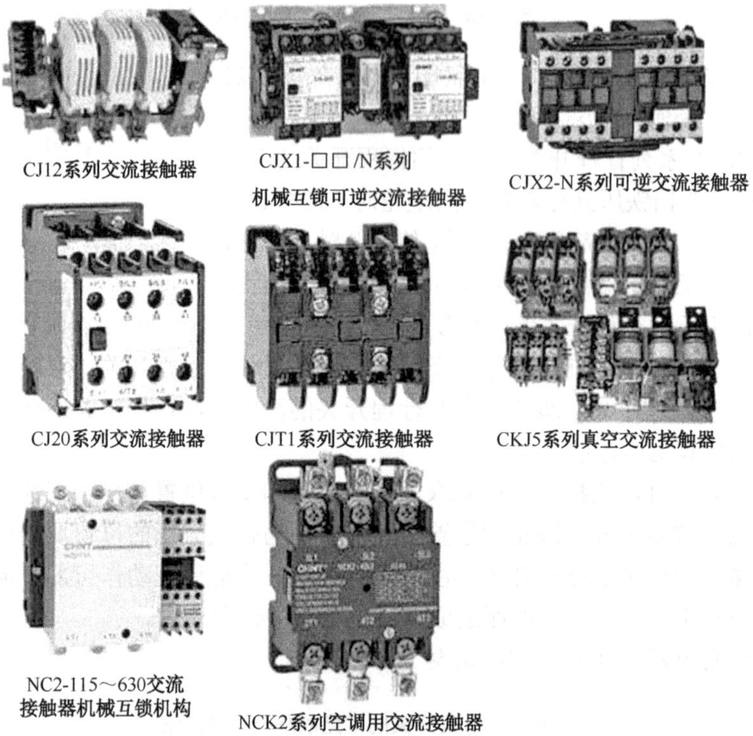

图 1-23　常见的交流接触器的外形

2. 交流接触器的结构

交流接触器由电磁系统、触点系统、灭弧装置和辅助部件等部分组成，如图 1-24 所示。电磁系统由线圈、静铁芯和动铁芯组成。静铁芯用相互绝缘的硅钢片叠制而成，可以减少交变磁场在静铁芯上产生的涡流损耗，并降低涡流产生的热量。静铁芯顶部装有短路环，可以减小动铁芯和静铁芯在吸合时产生的噪声和震动。

触点系统是桥式结构的，分为主触点和辅助触点。主触点是常开触点，常用在接通和分断大电流的主电路中；辅助触点分为常开触点和常闭触点，常用于控制电路中小电流的接通和分断及电气互锁。当交流接触器断电时，分断的触点为常开触点，接通的触点为常闭触点；当交流接触器通电时，常开触点会闭合，常闭触点会断开。

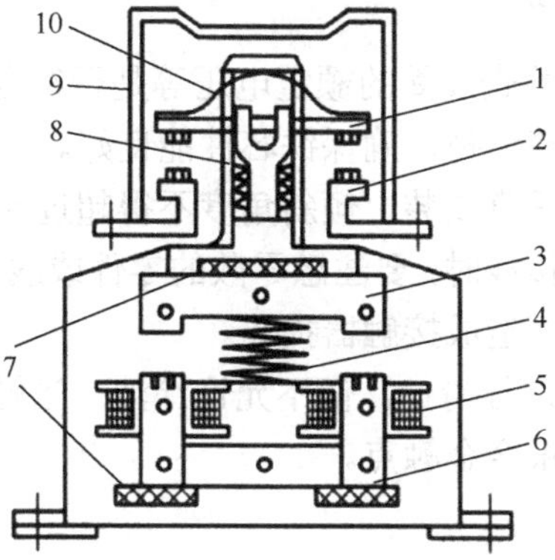

1—动触点；2—静触点；3—动铁芯；4—复位弹簧；5—线圈；6—静铁芯；
7—垫毡；8—触点弹簧；9—灭弧罩；10—触点压力簧片

图 1-24　交流接触器的结构示意图

交流接触器在断开大电流或高电压线路时，在动触点和静触点之间会产生电弧，电弧的大小取决于线路中电流或电压的大小，电流或电压越大触点分断的瞬间电弧就越强，热量也就越大。主触点电流在 10A 以上的接触器都设有灭弧装置，灭弧的措施有栅片灭弧、双断口电动力灭弧、纵缝灭弧等，灭弧装置常用陶瓷或耐弧塑料制成。

辅助部件包括复位弹簧、缓冲弹簧、触点压力簧片、传动机构和接线柱等。复位弹簧安装在动铁芯和线圈之间，其作用是在线圈失电后，推动动铁芯，使各触点复位。缓冲弹簧安装在静铁芯和线圈之间，其作用是缓冲动铁芯在被吸合时对静铁芯和外壳的冲击力。触点压力簧片安装在动触点上面，其作用是增加动触点和静触点之间的压力，使触点的接触面积增大，减小触点的接触电阻，减少触点的发热量。传动机构的作用是在动铁芯和静铁芯吸合或分开时，传递相应动作给动触点，实现触点间的接通和分断。

3. 交流接触器的工作原理

交流接触器是利用电磁吸力与弹簧弹力配合动作，使动触点和静触点闭合或分断的。当交流接触器的线圈通电后，线圈中通过的电流产生磁场，磁化静铁芯使其产生足够大的电磁吸力，从而使动铁芯克服弹簧弹力向下吸合，传动机构带动主触点和常开辅助触点闭合，常闭辅助触点断开；当接触器线圈失电时，线圈两端的电流消失，磁场减弱或消失，在复位弹簧的作用下，动铁芯、动触点复位。交流接触器的电气图形符号如图 1-25 所示。

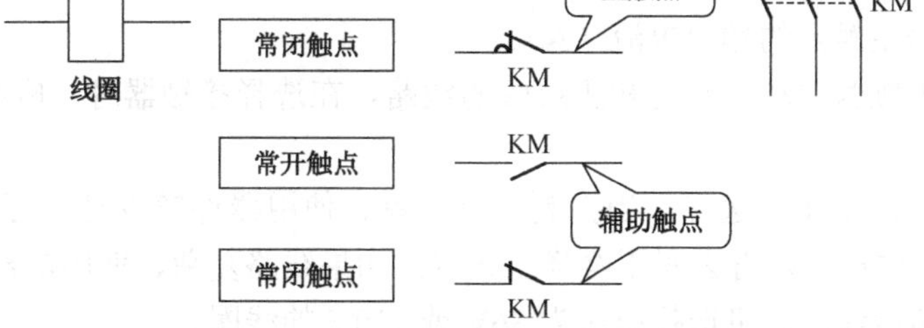

图 1-25　交流接触器的电气图形符号

常用的CJ10、CJ20系列的交流接触器的电压在其额定电压的85%以上时，能可靠吸合，电压过高或过低都会使交流接触器的线圈因过热而烧毁。

4. 交流接触器的使用与维护

在安装交流接触器前要先检查线圈的额定电压等是否符合要求，然后将铁芯极面上的防锈油脂或极面上的锈垢用汽油清洁掉，确保铁芯性能良好。

在安装交流接触器时，应垂直安装，倾斜角度不得超过5°，以免影响其动作性能。

在对交流接触器进行安装接线时，要注意零散的零件或线头等物体不能落入接触器内部，防止因接触器动作不良或卡阻而造成接触器损坏。

交流接触器的触点要定期进行清扫，但不允许涂油。当触点表面因电弧而产生金属小珠时，要及时清除，但不能打磨银合金触点。

5. 交流接触器的常见故障

接触器触点过热：主要原因有接触压力不足，表面接触不良、电弧烧蚀、烧毛等。接触不良会导致接触电阻过大，使触点过热。

接触器触点磨损：主要原因有电气磨损和机械磨损。电气磨损是指电弧的高温使触点上的金属氧化；机械磨损是由触点在闭合时的撞击和触点表面相对摩擦造成的。

接触器线圈失电后触点不能复位：主要原因有触点熔焊在一起、铁芯剩磁太大、复位弹簧弹力不足和活动部件卡死。

接触器内部震动有噪声：主要原因有铁芯歪斜、铁芯端面有尘垢、复位弹簧弹力太大、活动部件卡滞导致吸合不到位，以及短路环损坏或脱落。

接触器线圈过热或烧毁：主要原因有线圈匝间短路、铁芯闭合间隙过大、外加电压过高和操作频率超过允许值。

6. 接触器的选用

（1）接触器的类型选择。根据所控制对象的电源类型选择交流接触器或直流接触器。

（2）接触器主触点额定电压的选择。主触点的额定电压要大于或等于线路的额定电压。

（3）接触器主触点额定电流的选择。主触点的额定电流要大于或等于负载的额定电流。若接触器控制的是电动机，则其主触点的额定电流应按下列公式计算

$$I_{mc}=\frac{P_N\times10^3}{kU_N}$$

式中，k为经验系数，一般取1～1.4；

P_N为电动机的额定功率（kW）；

U_N为电动机的额定电压（V）；

I_{mc}为接触器主触点的额定电流（A）。

接触器若用于频繁启动、制动和正反转的线路，在选择接触器时，应将其主触点的额定电流降低一个等级。

（4）接触器线圈电压的选择。当控制电路简单、使用器件较少时，可选用电压为380V或220V的线圈，这样可以省去变压器降压成本。如果线路复杂、使用电器时长超过5h，从人身及设备安全角度考虑，可选择电压为36V或110V的线圈。

（5）接触器的触点数量及类型。接触器的触点数量及类型要满足控制电路的要求。

（6）接触器操作频率的选择。操作频率是指每小时接通和分断次数的总和。交流接触器最高操作频率为 600 次/h，直流接触器最高操作频率为 1200 次/h。

1.7　三相交流异步电动机的自锁控制

三相交流异步电动机具有结构简单、维修方便、价格便宜等优点，因而得到广泛应用。电动机接通电源后，由静止状态逐渐加速到稳定状态的过程称为电动机的启动。直接启动又称全压启动，是指通过主令电器或接触器为电动机的定子绕组直接接入额定电压的启动方法。下面主要介绍接触器自锁控制电路。

为了实现电动机的连续运行，接触器自锁控制电路将接触器的一组辅助常开触点并联在启动按钮两端，同时在控制回路中串联一个停止按钮，按下停止按钮可以使电动机停机。主要电气元件有电源开关 QS、熔断器 FU、交流接触器 KM、热继电器 FR、按钮 SB 和三相交流异步电动机 M。接触器自锁控制电路如图 1-26 所示。

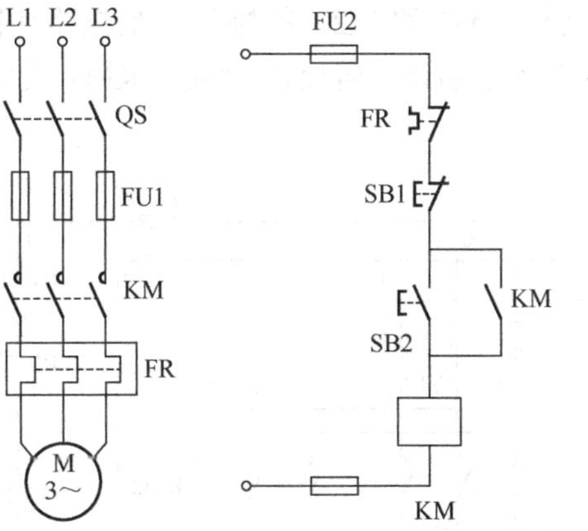

图 1-26　接触器自锁控制电路

按下启动按钮SB2 → KM得电 → KM主触点闭合 → M通电启动 → M运行
　　　　　　　　　　　　　　└→ KM辅助常开触点闭合，并自锁

按下停止按钮SB1 → KM失电 → KM主触点断开 → M失电 → M停止运行
　　　　　　　　　　　　　　└→ KM辅助常开触点复位

当需要电动机启动时，合上 QS，按下 SB2，SB2 常开触点闭合，KM 得电，KM 主触点闭合，接通电动机的三相电源，电动机启动运行。KM 得电，KM 辅助常开触点闭合，实现线路自锁，相当于短接 SB2 两端，保持 KM 得电，电动机保持连续运行。

自锁又称自保持，是指接触器依靠辅助常开触点保持线圈通电的现象，即电动机控制电路的电源回路的启动按钮在松开的情况下，电动机仍能保持正常运行。

当需要电动机停止运行时，按下 SB1，KM 失电，KM 的主触点和辅助常开触点复位，断开主回路和控制回路电源，电动机停止运行。

接触器自锁控制电路能实现电动机连续运行，还能实现失压保护和欠压保护的功能。当电源短时间断电后再次恢复供电时，电动机处于失电状态，若不再次按下启动按钮，电动机就不会启动，这就是失压保护功能。当电源电压处于工作电压的 85%以下时，接触器线圈的磁通会变得很弱，接触器的动铁芯在复位弹簧的作用下复位，使接触器的主触点和辅助常开触点复位，电动机停止运行，这就是欠压保护功能。

1.8　三相交流异步电动机的顺序控制和异地控制

实际的生产机械不断被改良，并不断增加新的要求，这些要求中包括多台电动机之间要相互联系，且各电动机要实现不同的功能，这时就需要多台电动机按一定的顺序运行才能保证生产任务和工作的安全可靠，即需要进行顺序控制。在某些机械设备或场地较大的场合，甚至要求在两处或多处同时对一套生产机械进行控制，也就是需要增加一套或多套按钮对生产机械进行同样的控制，即需要进行异地控制。下面主要介绍两台三相交流异步电动机的顺序控制电路和单台三相交流异步电动机的异地控制电路。

1.8.1　两台三相交流异步电动机的顺序控制电路

两台三相交流异步电动机（M1 和 M2）的顺序控制电路如图 1-27 所示，该控制电路实现的功能是 M1 启动后，M2 才能启动。若交流接触器 KM1 失电，则 M1 和 M2 将同时停止运行。

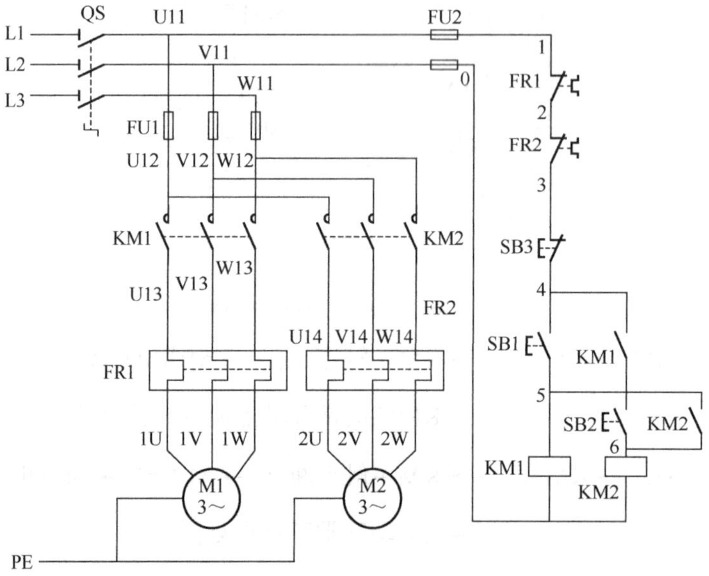

图 1-27　两台三相交流异步电动机（M1 和 M2）的顺序控制电路

在图 1-27 中，主控回路停止按钮为 SB3，M1 的启动按钮为 SB1，M2 的启动按钮为 SB2，FR1 和 FR2 为热继电器，KM1 控制 M1，KM2 控制 M2。

三相交流异步电动机的顺序启动过程：合上电源开关 QS，按下 SB1，KM1 得电，KM1 主触点闭合，M1 启动，KM1 辅助常开触点闭合同时 KM1 自锁，M1 连续运行；顺序启动 M2，按下 SB2，KM2 得电，KM2 主触点闭合，M2 启动，KM2 辅助常开触点闭合同时 KM2 自锁，M2 保持运转。

按下SB1→KM1得电→KM1主触点闭合→M1通电启动→M1运行
　　　　　　　　　→KM1辅助常开触点闭合并自锁

按下SB2→KM2得电→KM2主触点闭合→M2通电启动→M2运行
　　　　　　　　　→KM2辅助常开触点闭合并自锁

按下SB3→KM1和KM2失电→KM1和KM2主触点断开→M1和M2失电
　　　　　　　　　　　→KM1和KM2辅助常开触点复位
→M1和M2停止运行

当需要停止两台电动机时，只需要按下 SB3，控制回路的电源就会被切断，KM1 和 KM2 同时失电，其主触点和辅助触点复位，两台电动机停止运行。

1.8.2　单台三相交流异步电动机的异地控制电路

在前面介绍的控制电路中，只能在一个地点控制电动机，即用一组控制按钮对电动机进行控制。而在实际的生产现场，为了使某些机械设备操作更灵活、更方便，需要在两处或多处进行相同的控制操作，这时就需要利用异地控制电路来达到这种目的。

单台三相交流异步电动机的异地控制电路如图 1-28 所示。

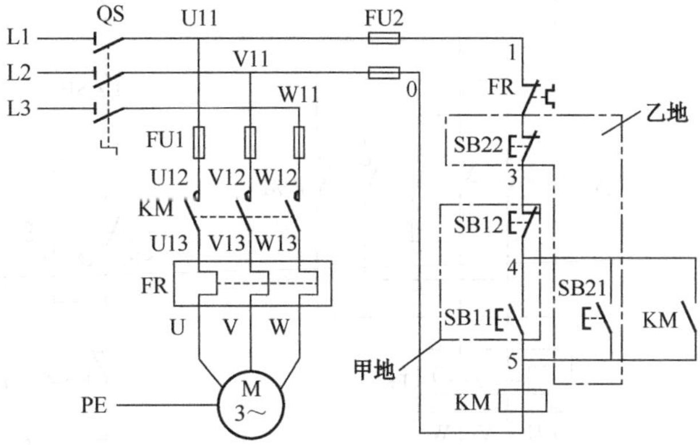

图 1-28　单台三相交流异步电动机的异地控制电路

按下启动按钮SB11或SB21→接触器KM得电→接触器KM主触点闭合→电动机M
　　　　　　　　　　　　　　　　　　　　→接触器KM辅助常开触点闭合，并自锁
→通电启动→电动机M运行

按下停止按钮SB12或SB22→接触器KM失电→接触器KM主触点断开→电动机M
　　　　　　　　　　　　　　　　　　　　→KM辅助常开触点复位
→失电→电动机M停止运行

异地控制电路能够在甲、乙两地控制接触器 KM 的通断，两组控制按钮的连接是有要求的，即控制启动的按钮要相互并联，控制停止的按钮要相互串联。在如图 1-28 所示的控制电路中，甲地的启动按钮为 SB11、停止按钮为 SB12；乙地的是启动按钮为 SB21、停止按钮为 SB22，这样即可实现单台三相交流异步电动机的异地控制。

根据实际的生产要求，可以将异地控制电路改变为多地控制电路，在如图1-28所示的电路的基础上，增加启动按钮和停止按钮的数量即可实现多地控制。

1.9　三相交流异步电动机的正反转控制

实际的生产机械通常都要求运动部件能够改变工作方向。例如，工厂的生产加工流水线、电动门、机械手臂、机床工作台等，这些机械设备都要求电动机能够实现正反转。

三相交流异步电动机的工作原理很简单，当需要改变电动机的转动方向时，只需要改变通入电动机定子绕组三相电源的任意两根电源线的相序就可以使电动机反向转动。下面主要介绍三相交流异步电动机接触器互锁正反转控制电路。

三相交流异步电动机接触器互锁正反转控制电路如图1-29所示，其中，QS为电源开关，FU1为熔断器，KM1、KM2为交流接触器，FR为热继电器，M为三相交流异步电动机，SB1为停止按钮，SB2为正转启动按钮，SB3为反转启动按钮。

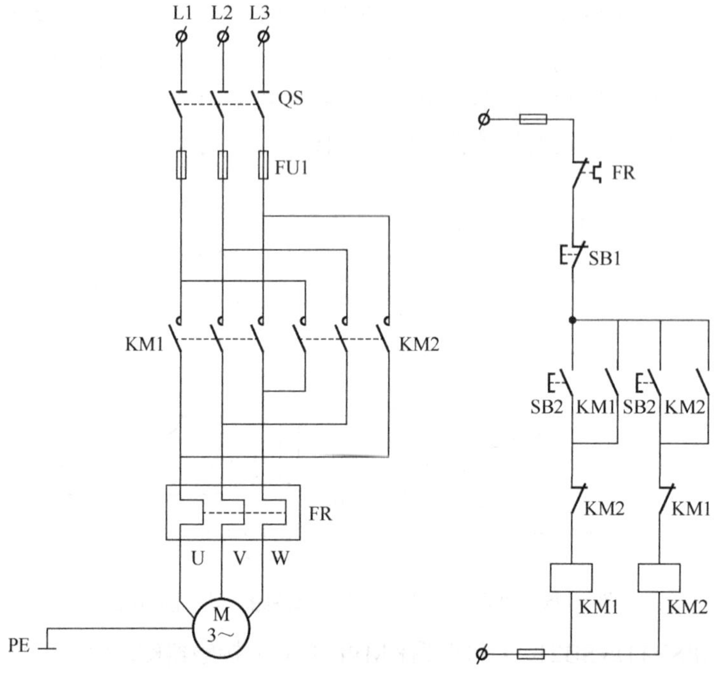

图1-29　三相交流异步电动机接触器互锁正反转控制电路

在如图1-29所示的控制电路中使用了两个接触器，KM1是正转接触器，KM2是反转接触器，这两个接触器分别由SB2和SB3控制。当KM1接通时，三相电源接入电动机的相序是U-V-W；当KM2接通时，三相电源接入电动机的相序是W-V-U。当两个接触器分别接通时，相当于改变了接入电动机定子绕组中的两相电源相序，这样电动机就实现了正转或反转。

需要注意的是，KM1和KM2的线圈不能够同时通电，否则KM1和KM2的主触点会同时闭合，这会造成主电路两相电源短路。为避免出现主电路两相电源短路事故，在两个接触器各自的回路中，相互串联对方的一对辅助常闭触点，以保证两个接触器的线圈不同时得电。KM1和KM2的辅助常闭触点在电路中的作用称为互锁或联锁，这两对触点称为互锁触点或联锁触点。

按下SB2→KM1得电
- →KM1主触点闭合→M通电启动→M正转
- →KM1辅助常开触点闭合，并自锁
- →KM1辅助常闭触点断开，实现互锁，切断反转支路

先按下SB1→KM1失电
- →KM1主触点断开→M失电→M停止运行
- →KM1辅助常开触点断开，解除互锁
- →KM1辅助常闭触点闭合，复原反转支路

按下SB3→KM2得电
- →KM2主触点闭合→M通电启动→M反转
- →KM2辅助常开触点闭合并自锁
- →KM2辅助常闭触点断开，实现互锁，切断正转支路

（1）三相交流异步电动机的正转控制。

合上 QS，按下 SB2，KM1 得电，KM1 主触点闭合，M 通电正转；KM1 辅助常开触点闭合同时 KM1 自锁，KM1 辅助常闭触点断开，实现互锁，切断反转控制支路。

（2）三相交流异步电动机的反转控制。

先按下 SB1，KM1 失电，KM1 主触点断开，M 失电停止运行；KM1 辅助常开触点断开，解除互锁，KM1 辅助常闭触点复位。

再按下 SB3，KM2 得电，KM2 主触点闭合，M 通电反转；KM2 辅助常开触点闭合同时 KM2 自锁，KM2 辅助常闭触点断开，实现互锁，切断正转控制支路。

在典型正反转控制电路中，当电动机正转时，若需要改变电动机转动方向，都需要先按下停止按钮，再按下反转启动按钮，这样才能使电动机反转，这种操作虽然不方便，但是很安全。

知识梳理与小结

刀开关的结构简单，它是应用最广泛的手动控制低压电器，其主要类型有负荷开关、板型刀开关。常见的负荷开关有开启式负荷开关和封闭式负荷开关。开启式负荷开关又称闸刀开关，常用于照明电路和小容量不频繁手动接通与分断的动力电路的控制。

组合开关的多个动触点和静触点分别装于多层绝缘件内，动触点跟随手柄旋转从而改变组合开关的通断位置。组合开关的顶盖部分是由滑板、凸轮、扭簧及手柄等零件构成的操作机构，由于该机构采用了扭簧储能结构，因此其能快速闭合及分断开关，开关闭合和分断的速度与手动操作无关。

熔断器是一种简单有效的保护电器，其具有容易安装、分段能力强、维护和使用方便等优点，能起到使电路与电源隔离的作用。熔断器串联在需要保护的电路上，用作短路保护。

热继电器是利用电流流过热继电器时产生的热量而动作的继电器，即继电器是根据通过线路的过电流大小来决定动作时间的。热继电器主要用于电动机的过载保护、电流不平衡运行、断相保护及其他电气设备发热线路的控制。

按钮也称控制按钮或按钮开关，是指短时间接通或断开线路的手动主令电器，常用于电动机的控制线路。

行程开关又称限位开关或位置开关，是指控制工作机械运动方向和行程的开关。行程开关的基本原理与按钮的基本原理相同，不同的是行程开关并不是由人操作的，而是通过工作机械的挡铁的接触或按压，来改变自身状态进而控制工作机械动作的。行程开关常用于限制工作机械的行程或位置，当工作机械行驶到一定位置时，会触发行程开关动作，进而实现停止、变速、反转等动作。

接触器属于电磁式开关，常用于远距离或近距离频繁地断开或接通交流、直流主电路和控制电路。在一般情况下，接触器主要用于控制电动机电源的通断，也可以控制其他设备电源的通断。接触器的优点是便于远距离控制、操作方便、动作迅速、工作可靠、使用寿命长等。接触器还具有欠电压释放保护和自动控制功能。

练习与提高

一、选择题

1．当熔体电流达到其额定电流时，熔体将（　　）。

A．立即熔断　　B．长延时后熔断　　C．短延时后熔断　　D．不会熔断

2．刀开关的正确安装方位为合闸后操作手柄向（　　）。

A．上　　B．下　　C．左　　D．右

3．开启式负荷开关只能用来控制功率为（　　）kW 以下的三相交流异步电动机。

A．1.5　　B．5.5　　C．10　　D．30

4．铁壳开关属于（　　）。

A．断路器　　B．接触器　　C．刀开关　　D．主令电器

5．低压电器一般是指交流额定电压为（　　）及以下的电器。

A．36V　　B．220V　　C．380V　　D．1200V

6．在下列低压电器中，不具有短路保护功能的是（　　）。

A．负荷开关　　B．组合开关　　C．低压断路器　　D．熔断器

7．开关电器在规定的条件下，能在给定电压下接通和分断的预期电流称为（　　）。

A．分断能力　　B．通断能力　　C．接通能力　　D．电气寿命

8．要对功率为 5kW 的三相交流异步电动机进行短路保护，可以选用下列低压电器中的（　　）。

A．按钮　　B．热继电器　　C．行程开关　　D．熔断器

9．一台水泵由额定值为 380V/20A 的三相交流异步电动机拖动，电动机的启动电流为额定电流的 6.5 倍，熔断器的额定电流应选（　　）。

A．20A　　B．125A　　C．200A　　D．60A

10．在下列低压电器中，属于低压配电电器的是（　　）。

A．刀开关和热继电器　　B．熔断器和热继电器

C．刀开关和熔断器　　D．熔断器和接触器

11．对于无冲击电流的电路，选用低压熔断器熔体的额定电流，则熔断器具有（　　）保护功能。

A．短路　　B．过载　　C．短路和过载　　D．失压

12．当从螺旋式熔断器的瓷帽玻璃窗口观测到小红点的熔断指示器自动脱落时，熔丝的

状态是（　　）。

A．未熔断　　B．已经熔断　　C．无法判断

13．某组合开关的型号为HZ10-25/3，其额定电流为（　　）。

A．10A　　B．15A　　C．25A　　D．5A

14．已知三相交流异步电动机的额定电流为8.8A，其启动电流为额定电流的7倍，该电动机正常工作时不需要频繁启动，应选取电动机主电路熔断器的额定电流为（　　）。

A．6A　　B．60A　　C．10A　　D．20A

二、填空题

1．低压电器通常是指工作在交流_______V或直流_______V及以下电路中的电器。

2．HZ系列组合开关又称_______。

3．按钮是一种_______控制并可自动_______的电器，用于短时间接通与分断小电流电路。

4．交流接触器主要由_______系统、_______系统、_______和辅助部件等部分组成。

5．行程开关是通过工作机械的挡铁的_______，来改变_______状态进而控制工作机械动作的一种控制电器。

三、简答题

1．什么是低压电器？常用的低压电器有哪些？

2．简述交流接触器的用途并画出其电气图形符号。

3．熔断器在电路中的作用是什么？

4．启动按钮与停止按钮的颜色如何选择才合理，为什么？

5．电动机的启动电流很大，启动时热继电器不会动作，为什么？

四、画图题

画出下列电气元件的电气图形符号：熔断器、负荷开关、交流接触器、热继电器、按钮。

项目二　三相交流异步电动机的降压启动

本项目主要以三相交流异步电动机的定子绕组串电阻降压启动控制电路、星—三角降压启动控制电路为实例进行讲解。

前面介绍了三相交流异步电动机的直接启动，其优点是所用的电气设备少、电路简单、维修方便。若出现电源变压器容量不足或电动机容量较大的情况，则采用直接启动方式可能会使电源变压器输出端电源电压降低较多，这不仅会影响电动机本身的启动转矩，还会影响同一线路上其他用电设备的正常工作。因此，一般不超过 7kW 的三相交流异步电动机的空载或轻载启动可采用直接启动方式启动；超过 10kW 的三相交流异步电动机需要采用降压启动方式启动。

教学导航及目标

知识重点	熟悉典型电气元件的选用方法； 了解电动机降压启动的条件； 掌握电动机降压启动控制电路的原理
知识难点	典型电气元件的选用与维护； 星—三角降压启动控制电路的故障分析与排除； 电动机星—三角降压启动控制电路的连接与调试
建议教学方式	建议从三相交流异步电动机星—三角降压启动控制电路开始，先讲解电动机降压启动原理，从而引导出电气元件在电路中的作用，以教、学、做、想一体化教学方式激发学生对实用型专业知识的兴趣
建议学时	8 学时
知识目标	掌握电动机星—三角降压启动的原理； 熟悉电动机降压启动的条件； 熟悉三相交流异步电动机降压启动控制电路的连接与调试
技能目标	掌握电动机降压启动控制电路的绘制与识图技能； 掌握电动机降压启动电路所需要的电气元件的选用方法； 掌握电动机星—三角降压启动常见故障的分析与排除方法

任务引入

2.1　三相交流异步电动机降压启动控制电路

在三相交流异步电动机降压启动控制电路中，主要是利用交流接触器的交替接通或自耦变压器降压等启动原理实现电动机的降压启动的，这两种降压启动方式主要应用于大容量电动机或电源容量较小的电路。在本项目中，我们要实现以下控制任务。

1. 控制任务一：星—三角降压启动控制

当电动机启动时，将定子绕组接成星形，加在每相定子绕组上的启动电压为三角形接法的 $1/\sqrt{3}$，启动电流为三角形接法的 1/3，启动力矩为三角形接法的 1/3。启动完毕后，再将定子绕组换接成三角形。本任务内容在 2.4 节实施。

2. 控制任务二：自耦变压器降压启动控制

自耦变压器降压启动控制利用自耦变压器来降低加在电动机定子绕组上的启动电压。自耦变压器一般有 65%、85%等抽头。启动完毕后，将自耦变压器切除，电动机直接接入电源，进入全压运行。本任务内容在 2.5 节实施。

3. 控制任务三：定子绕组串电阻降压启动控制

当电动机启动时，在三相定子绕组电路中串联启动电阻，使定子绕组的电压降低；启动完毕后，再将启动电阻短接，电动机即可在额定电压下运行。本任务内容在 2.5 节实施。

在前面的项目中已经介绍了三相交流异步电动机的直接（全压）启动方法，下面介绍电动机的降压启动。

在下面的内容中，我们将通过学习低压电器的相关内容来逐步完成上述任务。

相关知识及实施

2.2　时间继电器

时间继电器在电力拖动自动控制系统中起到定时的作用，它是通过延时装置控制触点延时闭合或延时断开的自动控制电器。

时间继电器按动作原理可分为空气阻尼式时间继电器、电磁式时间继电器、电动式时间继电器及电子式时间继电器等。时间继电器按延时方式可分为通电延时时间继电器和断电延时时间继电器。通电延时指的是继电器通电后，触点的闭合或断开会在一定的延时时间内动作；断电延时指的是继电器断电后，触点的闭合或断开会在一定的延时时间内动作。时间继电器的瞬动触点能够在通电瞬间或断电瞬间动作，可以根据需要选用瞬动触点。

2.2.1　时间继电器的电气图形符号及文字符号

时间继电器的文字符号是 KT，其电气图形符号如图 2-1 所示。

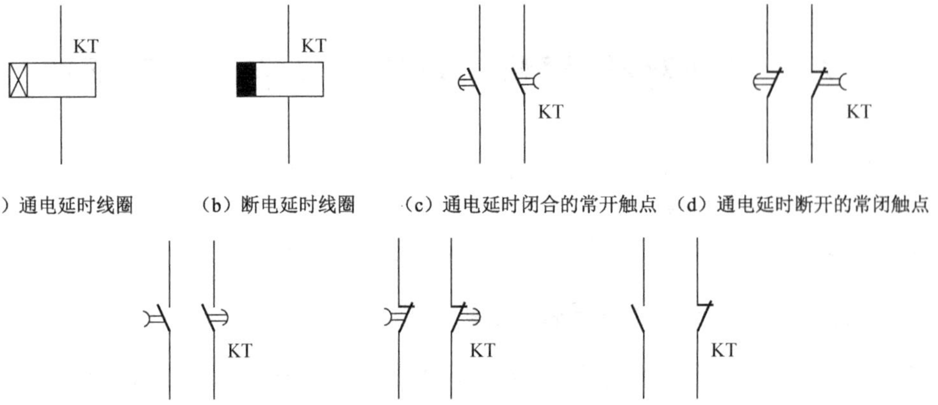

（a）通电延时线圈　（b）断电延时线圈　（c）通电延时闭合的常开触点　（d）通电延时断开的常闭触点

（e）断电延时断开的常开触点　（f）断电延时闭合的常闭触点　（g）瞬动常开触点、瞬动常闭触点

图 2-1　时间继电器的电气图形符号

2.2.2　空气阻尼式时间继电器

空气阻尼式时间继电器又称气囊式时间继电器，它是利用气囊中的空气通过小孔节流的原理来获得延时动作的。JS7-A 系列空气阻尼式时间继电器如图 2-2 所示。

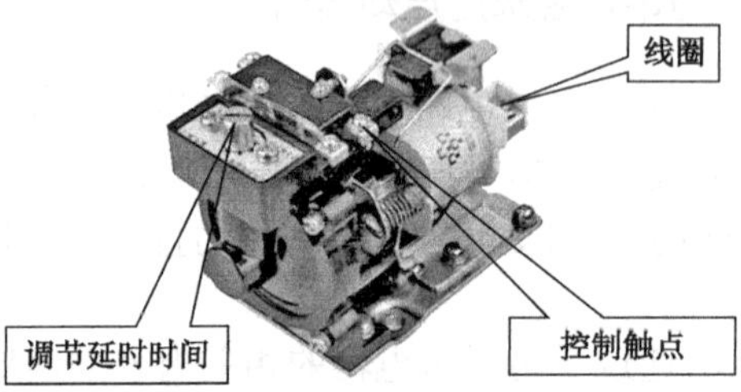

图 2-2　JS7-A 系列空气阻尼式时间继电器

空气阻尼式时间继电器的主要技术参数如下。

- 触点额定电压：触点断开时其两端允许的最高电压。
- 触点额定电流：正常工作时触点允许通过的最大电流。
- 线圈额定电压：正常工作时线圈允许的最高电压。
- 延时触点数：继电器所带延时触点数量。
- 瞬动触点数：继电器所带瞬动触点数量。
- 延时整定范围：延时时间。
- 操作频率：每小时继电器允许通断的次数。

2.2.3　JS7-A 系列空气阻尼式时间继电器

JS7-A 系列空气阻尼式时间继电器适用于从接收到信号至触点动作发出信号需要延时的场合，这种产品广泛应用于机床的电气传动控制系统。时间继电器的结构如图 2-3 所示。

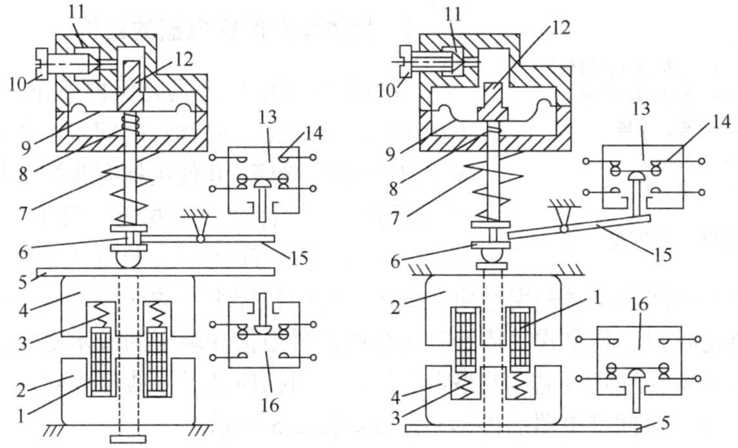

（a）通电延时型时间继电器　　（b）断电延时型时间继电器

1—线圈；2—静铁芯；3、7、8—弹簧；4—动铁芯；5—推板；6—顶杆；9—橡皮膜；

10—螺钉；11—进气孔；12—活塞；13、16—微动开关；14—延时触点；15—杠杆

图 2-3　时间继电器的结构

1. 时间继电器的选择及应用

- 根据被控制电路的实际要求选择合适的延时方式、延时时间及精度的时间继电器。
- 根据被控制电路的电压等级选择时间继电器的工作电压。
- 根据被控制电路要求调整时间继电器的延时时间。

2. 常见故障及处理方法

JS7-A 系列空气阻尼式时间继电器常见故障及处理方法如表 2-1 所示。

表 2-1　JS7-A 系列空气阻尼式时间继电器常见故障及处理方法

故障现象	原因分析	处理方法
延时时间缩短	橡皮膜损坏； 气室装配不严密	更换橡皮膜； 维修或更换气室
延时时间延长	气道受阻或气室内有灰尘	通畅气道或清理气室
延时触点不动作	传动部件卡阻或损坏； 电磁线圈故障； 电源电压低	维修或更换传动部件； 更换电磁线圈； 调整电源电压

2.2.4　晶体管时间继电器

晶体管时间继电器又称电子式时间继电器或半导体时间继电器，具有机械结构简单、精度高、消耗功率小、调整方便及寿命长等优点。晶体管时间继电器按结构可分为数字式晶体管时间继电器和阻容式晶体管时间继电器；按延时方式可分为通电延时型晶体管时间继电器、断电延时型晶体管时间继电器及带瞬动触点的通电延时型晶体管时间继电器。JS20 系列晶体管时间继电器的应用越来越广泛。

1. 晶体管时间继电器的型号与含义

晶体管时间继电器的型号与含义如图 2-4 所示。

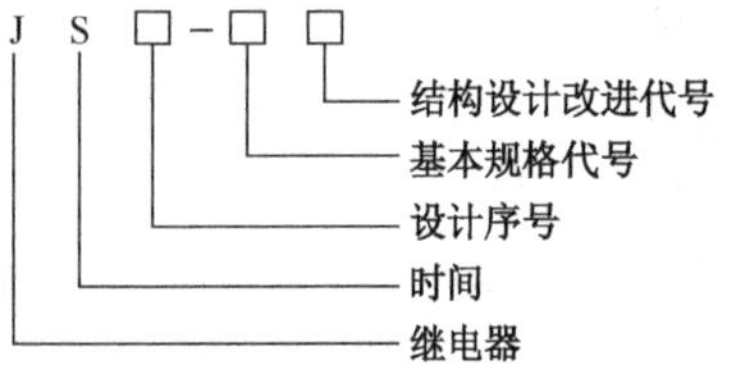

图 2-4　晶体管时间继电器的型号与含义

2. 晶体管时间继电器的结构

晶体管时间继电器具有保护外壳，其内部结构主要为印制电路板组件。晶体管时间继电器的安装和接线均采用专用的插接座，并使用标有带插脚标记的下标牌作为接线指示，上标牌使用发光二极管作为动作指示。晶体管时间继电器有面板式、装置式和外接式 3 种结构形式。面板式晶体管时间继电器采用通用八脚插座安装在控制台的面板上，并标有延时刻度和延时旋钮用于整定时间。装置式晶体管时间继电器采用接线端子的胶木底座安装在控制台的面板上。外接式晶体管时间继电器的整定电位器采用插座通过导线接到对应的控制台的面板上。JS20 系列晶体管时间继电器的外形与接线如图 2-5 所示。

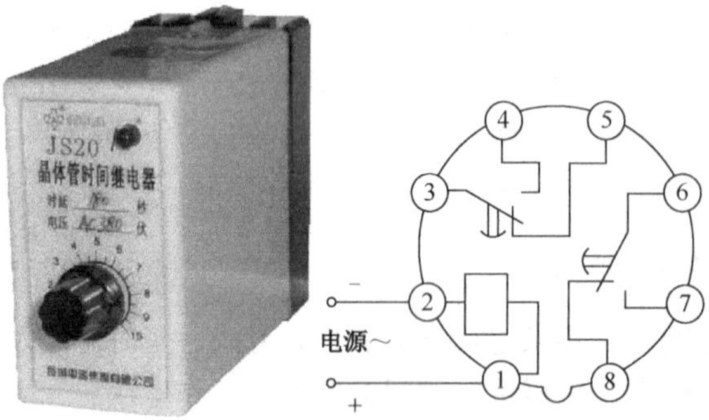

图 2-5　JS20 系列晶体管时间继电器的外形与接线

2.3　中间继电器

1. 中间继电器的结构

中间继电器属于电压继电器，其结构和工作原理与接触器的结构和工作原理类似。中间继电器的型号与含义如图 2-6 所示。

中间继电器的触点较多，一般为 4 对，且没有主辅之分。每对触点允许通过的电流大小是相同的，触点的额定电流大多为 5A，少数为 10A。

由于中间继电器的触点较多，故其动作灵敏。中间继电器的主要作用是实现信号的传递和放大、实现多路同时控制、进行中间转换。

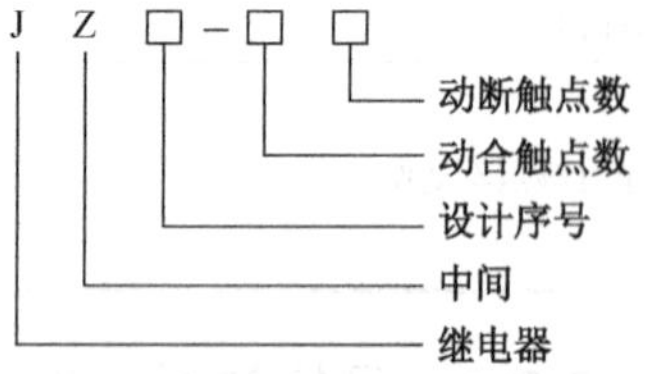

图 2-6　中间继电器的型号与含义

2. 中间继电器的应用

当电器输出功率较小或触点容量较小时，通过中间继电器的转换，可适当增大控制的容量。例如，中间继电器可以将晶体管开关电路输出的小功率控制信号转换为大容量的触点动作。中间继电器的应用如下。

- 扩充其他电器的触点数量或种类，将一个输入信号变为多个输出信号，实现多路同时控制。当中间继电器处于自保持状态时，可以将按钮等主令电器的动作时间用继电器的状态长时间“保持”或“记忆”。

- 用于手动电器控制电路的欠压保护、失压保护及其他保护性电路。
- 进行互锁控制。

3. 中间继电器的电气图形符号及文字符号

中间继电器的文字符号是KA，其电气图形符号与外形如图2-7所示。

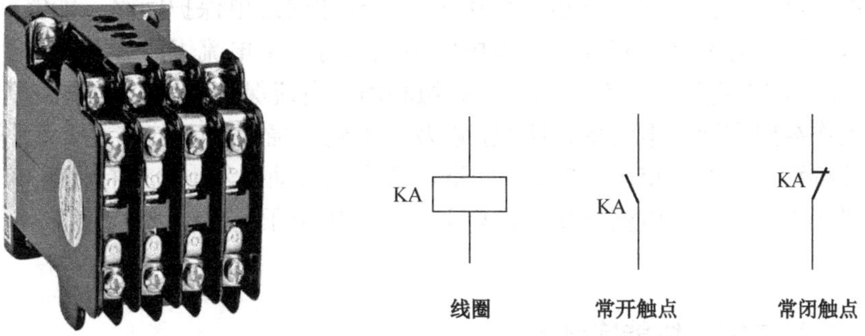

图2-7　中间继电器的电气图形符号与外形

4. 中间继电器的主要技术参数

- 触点额定电压：触点断开时其两端允许的最高电压。
- 触点额定电流：正常工作时触点允许通过的最大电流。
- 触点数量：继电器所带常开触点、常闭触点数量。
- 线圈额定电压：正常工作时线圈允许的最高电压。
- 操作频率：每小时允许通断的次数。

5. JZ7系列中间继电器的工作原理及结构

中间继电器的工作原理及结构与接触器的工作原理及结构基本相同，因而中间继电器又称接触器式继电器。

常用的中间继电器有JZ7、JZ14等系列。JZ7系列中间继电器为交流中间继电器，其结构如图2-8所示。

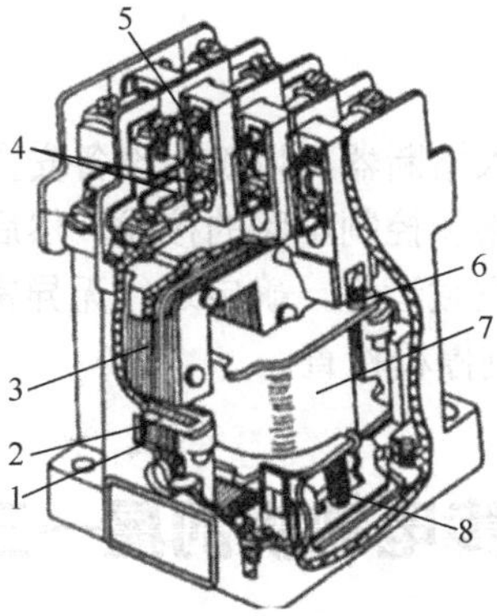

1—静铁芯；2—短路环；3—动铁芯；4—动合触点；5—动断触点

图2-8　JZ7系列中间继电器的结构

JZ7系列中间继电器采用立体布置，由铁芯、线圈、触点系统、缓冲弹簧和反作用弹簧等组成。其中，触点采用双断点桥式结构，分为上、下两层，每层各有4对触点，下层触点是常开触点，上层触点是常闭触点，触点系统分为6常开、2常闭或4常开、4常闭组合。继电器线圈额定电压有 12V、36V、110V、220V、380V 等多种规格。JZ14 系列中间继电器有交流操作和直流操作两种操作形式，并采用螺管式电磁系统和双断点桥式触点，其基本结构为交流、直流通用结构，该系列继电器带有透明外罩，可防止尘埃进入继电器内部，提高工作的可靠性。

JZB-100 型中间继电器由电子元件和小型大功率继电器组成，适合板前或板后接线。JZB-100 型中间继电器具有保持绕组，可用于直流操作的继电保护回路，能够增加主保护继电器的触点数量和触点容量。JZB-115 型中间继电器有一个电流工作绕组和一个电压保持绕组。JZB-127 型中间继电器有一个电压工作绕组和两个电流保持绕组。JZB-138 型中间继电器有一个电压工作绕组和两个电流保持绕组，以及一个延时绕组。JZB-115 型中间继电器为电流动作、电压保持型继电器。JZB-127 型中间继电器为电压动作、电流保持型继电器。JZB-138 型中间继电器为电压动作、电流保持型继电器，其借助电子元件能够实现延时动作。

任务实施（技能实训）

1. 准备工具和材料

- 分析电气原理图，掌握低压电器工作原理及其作用，配齐电路需要的全部元件并进行外观检查。
- 准备工具、仪表和导线。
- 检查元件的相关参数，这些参数应能满足电路的基本要求。
- 准备三相交流异步电动机，并对其进行性能检测。

2. 控制方案及安装工艺

- 明确电动机的控制方式，熟悉电路的工作原理，掌握全部电气元件工作原理及其作用。
- 对所用的低压电器进行标识。
- 模拟实际的标准进行编码、配线和安装。
- 通电前，应先请指导老师检查，没有问题后方可通电试验。

3. 注意事项

- 主电路和控制电路都要接入熔断器，以确保设备安全。
- 在接线时，应先完成主电路和控制电路的接线，然后连接电源端。
- 在通电试运行时，必须先空载运行，确定运行无异常后，再进行带负载运行。如果在运行过程中发现异常情况，应立刻停机检查。

2.4　三相交流异步电动机的星—三角降压启动控制

星—三角降压启动是指电动机启动时，将定子绕组接成星形，以降低启动电压，限制启动电流，待转速升高到一定值时，再将定子绕组接成三角形，使电动机全压运行，全压运行状态为三角形接法。容量较大的电动机可以采用星—三角降压启动。

电动机在启动时，定子绕组接成星形，此时加在每相定子绕组上的启动电压为三角形接法的 $1/\sqrt{3}$，启动电流为三角形接法的 1/3，启动转矩为三角形接法的 1/3。由此可见，这种降压启动方法，只适用于轻载或空载时电动机的启动。

时间继电器控制星—三角降压启动控制电路如图 2-9 所示，该电路由 3 个接触器（KM1、KM2、KM3）、一个热继电器 FR、一个时间继电器 KT 和两个按钮（SB1、SB2）组成。其中，时间继电器主要用于控制星形降压启动的时间和完成星—三角的自动切换。

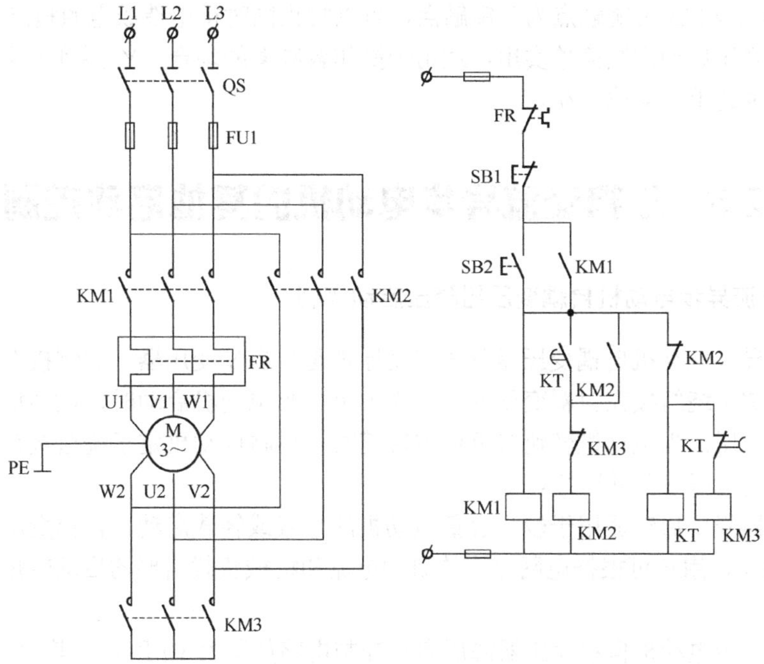

图 2-9　时间继电器控制星—三角降压启动控制电路

按下SB2→KM1、KM3、KT得电→KM1、KM3主触点闭合
→KM1辅助常开触点闭合，并自锁
→KM3辅助常闭触点断开，实现互锁，切断KM2支路

→电动机M星形启动→电动机M运行→KT延时时间到达→KT常开触点闭合
→KT常闭触点断开

→KM3辅助常闭触点闭合，恢复KM2支路→KM2得电
→KM3失电释放

→KM2主触点闭合，并自锁→电动机M三角形全压运行
→KM2辅助常开触点闭合，并自锁
→KM2辅助常闭触点断开，实现互锁，切断KM3支路

按下SB1→KM1、KM2失电→KM1、KM2主触点断开
→KM辅助常开触点复位

→电动机M失电→电动机M停止运行

合上电源开关 QS，按下启动按钮 SB2，KM1、KT、KM3 得电并实现 KM1 自锁，电动机定子绕组接成星形降压启动；当电动机的转速接近额定转速时，KT 动作，KT 的常闭触点断开，KM3 失电释放；同时 KT 常开触点闭合，KM2 得电吸合并自锁，电动机定子绕组接成三角形全压运行。当 KM2 得电吸合后，KM2 常闭触点断开，使 KT 失电，避免 KT 长期工作。KM2 常闭触点和 KM3 常闭触点为互锁触点，可以防止同时得电造成电源短路。

星—三角降压启动方法简单实用，适用于操作较频繁的场合。Y 系列的电动机不仅适用于轻载启动，也适用于重载启动。

2.5　三相交流异步电动机的其他启动控制

1. 三相交流异步电动机自耦变压器降压启动控制

三相交流异步电动机自耦变压器降压启动原理是将自耦变压器一次侧接在电网上，电动机启动时将其定子绕组接在自耦变压器的二次侧上。当电动机启动时，电动机电压为自耦变压器的二次侧电压；当电动机转速接近额定转速时，再将电动机定子绕组接在额定电源上，即电动机在额定电压下正常运行。

自耦变压器降压启动适用于较大容量电动机的空载或轻载启动。自耦变压器二次侧绕组一般有 3 个抽头，用户可根据电网允许的启动电流和机械负载需要的启动转矩来选择使用的抽头数量。

三相交流异步电动机自耦变压器降压启动控制电路如图 2-10 所示。其中，QS 为电源开关，FU 为熔断器，FR 为热继电器，KM1 为降压启动接触器，KM2 为全压运行接触器，KA 为中间继电器，KT 为降压启动时间继电器，HL1 为电源指示灯，HL2 为降压启动指示灯，HL3 为正常运行指示灯，SB1 为停止按钮，SB2 为启动按钮。

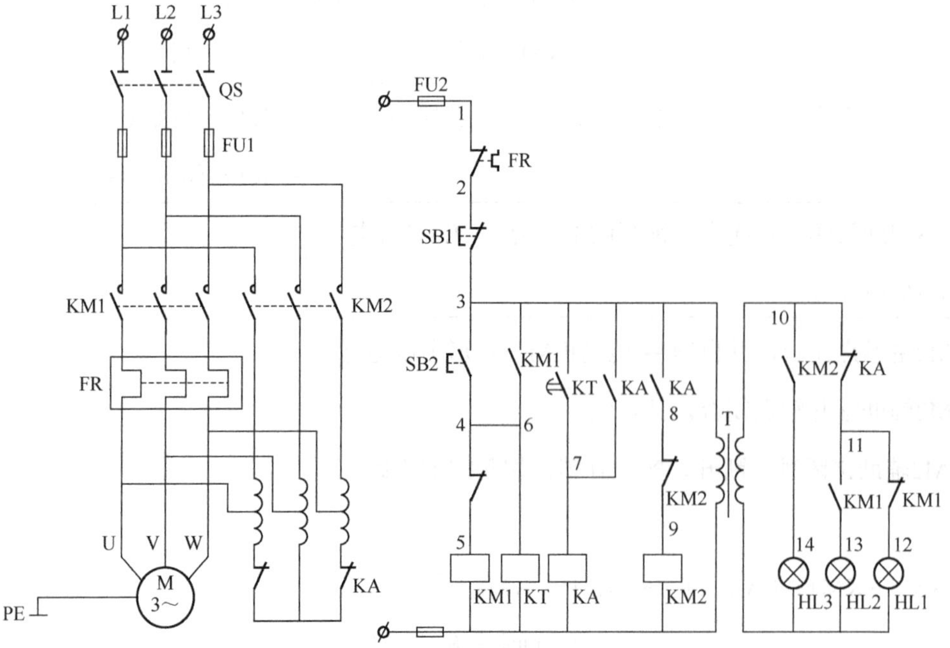

图 2-10　三相交流异步电动机自耦变压器降压启动控制电路

自耦变压器降压启动控制电路工作原理如下。

按下SB2→KM1、KT得电
- →KM1主触点闭合→电动机M降压启动→电动机M运行
- →KM1辅助常开触点闭合，并自锁
- →HL2亮，HL1灭

KT延时时间到达，KT延时闭合触点闭合→KA得电
- →KA常开触点闭合，并自锁
- →KA常闭触点断开
- →HL1、HL2灭

（接上）
- →KM1失电触点复位→KM2得电→KM2主触点闭合→电动机M全压运行
- →KT失电触点复位
  - →KM2辅助常开触点闭合
  - →HL3亮

按下SB1→KM2、KA失电触点复位
- →电动机M失电→电动机M停止运行
- →HL1亮
- →HL3、HL2灭

合上 QS，HL1 亮。按下 SB2，KM1、KT 同时得电并自锁，将自耦变压器二次侧电压接入电动机，电动机降压启动；KT 延时时间到达，KT 延时闭合触点闭合，使 KA 得电并自锁，KA 常闭触点断开，KM1 失电释放，将自耦变压器从电路切除；KA 常闭触点断开，HL2 灭；KA 常开触点闭合，使 KM2 得电吸合，电源电压全部加在电动机定子绕组上，电动机在额定电压下正常运行，同时 HL3 亮，即电动机降压启动结束，电动机在额定电压下正常运行。因为自耦变压器星形连接部分的电流为自耦变压器一次侧和二次侧电流之差，所以用 KM2 辅助触点来连接。

2. 三相交流异步电动机定子绕组串电阻降压启动控制

三相交流异步电动机定子绕组串电阻降压启动不受电动机接线形式的制约，且设备较少、经济方便，因而应用较为广泛。电动机定子端串联电阻进行分压，实现降压启动。当电动机启动时，在电动机定子绕组电路中串联启动电阻，使启动电流减小；当转速达到某一值时，将启动电阻切除，使电动机在额定电压下运行。

三相交流异步电动机定子绕组串电阻降压启动控制电路如图 2-11 所示。其中，QS 为电源开关，FU 为熔断器，FR 为热继电器，KM1 为电动机启动时的接触器，KM2 为电动机正常运行时的接触器，R 为启动电阻，KT 为时间继电器，SB1 为停止按钮，SB2 为启动按钮。

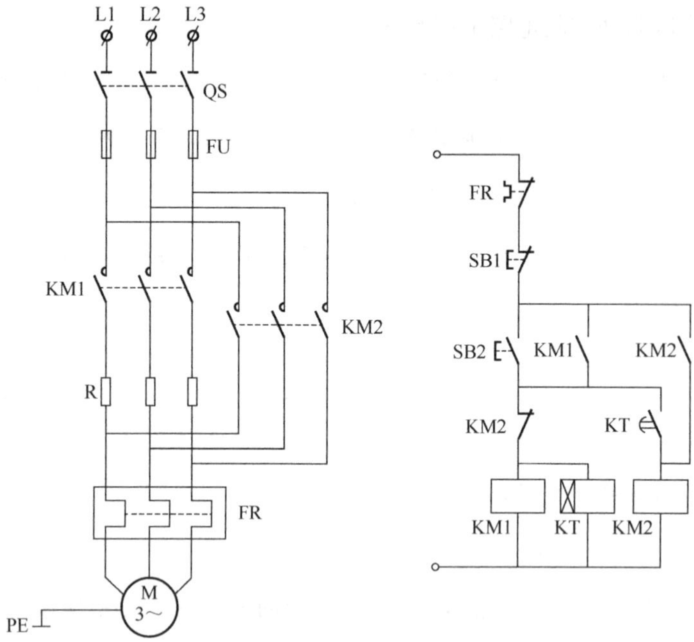

图 2-11　三相交流异步电动机定子绕组串电阻降压启动控制电路

三相交流异步电动机定子绕组串电阻降压启动控制电路工作原理如下。

按下SB2 → KM1、KT得电 → KM1主触点闭合 → 电动机M降压启动 → 电动机M运行
　　　　　　　　　　　└→ KM1辅助常开触点闭合，并自锁

KT延时时间到达，KT延时常开触点闭合→KM2得电 → KM2主触点闭合
　　　　　　　　　　　　　　　　　　　　　├→ KM2辅助常开触点闭合，并自锁
　　　　　　　　　　　　　　　　　　　　　└→ KM2辅助常闭触点断开，实现互锁
└→ 电动机M全压运行

合上 QS，按下 SB2，KM1 得电并自锁，KM1 主触点闭合，电动机串联 R 启动，KM1 辅助常开触点闭合同时 KM1 自锁，KT 得电并开始延时，延时时间到达，KT 延时常开触点闭合，KM2 得电并自锁，KM2 主触点闭合，短接 R，电动机切换至全压运行状态；KM2 的常闭触点断开，切断 KM1 和 KT 的电源，KM1 和 KT 复位。电动机工作在额定电压时，只有 KM2 通电吸合，这样既能保证工作可靠，又能节约电能。

知识梳理与小结

时间继电器按动作原理可分为空气阻尼式时间继电器、电磁式时间继电器、电动式时间继电器及电子式时间继电器等。时间继电器相当于定时器，有通电延时时间继电器和断电延时时间继电器两种类型。通电延时指的是继电器通电后，其触点将延时动作；断电延时指的是继电器断电后，其触点将延时动作。可以根据需要选用瞬动触点。

晶体管时间继电器具有保护外壳，其内部结构主要为印制电路板组件。晶体管时间继电器的安装和接线均采用专用的插接座，并使用标有带插脚标记的下标牌作为接线指示，上

标牌使用发光二极管作为动作指示。晶体管时间继电器有面板式、装置式和外接式3种结构形式。

中间继电器属于电压继电器，在电路中起着信号传递和信号放大的作用，可用于扩充其他电器的触点数量或种类。当电器输出功率较小或触点容量较小时，通过中间继电器的转换，可适当增大控制的容量。例如，中间继电器可以将晶体管开关电路输出的小功率控制信号转换为大容量的触点动作。

三相交流异步电动机常用的降压启动方法包括星—三角降压启动和自耦变压器降压启动、定子绕组串电阻降压启动等。

练习与提高

一、简答题

1．中间继电器的作用是什么？其与交流接触器的作用有什么不同？

2．画出通电延时时间继电器和断电延时时间继电器的电气图形符号。

3．在电动机的控制电路中，能否用热继电器来实现短路保护？为什么？

4．电动机常采用哪些降压启动方法？

5．简述中间继电器的组成，以及选用的注意事项。

二、设计题

试设计两台电动机的延时启动电路。要求：先启动1号电动机，延时3s后，再启动2号电动机；停止时，按下停止按钮，先停止2号电动机，延时2s后，再停止1号电动机。

项目三　三相交流异步电动机的制动控制

本项目主要以三相交流异步电动机的反接制动控制电路、能耗制动控制电路为例进行讲解。

当需要使运行中的三相交流异步电动机停止运行时，断开电源后，因机械惯性的存在，电动机需要经过一定的时间才能完全停止运行，这不能满足实际生产机械要求快速停车的要求，也影响生产效率和生产质量。为此，要对电动机进行制动控制，制动控制的方法有电气制动和机械制动两种。电气制动利用电动机的电磁转矩方向与电动机旋转方向相反来进行制动；机械制动利用机械装置产生机械力来强迫电动机迅速停车。电气制动有反接制动、能耗制动、再生制动等制动方式。

教学导航及目标

知识重点	熟悉典型的低压电器的选用方法； 掌握三相交流异步电动机的电气制动电路； 了解三相交流异步电动机电气制动的条件； 掌握三相交流异步电动机能耗制动电路
知识难点	典型低压电器的选用与维护； 三相交流异步电动机反接制动控制电路； 三相交流异步电动机时间继电器能耗制动控制电路
建议教学方式	建议从三相交流异步电动机控制反接制动控制电路开始，先讲解电气制动原理和能耗制动原理，从而引导出低压电器在电路中的作用，以教、学、做、想一体化教学方式激发学生对实用型专业知识的兴趣
建议学时	8 学时
知识目标	掌握三相交流异步电动机反接制动和能耗制动的原理； 熟悉三相交流异步电动机电气制动的条件； 熟悉三相交流异步电动机反接制动电路的连接与调试
技能目标	掌握三相交流异步电动机的反接制动控制电路和能耗制动控制电路的分析方法； 能够分析三相交流异步电动机电气制动的条件； 掌握三相交流异步电动机的反接制动和能耗制动常见的故障，并能够进行故障分析

任务引入

3.1　三相交流异步电动机的制动控制方式

在三相交流异步电动机的制动控制方式当中，有新的低压电器需要我们学习和掌握，本项目需要利用所学内容，实现以下任务。

1. 控制任务一：反接制动

在三相交流异步电动机的反接制动过程中，当转子转速接近零时，如果不及时切断电源，则电动机将会反向旋转。为此，必须在反接制动过程中采取一定的措施，保证当电动机的转速接近零时可以迅速切断电源，以防止电动机反向旋转。在一般的反接制动控制电路中，常利用速度继电器实现自动控制。本任务内容在 3.4 节实施。

2. 控制任务二：能耗制动

能耗制动是在三相交流异步电动机脱离三相交流电源后，给定子绕组接一直流电源，以产生静止磁场，进而产生一个与电动机原转矩方向相反的电磁转矩实现制动。本任务内容在 3.4 实施。

我们在前面的项目中已经介绍了三相交流异步电动机的全压启动和降压启动两种启动方式。在下面的内容中，我们将通过学习低压电器的相关内容，来逐步完成上述任务。

相关知识及实施

3.2　低压断路器

断路器又称空气开关或自动开关，常用于电能分配和三相交流异步电动机的启停控制。

低压断路器的型号及含义如图 3-1 所示，常用的低压断路器有 DZ 系列塑料壳式断路器，如 DZ5、DZ10 等系列。当线路或电动机发生过载、短路、欠压、漏电等故障时，低压断路器能够起到保护作用，且轻微故障动作过后，无须更换配件或维修即可再次投入使用，因而低压断路器得到广泛应用。

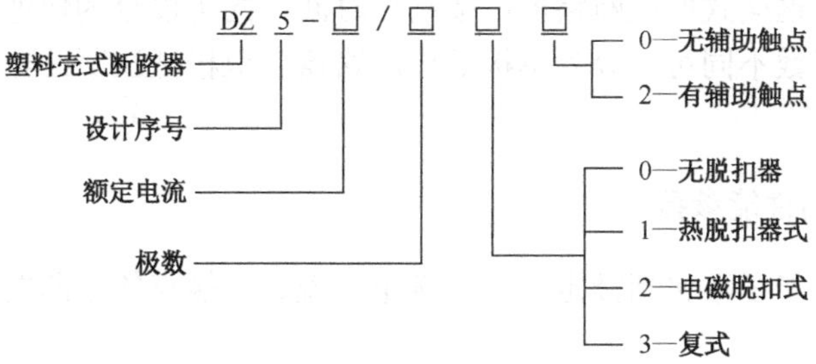

图 3-1　低压断路器的型号及含义

低压断路器由触点系统、保护系统和操作机构 3 部分组成。DZ 系列低压断路器工作原理图如图 3-2 所示。

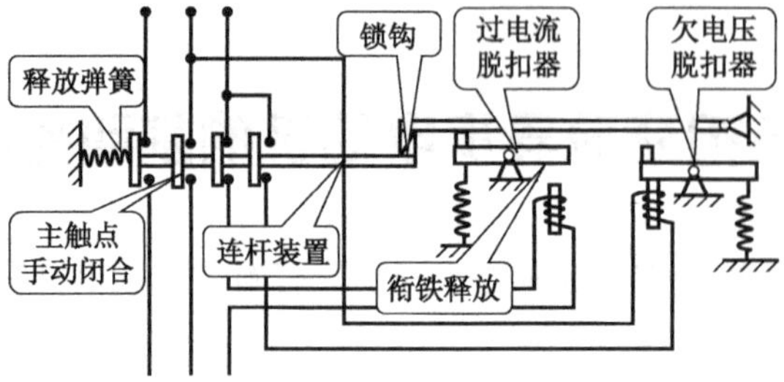

图 3-2　DZ 系列低压断路器工作原理图

低压断路器的主触点闭合后，脱扣机构将主触点扣在合闸的位置。当线路发生短路故障时，会产生大电流，引起过电流脱扣器的衔铁动作，使脱扣机构松开卡扣，断开低压断路器主触点的连接，从而切断电路。当线路过载时，低压断路器的热脱扣器的双金属片发热变形，触发脱扣机构动作。当线路欠电压或漏电时，线路的电压和电流不平衡，使得欠电压脱扣器无法吸引衔铁，这时衔铁触发脱扣机构动作，从而使低压断路器主触点断开。分励脱扣器适用于远程控制低压断路器分闸，其线圈一般处于断电状态，当按下测试按钮后，线圈通电吸合衔铁，衔铁顶动脱扣机构，使低压断路器主触点断开连接。低压断路器的主触点用耐弧合金制成，用灭弧栅片进行灭弧，当线路发生故障后，将会触发相应的保护系统，实现自动切断电路的功能。

1. 低压断路器的电气图形符号

低压断路器的电气图形符号如图 3-3 所示。

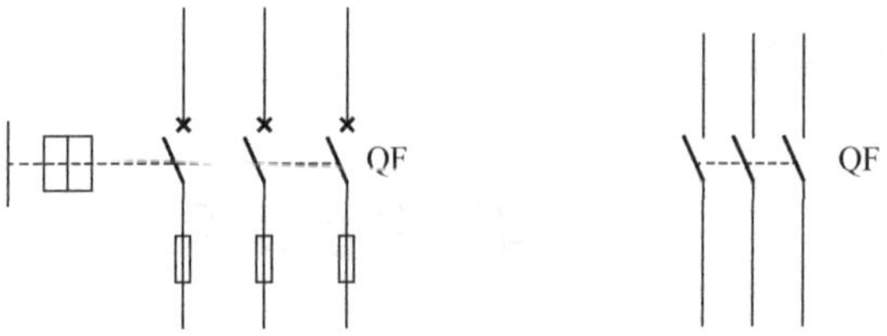

图 3-3　低压断路器的电气图形符号

2. 低压断路器的分类

低压断路器按保护类型不同可以分为复合脱扣型低压断路器、热脱扣型低压断路器、电磁脱扣型低压断路器和无脱扣型低压断路器等；按结构不同可以分为塑料壳式低压断路器、模块式低压断路器和框架式低压断路器；按动作时间不同可以分为快速式低压断路器和一般式低压断路器；按极数不同可以分为单极低压断路器、双极低压断路器和三极低压断路器，如图 3-4 所示。

3. 低压断路器的性能参数

低压断路器的性能参数包括额定电压、额定电流、主触点的分断能力、脱扣器类型、极数等。

图 3-4　单极低压断路器、双极低压断路器和三极低压断路器

4. 低压断路器的选用原则

低压断路器的额定电压和额定电流分别不小于线路供电电压的总和及工作电流的总和。低压断路器的极限通断电流不小于线路的最大短路电流。过电流脱扣器的额定电流应不小于线路的最大负荷电流。欠电压脱扣器的额定工作电压要等于线路额定电压。

5. 低压断路器的使用注意事项

- 低压断路器在正常投入使用后，应每半年进行一次维护保养。
- 在安装低压断路器电源线时，要注意将进线和出线分开穿线，避免线路故障、互相干扰。
- 在使用低压断路器前，应进行外观检查和试验，调整好相关的参数并投入运行后不能随意更改设定的参数。
- 若线路发生短路故障跳闸后，应对低压断路器进行外观检查，在确认其性能良好的情况下可以继续使用，若出现卡阻或合闸不到位情况，应立即更换低压断路器。

3.3　速度继电器

速度继电器是一种可以按照被控电动机转速的大小使被控电路接通或断开的电器。速度继电器常与接触器配合使用，可以实现对电动机的反接制动控制。速度继电器的文字符号为KS，其电气图形符号如图 3-5 所示。

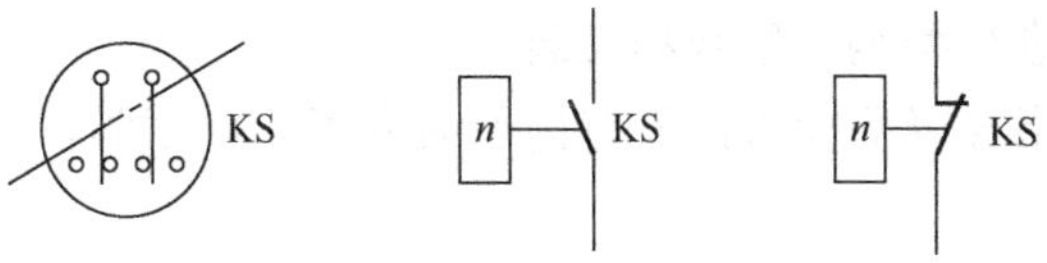

(a)　(b)　(c)

图 3-5　速度继电器电气图形符号

JY1 型速度继电器的结构原理图如图 3-6 所示。速度继电器的转轴与电动机转轴相连接，定子悬空套在转子上。当电动机转动时，速度继电器的转子与电动机转轴一起转动，产生旋转磁场，切割定子绕组，从而在速度继电器中产生感应电流。感应电流在旋转磁场作用下产生转矩，使定子随转子旋转方向旋转一定的角度，摆锤推动触点动作，使常开触点闭合，常闭触点断开。当电动机的转速下降到某一值时，产生的感应电流减小，转矩也减小，此时动

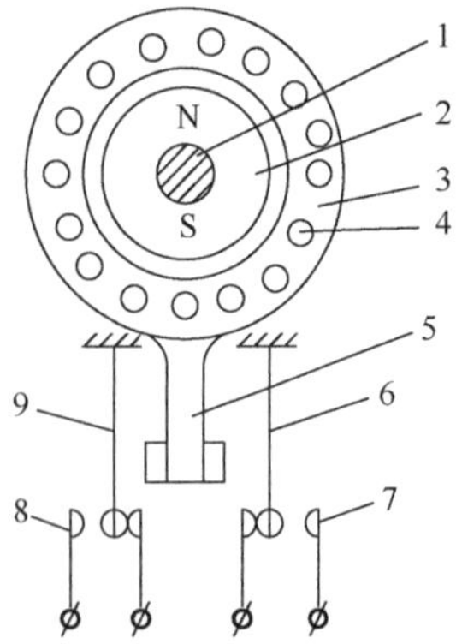

1—转轴；2—转子；3—定子；4—定子绕组；
5—摆锤；6、9—动触片；7、8—静触点

图 3-6　JY1 型速度继电器的结构原理图

触点将复位。速度继电器的动作转速一般不低于 100r/min，复位转速通常在 100r/min 以下。JY1 型速度继电器在 3000r/min 以下能可靠工作，其额定工作转速有 300～1000r/min 和 1000～3600r/min 两种。

1. 速度继电器的选择及应用

- 主要根据电动机的额定转速来选择速度继电器。
- 速度继电器的转子应与电动机转轴同轴连接。
- 在进行速度继电器的安装接线时，正向和反向的触点不能接错，否则不能实现反接制动控制。

2. 速度继电器的维护及常见故障分析

- 反接制动时，速度继电器失效，无法使电动机制动。故障的原因一般为速度继电器的胶木摆杆断裂、动合触点接触不良等。
- 反接制动时，制动不正常。故障的原因一般为速度继电器的弹性动触片调整不当，可将调整螺丝钉向上旋，使弹性动触片的弹性减小，速度较低时便可推动。

任务实施（技能实训）

1. 准备工具和材料

- 分析电气原理图，掌握全部低压电器工作原理及其作用，配齐电路需要的全部元件并进行外观检查。
- 准备工具、仪表和导线。
- 检查元件的相关参数，这些参数应满足电路的基本要求。
- 准备三相交流异步电动机，并对其进行性能检测。

2. 控制方案及安装工艺

- 明确电动机的控制方式，熟悉电路的工作原理，掌握全部电气元件工作原理及其作用。
- 对所用的低压电器进行标识。
- 模拟实际的标准进行编码、配线和安装。
- 通电前，应先请指导老师检查，没有问题后方可通电试验。

3. 注意事项

- 主电路和控制电路都要接入熔断器，以确保设备安全。
- 在接线时，应先完成主电路和控制电路的接线，然后连接电源端。
- 在通电试运行时，必须先空载运行，确定运行无异常后，再进行带负载运行。如果在运行过程中发现异常情况，应立刻停机检查。

3.4　三相交流异步电动机的制动控制电路

3.4.1　反接制动控制电路

反接制动是在电动机运行过程中，改变其定子绕组通入三相电源的相序，从而产生一个与转子转动方向相反的反向转矩对电动机进行制动。当电动机的转速接近零时，速度继电器发出信号，立刻切除制动电源，若不切除制动电源会造成电动机反向转动，有可能会引发安全事故。使用速度继电器检测电动机的转速，并将速度继电器设置为转速大于 130r/min 时速度继电器触点动作；转速小于 100r/min 时，速度继电器触点复位。

三相交流异步电动机反接制动控制电路如图 3-7 所示。其中，QS 为电源开关，FU1、FU2 为熔断器，FR 为热继电器，R 为制动电阻，KM1 为电动机正常运转时接触器，KM2 为电动机反接制动时接触器，KS 为速度继电器，SB1 为停止与制动按钮，SB2 为启动按钮。

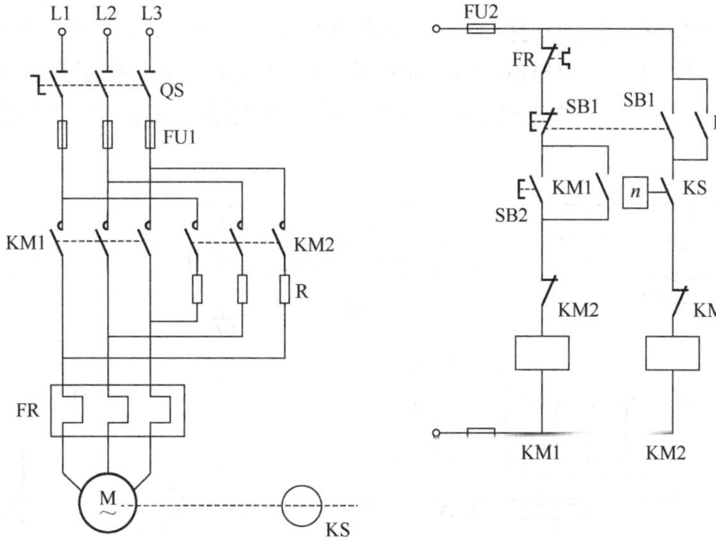

图 3-7　三相交流异步电动机反接制动控制电路

三相交流异步电动机反接制动控制电路工作原理如下。

按下SB2 → KM1得电 → KM1主触点闭合 → 电动机M启动 → 电动机M运行
　→ KS常开触点闭合
→ KM1辅助常开触点闭合，并自锁
→ KM1辅助常闭触点断开，实现互锁

按下SB1 → SB1常闭触点断开 → KM1失电，其触点复位 → 电动机M失电
→ SB1常开触点闭合
→ 电动机M惯性运转 → KM2得电 → KM2主触点闭合
→ KM2辅助常开触点闭合，并自锁
→ KM2辅助常闭触点断开，实现互锁
→ 电动机M反接制动 → 电动机M转速低于100r/min → KS常开触点断开
→ KM2失电，其触点复位 → 电动机M停止运行

合上 QS，按下 SB2，KM1 得电，KM1 的常开触点闭合同时 KM1 自锁，电动机正常运行，KS 的常开触点闭合，为反接制动做准备；当按下 SB1 时，KM1 失电，同时 KM2 得电并自锁，电动机电源相序改变，产生一个相反的制动转矩，使电动机的转速快速降低，当其转速低于 100r/min 时，KS 的常开触点断开，KM2 失电，反接制动完成，电动机停止运行。

由于在进行反接制动时，定子绕组电路中电流很大，因此电动机常在定子绕组电路中串联制动电阻。

3.4.2 能耗制动控制电路

能耗制动是指切断电动机三相电源的同时，将直流电源接入电动机的定子绕组，以产生静止磁场，使电动机的转子由原来的惯性转动转变为在静止磁场中切割磁力线，从而产生与转子转动方向相反的电磁转矩，该电磁转矩对转子起制动作用，可以使电动机快速停车，制动结束后切断直流电源。

三相交流异步电动机能耗制动控制电路如图 3-8 所示。其中，QS 为电源开关，FU 为熔断器，FR 为热继电器，TC 为变压器，VC 为整流装置，KM1 为电动机正常运行接触器，KM2 为电动机能耗制动接触器，R 为制动电阻，KS 为速度继电器，SB1 为停止与制动按钮，SB2 为启动按钮。

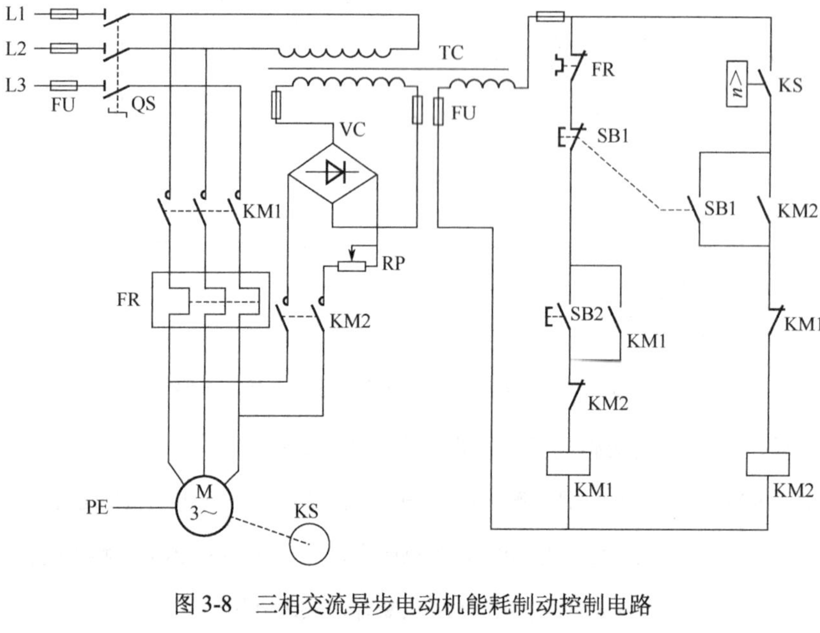

图 3-8　三相交流异步电动机能耗制动控制电路

三相交流异步电动机能耗制动控制电路工作原理如下。

按下SB2→KM1得电→KM1主触点闭合→电动机M启动→电动机M运行
→KS常开触点闭合
→KM1辅助常开触点闭合，并自锁
→KM1辅助常闭触点断开，实现互锁

按下SB1 → SB1常闭触点断开 → KM1失电，其触点复位 → 电动机M失电
　　　　 → SB1常开触点闭合
→ 电动机M惯性运转 → KM2得电 → KM2主触点闭合 → 电动机M能耗制动
　　　　　　　　　　　　　　 → KM2辅助常开触点闭合，并自锁
　　　　　　　　　　　　　　 → KM2辅助常闭触点断开，实现互锁
→ 电动机M转速低于100r/min → KS常开触点断开 → KM2失电，其触点复位
→ 电动机M停止运行

合上 QS，按下 SB2，KM1 得电，KM1 主触点闭合，电动机正常运行，同时 KM1 的常开触点闭合，KM1 实现自锁，KS 的常开触点闭合，为能耗制动做准备。当需要停止电动机时，按下 SB1，KM1 失电，KM1 主触点断开，电动机失电，同时 KM1 互锁触点复位，电动机因惯性继续转动，KS 常开触点处于闭合状态，KM2 得电并自锁，KM2 主触点闭合，电动机接通直流电源，进行能耗制动。当电动机的转速接近零时，KS 的常开触点复位，KM2 失电释放，电动机能耗制动结束，电动机停止运行。

3.4.3　时间继电器能耗制动控制电路

三相交流异步电动机时间继电器能耗制动控制电路如图 3-9 所示。其中，QS 为电源开关，FU 为熔断器，FR 为热继电器，TC 为变压器，VC 为整流装置，KM1 为电动机正常运行接触器，KM2 为电动机能耗制动接触器，R 为制动电阻，KS 为速度继电器，KT 为时间继电器（控制制动时间的长短），SB1 为停止与制动按钮，SB2 为启动按钮。

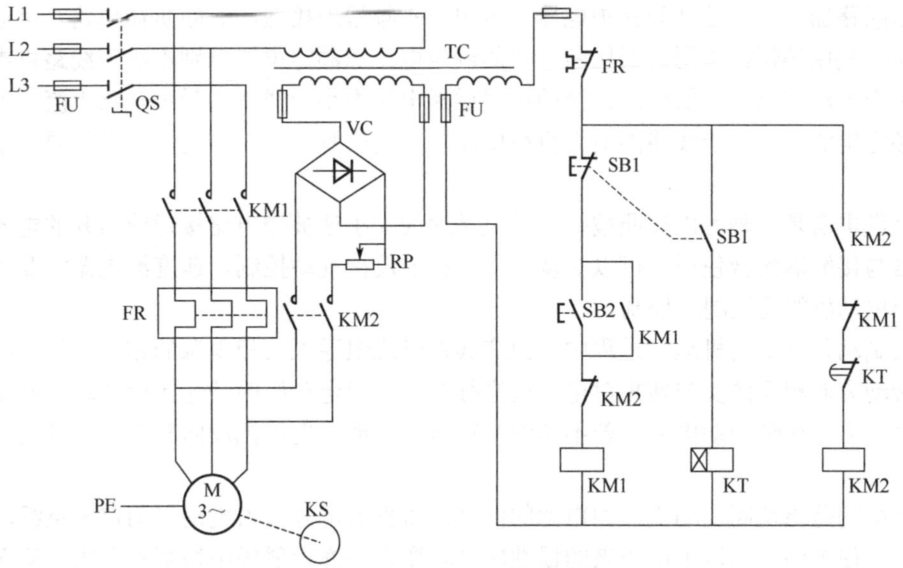

图 3-9　三相交流异步电动机时间继电器能耗制动控制电路

三相交流异步电动机时间继电器能耗制动控制电路工作原理如下。

按下SB2→KM1得电→KM1主触点闭合→电动机M得电→电动机M运行
→KM1辅助常开触点闭合，并自锁
→KM1辅助常闭触头断开，实现互锁

按下SB1→SB1常闭触点断开→KM1失电，其触点复位→电动机M失电
→SB1常开触点闭合
→电动机M惯性运转→KM2、KT得电→KM2主触点闭合→电动机M能耗制动
→KM2辅助常开触点闭合，并自锁
→KM2辅助常闭触点断开，实现互锁
→KT延时时间到达→KT延时常闭触点断开→KM2失电，其触点复位
→电动机M停止运行

合上 QS，按下 SB2，KM1 得电并自锁，KM1 主触点闭合，电动机正常运行。

按下 SB1，KM1 失电，KM1 主触点断开，电动机失电惯性运转。当按下 SB1 时，SB1 的常开触点闭合，KT 和 KM2 得电并自锁，KM2 主触点闭合，直流电通入电动机定子绕组，电动机进行能耗制动。当 KT 延时时间到达后，KT 常闭触点断开，KM2 失电，KM2 主触点断开，加在电动机的直流电源被切除，电动机能耗制动结束，电动机停止运行。

知识梳理与小结

低压断路器是一种控制与保护电器，可用于不频繁地接通和分断负荷电路，可以起到过载、过流、欠压等保护作用。低压断路器的额定电压和额定电流分别不小于线路供电电压的总和及工作电流的总和。低压断路器的极限通断电流不小于线路的最大短路电流。过电流脱扣器的额定电流应不小于线路的最大负荷电流。欠电压脱扣器的额定工作电压要等于线路额定电压。

速度继电器是一种可以按照被控电动机转速的大小使被控电路接通或断开的电器。速度继电器常与接触器配合使用，可以实现对电动机的反接制动控制。速度继电器主要用于三相交流异步电动机的反接制动控制。

反接制动是在电动机运行过程中，改变其定子绕组通入三相电源的相序，从而产生一个与转子转动方向相反的反向转矩对电动机进行制动。当电动机的转速接近零时，速度继电器发出信号，立刻切除制动电源，若不切除制动电源会造成电动机反向转动，有可能会引发安全事故。

能耗制动是指切断电动机三相电源的同时，将直流电源接入电动机的定子绕组，以产生静止磁场，使电动机的转子由原来的惯性转动转变为在静止磁场中切割磁力线，从而产生与转子转动方向相反的电磁转矩，该电磁转矩对转子起到制动作用，可以使电动机快速停车，制动结束后切断直流电源。

三相交流异步电动机常用的电气制动方法是反接制动和能耗制动。

练习与提高

一、简答题

1．低压断路器在电路中的作用是什么？在选用低压断路器时应注意什么？
2．电动机常用的制动方法有哪些？
3．电动机的反接制动和能耗制动各有什么特点？
4．简述速度继电器的工作原理。
5．低压断路器由几部分组成？其能实现哪些保护功能？

二、设计题

试设计两台电动机的反接制动电路。要求：两台电动机能够实现顺序启动，先启动 1 号电动机，延时后启动 2 号电动机；停止时，先停止 2 号电动机，再停止 1 号电动机，两台电动机在停机过程中都需要进行反接制动。

项目四　三相交流异步电动机的调速控制

本项目主要以双速三相交流异步电动机的变极调速及三相交流异步电动机变频调速为例进行讲解。

实际的生产机械设备有多种控制要求，如对速度输出有高速、中速和低速要求，这类设备有自动电气设备加工生产线或数控机床等。若采用机械调速，即利用机械传动机构来实现速度的调节，能满足调速范围小的系统，其缺点是传动机构结构复杂、体积大、传动效率不高。若调速范围要求较高或要求调速平滑，则宜采用变频调速，变频调速可以实现平滑调速，且其调速范围广、效率高。

教学导航及目标

知识重点	熟悉典型低压电器的选用方法； 掌握双速三相交流异步电动机的调速方法； 了解三相交流异步电动机变频调速的原理
知识难点	典型低压电器的选用与维护； 双速三相交流异步电动机调速控制电路的故障分析与排除； 变频器的工作原理及选型
建议教学方式	建议从双速三相交流异步电动机变极调速控制电路的接线开始，先讲解变极调速的基本原理，从而引导出双速三相交流异步电动机定子绕组接线方法，进而引出变频器的基本原理与作用，以教、学、做、想一体化教学方式激发学生对实用型专业知识的兴趣
建议学时	8 学时
知识目标	掌握双速三相交流异步电动机的调速方法； 掌握三相交流异步电动机调速控制的工作原理； 熟悉变频器的结构及工作原理
技能目标	掌握双速三相交流异步电动机调速工作原理及绘制定子绕组接线图的方法； 能熟练绘制变频器主电路图

任务引入

4.1 三相交流异步电动机调速控制方式

对于三相交流异步电动机的调速控制，可以采用变频器进行调速控制，也可以采用改变电动机定子绕组接线的方式进行调速控制。本项目主要介绍变频器和双速三相交流异步电动机的调速控制，并利用所学的内容实现以下任务。

1. 控制任务一：变频器

变频器相关知识包括变频器的定义、变频器的结构、变频器的构成等。变频调速是改变电动机定子电源的频率，从而改变电动机同步转速的调速方法。变频调速系统中的主要设备是提供变频电源的变频器。变频器是一种可以将交流电源整流成直流后再逆变为频率、电压均可控制的交流电源的专用装置。本任务内容在4.2节实施。

2. 控制任务二：三相交流异步电动机变极调速控制

三相交流异步电动机变极调速控制原理：在电源频率不变的条件下，利用改变电动机的极对数的方法，使电动机的同步转速发生变化，从而改变电动机的转速。例如，极对数减少一半，同步转速会升高一倍，电动机的转速也会升高一倍。采用改变定子绕组的接法来改变极对数的电动机称为多速电动机。多速电动机的转子采用笼形转子，转子感应的极对数能自动与定子相适应，并且在生产制造电动机时，就从定子绕组中抽出一些线头，方便在使用时进行调换。本任务内容在4.3节实施。

三相交流异步电动机的调速控制电路用于获得更宽的调速范围，以满足更高的生产机械控制要求。

在下面的内容中，我们将通过学习低压电器的相关内容来逐步完成上述任务。

相关知识及实施

4.2 变频器

变频技术是伴随交流电动机无级调速的广泛需求诞生的。传统的直流调速技术因所用调速设备体积大、故障率高而应用受限。

4.2.1 变频器的介绍

20世纪60年代以后，电力电子器件普遍应用了晶闸管及其升级产品，但这些电力电子器件的调速性能仍然无法满足实际生产的需求。1968年，以丹佛斯为代表的高技术企业开始批量化生产变频器，20世纪70年代，脉宽调制变压变频（PWM-VVVF）调速的研究得到突破。20世纪80年代以后，微处理器技术的完善使得各种优化算法可以容易地实现。20世纪

80 年代中后期，美国、日本、德国、英国等国家的 VVVF 变频器技术开始实用化。

变频器主要由整流单元、滤波单元、逆变单元、制动单元、驱动单元、检测单元、微处理单元等部分组成。变频器靠内部 IGBT（Insulated Gate Bipolar Transistor，绝缘栅双极晶体管）的通断来调整输出电源的电压和频率，可以根据电动机的实际需要来提供其所需要的电源电压，进而达到节能、调速的目的。另外，变频器还具有多种保护功能，如过流保护、过压保护、过载保护等。随着工业自动化程度的不断提高，变频器得到了越来越广泛的应用。

1. 变频器的分类

可以使交流电动机实现变频调速的变频电源装置称为变频器，其功能是将电网提供的恒压恒频交流电变换为变压变频交流电，变频伴随变压。变频器的基本分类如下。

- 变频器
  - 交—交变频器
    - 按相数分
      - 单相
      - 三相
    - 按输出波形分
      - 正弦波
      - 方波
  - 脉冲宽度调制型
  - 交—直—交变频器
    - 电流型
    - 电压型

（1）变频器按性能分为交—交变频器和交—直—交变频器。

交—交变频器：可将工频交流电直接转换成频率、电压均可控制的交流电，又称直接式变频器。

交—直—交变频器：先把工频交流电通过整流变成直流电，再把直流电变成频率、电压均可控制的交流电，又称间接型变频器。交—直—交变频器及交—交变频器如图 4-1 所示。

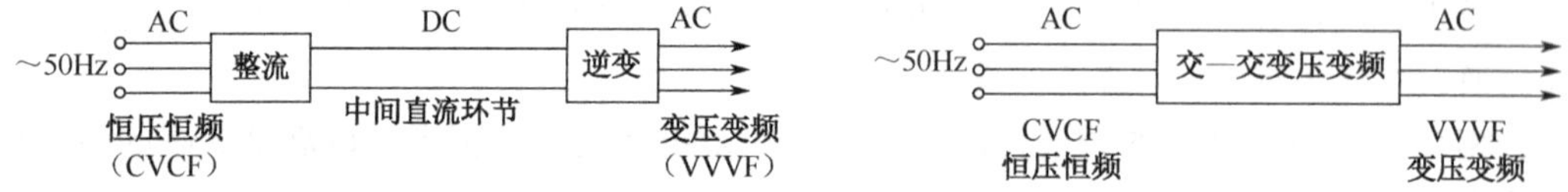

（a）交—直—交变频器　　（b）交—交变频器

图 4-1　交—直—交变频器及交—交变频器

（2）变频器按相数分为单相变频器和三相变频器。

单相变频器：变频器的输入侧为单相交流电，输出侧是三相交流电。单相变频器通常容量较小，适合在单相电源下使用，如家用电器中使用的变频器均属此类。

三相变频器：变频器的输入侧和输出侧都是三相交流电，绝大多数变频器都属于此类。

（3）变频器按应用场合分为通用变频器和专用变频器。

通用变频器：其特点是具有通用性，可应用于标准异步电动机传动、工业生产及民用、建筑等多个领域。通用变频器的控制方式从简单的恒压频比控制向高性能的矢量控制、直接转矩控制等方向发展。

专用变频器：其特点是具有行业专用性。专用变频器针对不同的行业特点集成了 PLC 及很多硬件外设，可以在不增加外部板件的基础上直接应用于相关行业。例如，恒压供水专用变频器能在供水时实现变频与工频切换、一拖多控制等。

下面主要以三菱 FR-A700 系列变频器为例对变频器进行介绍。变频器的外形如图 4-2 所示。

2. 变频器的构成

不同变频器的工作原理基本相同，内部电路结构各异。变频器主要由主电路和控制电路组成。主电路是为电动机提供调压、调频电源的电力变换部分。变频器的主电路大体可分为两类，即电压型主电路和电流型主电路。电压型主电路是将电压源的直流电变换为交流电的变频器，其直流回路的滤波装置是电容。电流型主电路是将电流源的直流电变换为交流电的变频器，其直流回路的滤波装置是电感。

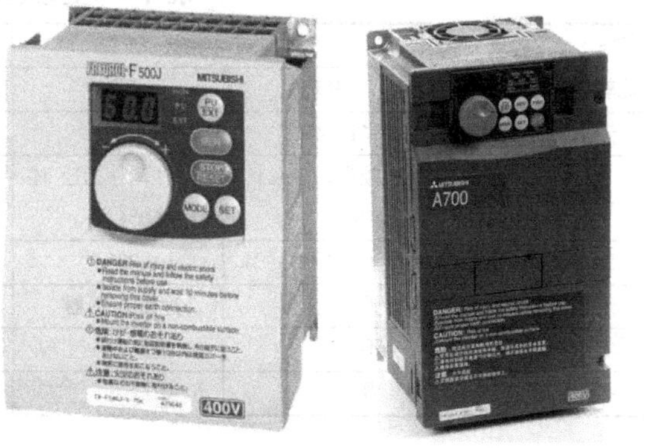

图 4-2　变频器的外形

变频器主电路由三部分构成：将工频电源变换为直流电源的整流器；吸收由整流器和逆变器产生的电压脉冲的平波回路；将直流电源变换为交流电源的逆变器。变频器主电路如图 4-3 所示。

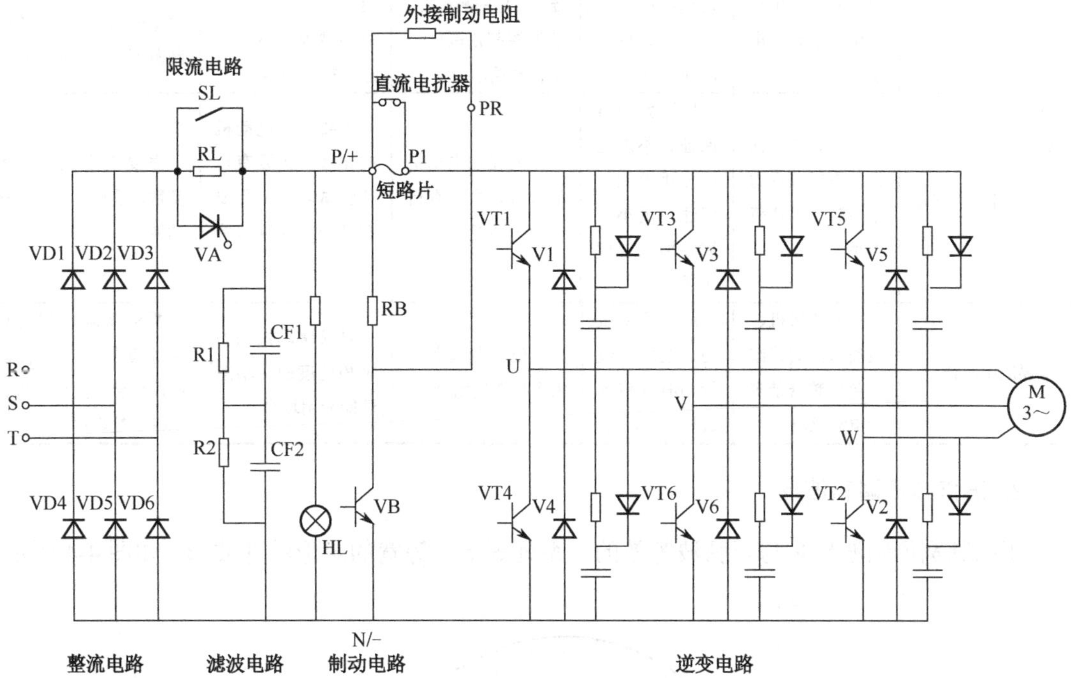

图 4-3　变频器主电路

变频器控制电路是为变频器主电路提供控制信号的回路，包括频率、电压的运算电路；主电路的电压、电流检测电路；电动机的速度检测电路；将运算电路的控制信号进行放大的驱动电路；逆变器和电动机的保护电路。

3. 变频器的工作原理

（1）变频调速的控制。

通用变频器的控制方式有 U/F 控制、矢量控制、直接转矩控制。在对变频器进行选型时，应按照机械设备的类型、负载转矩特性、调速范围、静态速度精度、启动转矩和使用环境的要求，综合分析后决定选用何种控制方式和防护结构的变频器。变频调速的控制方式对比如表 4-1 所示。不同变频调速控制方式的变频器的性能特点如表 4-2 所示。

表 4-1　变频调速的控制方式对比

控制方式 比较项目	U/F 控制		矢量控制		直接转矩控制
	开环	闭环	无速度传感器	带速度传感器	
速度控制范围	<1 : 40	<1 : 40	1 : 100	1 : 1000	1 : 100
启动转矩	频率为 3Hz 时为 150%	频率为 3Hz 时为 150%	频率为 1Hz 时为 150%	频率为 0Hz 时为 150%	频率为 0Hz 时为 150%
静态速度精度	±（2～3）%	±0.03%	±0.2%	±0.2%	±（0.1～0.5）%
反馈装置	无	速度传感器	无	速度传感器	无
零速度运行	不可	不可	不可	可	可
控制响应速度	慢	慢	较快	快	快

表 4-2　不同变频调速控制方式变频器的性能特点

变频器 特点及 主要应用场合		U/F 控制变频器		矢量控制变频器		直接转矩控制变频器
		开环	闭环	无速度传感器	带速度传感器	
特点	优点	结构简单、调节容易、可用于通用笼形异步电动机	结构简单、调速精度高、可用于通用笼形异步电动机	不需要速度传感器、力矩的响应好、速度控制范围广、结构较简单	力矩的控制性能良好、力矩的响应好、调速精度高、速度控制范围广	不需要速度传感器、力矩的响应好、速度控制范围广、结构较简单
	缺点	低速力矩难保证、不能进行力矩控制、调速范围小	低速力矩难保证、不能进行力矩控制、调速范围小、需要增加速度传感器	需要设定电动机的参数、需要有自动测试功能	需要设定电动机的参数、需要有自动测试功能、需要有高精度速度传感器	需要设定电动机的参数、需要有自动测试功能
主要应用场合		一般的风机、泵类节能调速或一台变频器带多台电动机场合	用于保持压力、温度、流量、pH 定值等过程控制场合	一般工业设备、大多数调速场合	要求精确控制力矩和速度的高动态性能应用场合	要求精确控制力矩和速度的高动态性能应用场合，如起重机、电梯、轧机等

2. 正弦脉宽调制波形

正弦脉宽调制波形是与正弦波等效的一系列等幅不等宽的矩形脉冲波形，如图 4-4 所示。

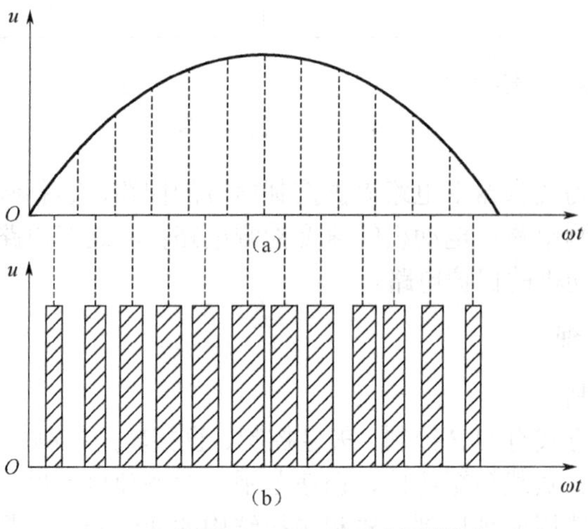

（a）正弦波形　（b）正弦脉宽调制波形

图 4-4　正弦波形与正弦脉宽调制波形

由图 4-4 可知，若将正弦波的一个周期分为 N 等份，把每一等份所覆盖的面积用一个等幅的矩形脉冲来表示，并将矩形脉冲的中点与对应正弦波等份中点对应，等份分得越多，就越接近正弦波，这样就可以获得与正弦波等效的脉宽调制波，脉宽调制波又称 SPWM 波。

4.2.2　三菱 FR-A700 通用变频器操作

1. 变频器操作面板

变频器操作面板如图 4-5 所示。

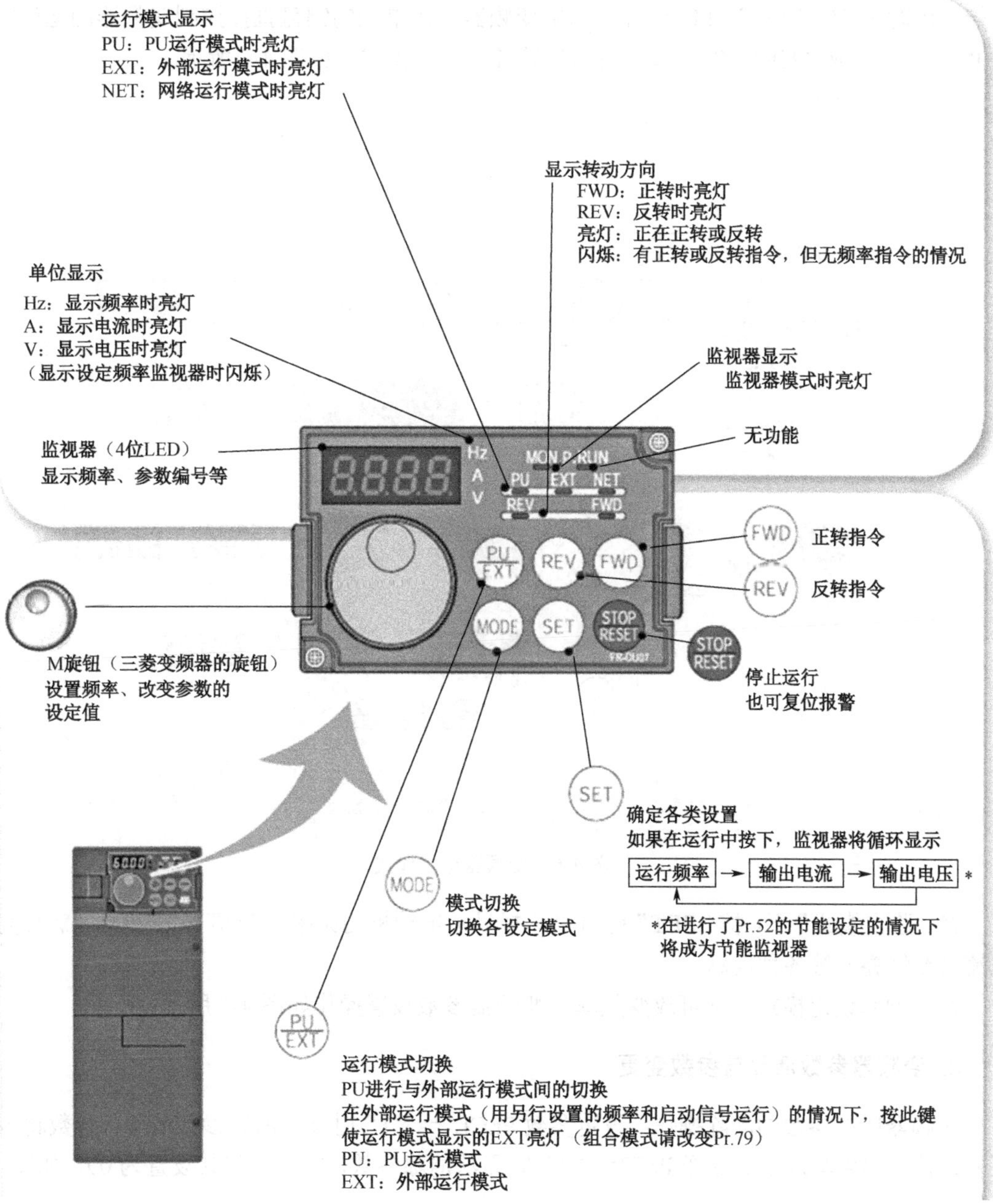

图 4-5　变频器操作面板

在使用变频器之前，首先要熟悉其面板显示和操作，并按照使用现场的要求合理设置相关参数。

2. 变频器三种模式的切换

在变频器操作面板的按键中，最重要的是“MODE”键（“模式”键或“状态”键），该键可以改变显示模式（状态）。显示模式（状态）共有 3 种：监视器、参数设定、报警历史。连续按动“MODE”键，显示器将循环顺序显示这 3 种模式。

在“运行模式”下，按“PU/EXT 键”可选择“外部运行（利用外部信号控制变频器的运转，此时 EXT 灯亮）”“PU 运行（利用变频器操作单元的键盘直接控制变频器的运转，此时 PU 灯亮）”或“JOG（PU 点动运行）”等各种运行模式，如图 4-6 所示。

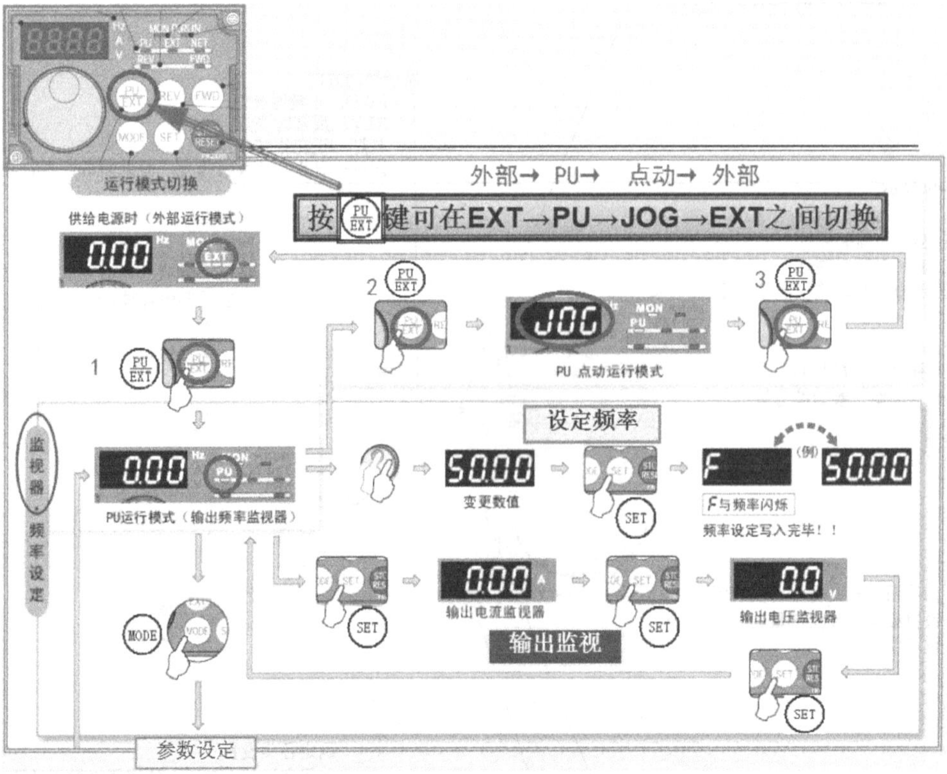

图 4-6　变频器运行模式

在“监视模式”下，按“SET”键可以选择显示电动机的频率（Hz 灯亮）、电压（V 灯亮）、电流（A 灯亮）等各种信息。

在“频率设定模式”下可改变频率。变频器参数设置操作如图 4-7 所示。

3. 变频器参数清除与参数变更

变频器所有参数的清除操作：设定参数 Pr.CL ＝“1”时会将所有参数清除，参数将恢复至初始值（如果写入参数选择 Pr.77＝“1”时无法清除参数，需要先将其设置为 0），如图 4-8 所示。

变频器变更参数操作实例：将上限频率 Pr.1＝120Hz（默认频率）变更为 Pr.1＝50Hz（变更后），操作过程如图 4-9 所示。

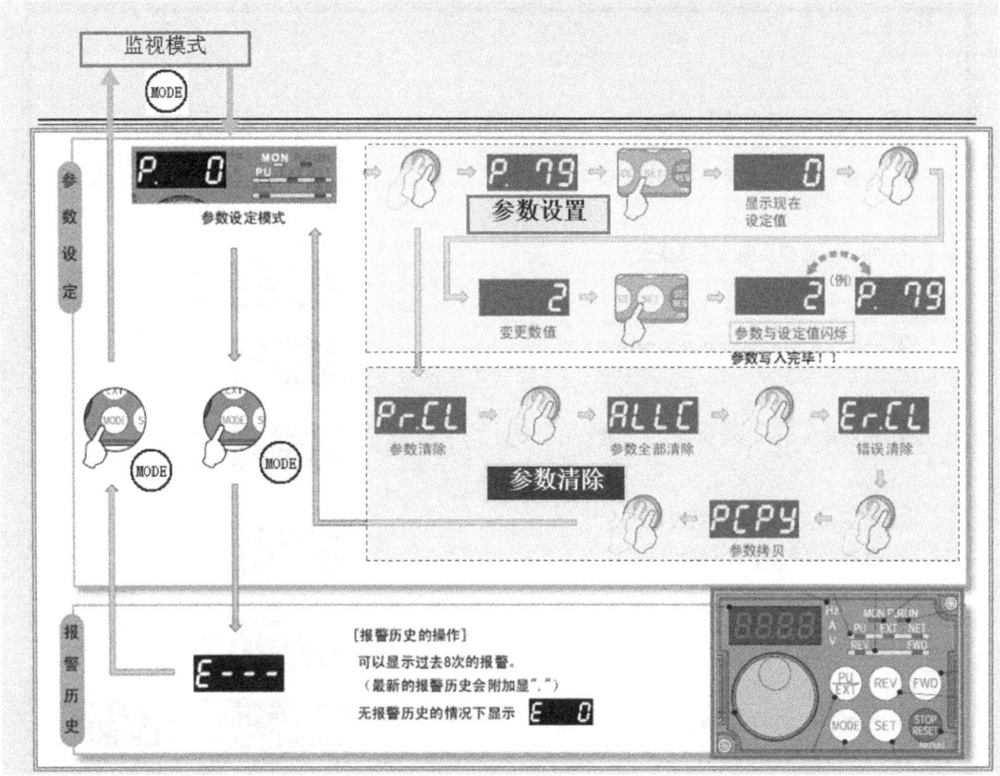

图 4-7　变频器参数设置操作

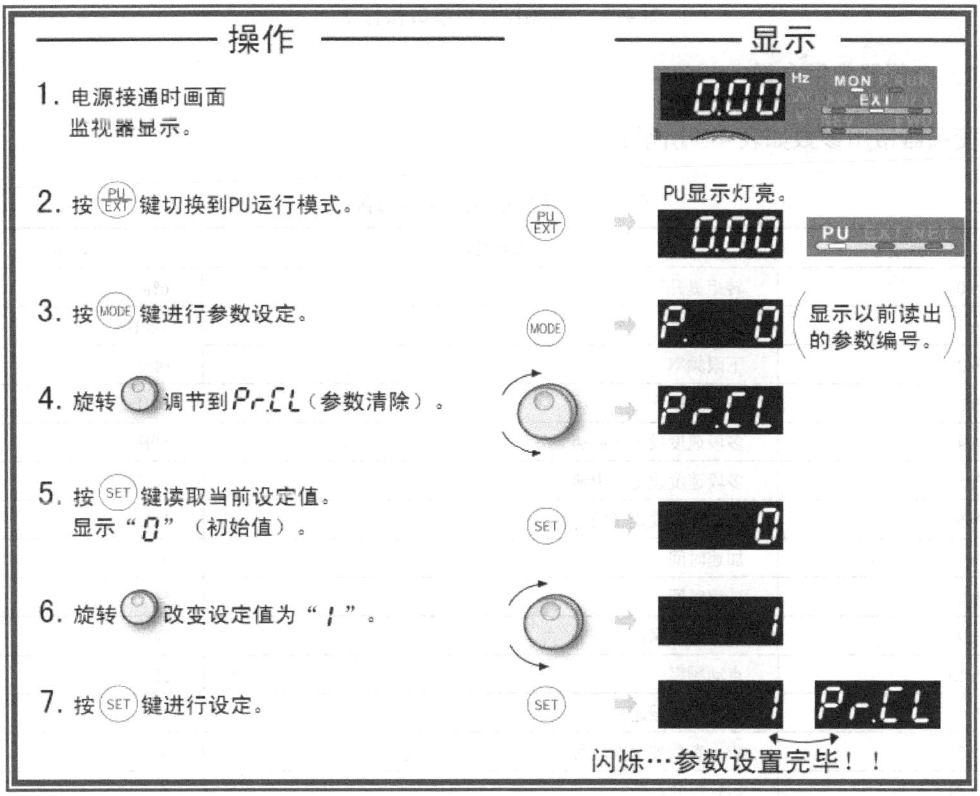

图 4-8　变频器所有参数的清除操作

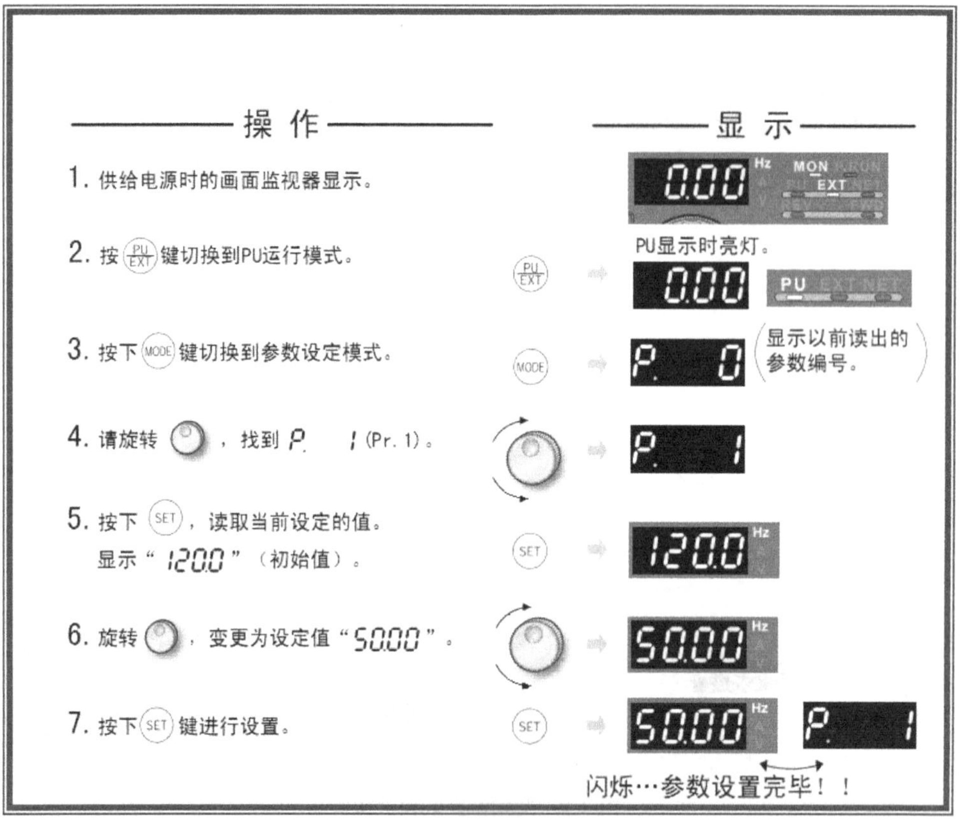

图 4-9　变频器变更参数操作实例

4．变频器常用参数

变频器常用参数如表 4-3 所示。

表 4-3　变频器常用参数的含义

参数号	参数名称	初始值
Pr.0	转矩提升	6%
Pr.1	上限频率	120Hz
Pr.2	下限频率	0Hz
Pr.3	基准频率	50Hz
Pr.4	多段速度设定（高速）	50Hz
Pr.5	多段速度设定（中速）	30Hz
Pr.6	多段速度设定（低速）	10Hz
Pr.7	加速时间	5s
Pr.8	减速时间	5s
Pr.9	电子过流保护	I_N
Pr.15	点动频率	5Hz
Pr.16	点动加、减速时间	0.5s
Pr.77	防止参数被意外改写	0
Pr.79	运行模式选择	0

变频器其他参数的设置及修改请参照相关产品使用手册。

5. 变频器外部端子接线

变频器外部端子接线图如图 4-10 所示。

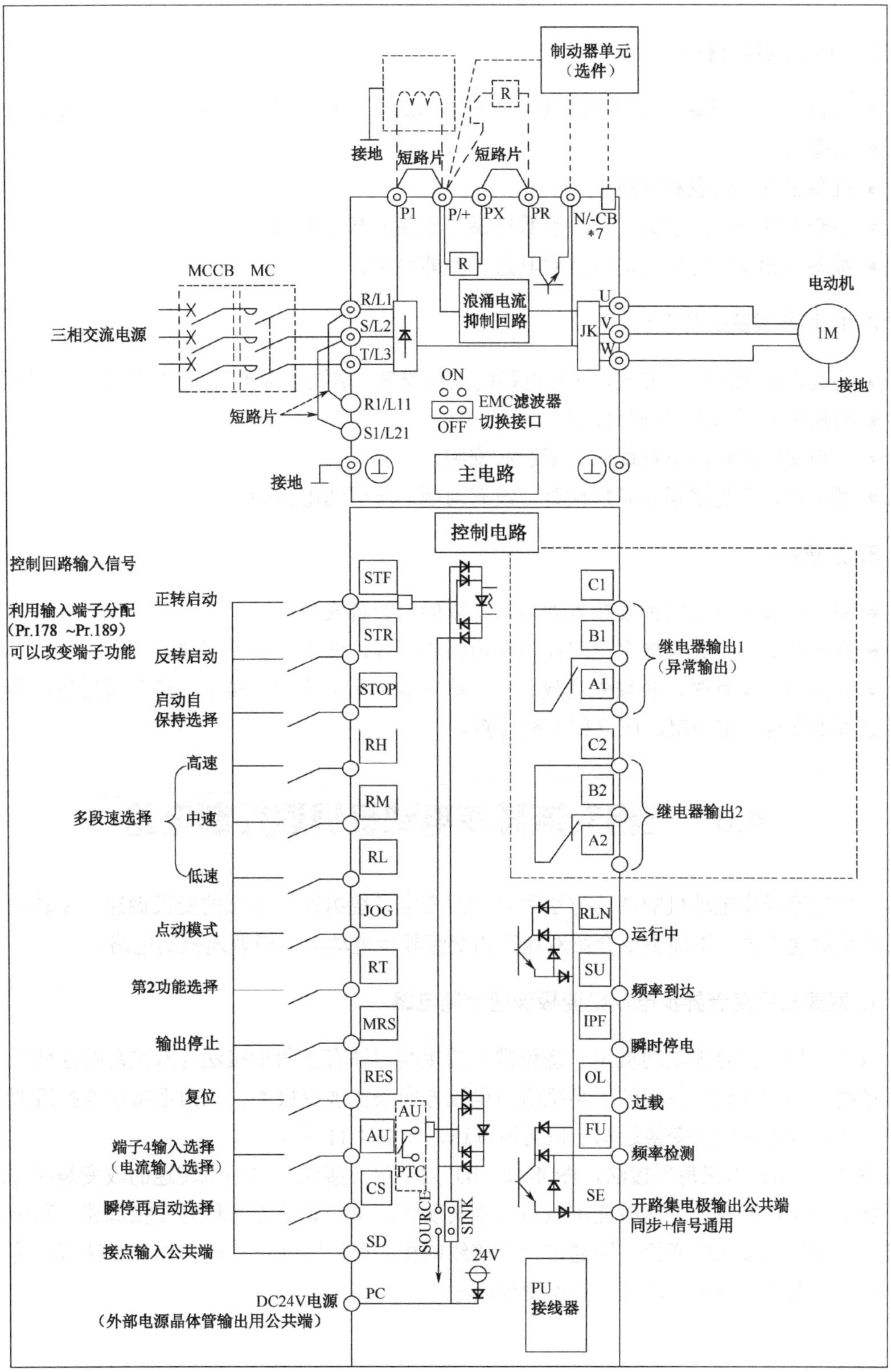

图 4-10　变频器外部端子接线图

任务实施（技能实训）

1. 准备工具和材料

● 分析电气原理图，掌握全部低压电器工作原理及其作用，配齐电路需要的全部元件并进行外观检查。

● 准备工具、仪表和导线。

● 检查元件的相关参数，这些参数应满足电路的基本要求。

● 准备三相交流异步电动机并对其进行性能检测。

2. 控制方案及安装工艺

● 明确电动机的控制方式，熟悉电路的工作原理，掌握全部电气元件工作原理及其作用。

● 对所用的低压电器进行标识。

● 模拟实际的标准进行编码、配线和安装。

● 通电前，应先请指导老师检查，没有问题后方可通电试验。

3. 注意事项

● 主电路和控制电路都要接入熔断器，以确保设备安全。

● 在接线时，应先完成主电路和控制电路的接线，然后连接电源端。

● 在通电试运行时，必须先空载运行，确定运行无异常后，再进行带负载运行。如果在运行过程中发现异常情况，应立刻停机检查。

4.3　三相交流异步电动机调速控制电路

三相交流异步电动机的调速方法主要有改变定子绕组连接方式的变极调速、变转差率调速及变频调速 3 种。下面主要介绍双速三相交流异步电动机变极调速控制电路。

1. 双速三相交流异步电动机变极调速控制电路

双速三相交流异步电动机定子绕组常用的接线方法有三角形接法与双星形接法两种，这两种接线方法都是改变各相的一半绕组的电流方向来实现变极的。三角形接法变换近似于恒功率调速，双星形接法变换近似于恒转矩调速，如图 4-11 所示。

图 4-11（a）为三角形接法，图 4-11（b）为双星形接法。电动机转速的改变是通过改变定子绕组的连接方式，进而改变磁极对数来实现的，这种调速方法称为变极调速。利用三角形接法和双星形接法的变换，即通过改变接线的相序可以实现电动机工作在低速或高速，在相同旋转方向的前提下，还可以实现变极调速。

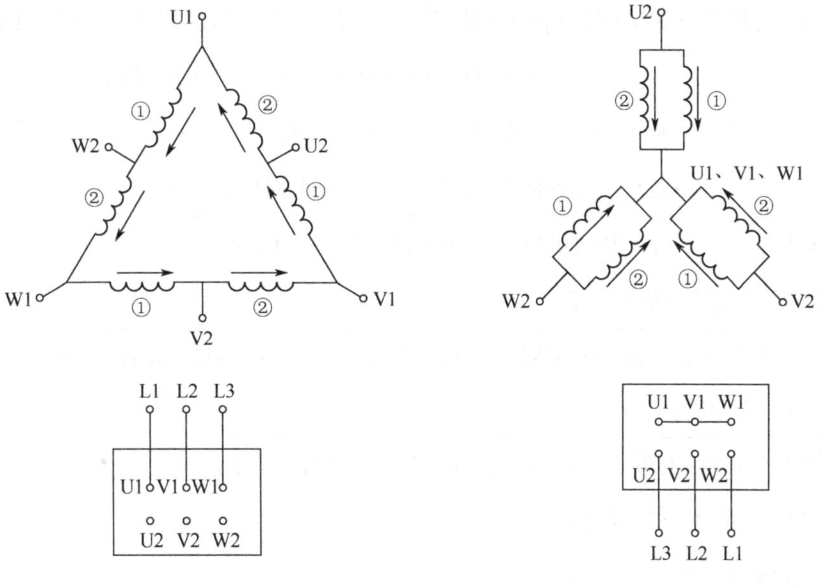

（a）三角形接法（低速）　　（b）双星形接法（高速）

图 4-11　变极调速电动机接线方法

2. 时间继电器控制双速三相交流异步电动机变极调速控制电路

时间继电器控制双速三相交流异步电动机变极调速控制电路如图 4-12 所示。其中，QS 为电源开关；FU1 和 FU2 为熔断器；KM1 为电动机三角形连接接触器，KM2、KM3 为电动机双星形连接接触器；KT 为时间继电器；SA 为高低速转换开关，有 3 个挡位，即高度挡位、停止挡位、低速挡位。

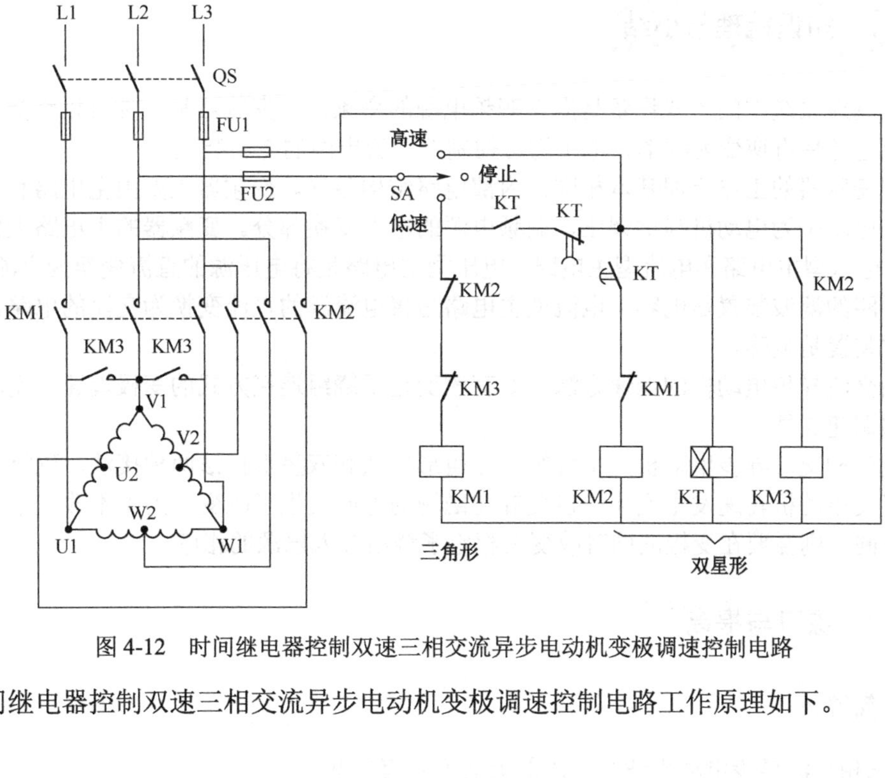

图 4-12　时间继电器控制双速三相交流异步电动机变极调速控制电路

时间继电器控制双速三相交流异步电动机变极调速控制电路工作原理如下。

SA扳到低速挡位→KM1得电→KM1主触点闭合→电动机M启动→电动机M低速运行

　　→KM1辅助常闭触点断开，实现互锁

SA扳到停止挡位→KM1失电，其触点复位→电动机M失电→电动机M停止运行

SA扳到高速挡位→KT得电→KT瞬动触点闭合→KM1得电

　　→KM1主触点闭合→电动机M启动→低速运行→KT延时时间到达

　　→KM1辅助常闭触点断开，实现互锁

　　→KT延时常开触点闭合→KM1失电，其触点复位→KM2、KM3得电

　　→KT延时常闭触点断开

　　→KM2、KM3主触点闭合→电动机M切换到高速运行

　　→KM2辅助常开触点闭合，并自锁

　　→KM2辅助常闭触点断开，实现互锁

合上 QS，当 SA 扳到停止挡位时，电动机不工作。当 SA 扳到低速挡位时，KM1 得电、KM1 主触点闭合，电动机定子绕组的三个出线端 U1、V1、W1 与电源连接，定子绕组接成三角形，电动机低速运行。当 SA 扳到高速挡位时，KT 得电，KT 瞬动触点闭合，KM1 得电，KM1 主触点闭合，电动机定子绕组接成三角形低速启动，KM1 常闭触点断开，切断 KM2 线圈回路。KT 延时时间到达，KT 延时断开的常闭触点断开，KM1 失电释放，KT 延时闭合的常开触点闭合，KM2 得电，KM2 常开触点闭合，KM3 同时得电，电动机定子绕组被 KM2 和 KM3 换接成双星形，电动机切换到高速运行。

知识梳理与小结

变频调速系统中的主要设备是提供变频电源的变频器。变频器是一种可以将交流电源整流成直流电源后再逆变为频率、电压均可控制的交流电源的专用装置。

不同变频器的工作原理基本相同，内部电路结构各异。变频器主要由主电路和控制电路组成，主电路是为电动机提供调压、调频电源的电力变换部分。变频器的主电路大体可分为两类，即电压型主电路和电流型主电路。电压型主电路是将电压源的直流变换为交流的电路，其直流回路的滤波装置是电容。电流型主电路是将电流源的直流变换为交流的电路，其直流回路滤波装置是电感。

三相交流异步电动机的调速方法主要有改变定子绕组连接方式的变极调速、变转差率调速及变频调速 3 种。

双速三相交流异步电动机定子绕组有三角形接法和双星形接法两种接法。磁极对数的变化，不仅使电动机转速发生变化，也使旋转磁场的方向发生了改变，为了不改变电动机原来转动的方向，则需要在变极的同时改变三相定子绕组接入电源的相序。

练习与提高

一、简答题

1．三相交流异步电动机适合采用的调速方式有哪些？

2．双速三相交流异步电动机通常先低速启动然后转换为高速运行，为什么？

3．简述交—直—交变频器的工作原理。

4．三相交流异步电动机调速控制电路中常用的保护措施有哪些？

5．变频器主电路主要由哪几部分组成？

二、设计题

试设计一个双速三相交流异步电动机的控制电路，实现控制要求：双速三相交流异步电动机在启动时，先接通低速回路，经过延时后，换接成高速回路运行；该电路同时具备短路保护和过载保护功能。

项目五　电气控制能力拓展

本项目以电工职业资格，以及从事机械设备、电气系统线路及器件的安装、调试与维护、修理的人员的基本技能为依据，介绍电工职业等级的要求及电工应该具备的基本常识。

电气控制系统相当于机械设备的大脑，控制着各个机械部件的运作。电工职业等级考证培训中常见的机床设备有CA6140型卧式车床、X62W型万能铣床、Z3050型摇臂钻床、M7130型平面磨床。不同的机床设备的电气控制系统、工作方式和工艺要求也不同。通过本项目的学习，应能掌握机床控制电路的安装与维护，并能提高分析问题和解决实际问题的综合能力。

本项目主要以电工的职业等级考试内容为例进行讲解。

教学导航及目标

知识重点	了解常见的机床及其电气控制原理； 掌握常见的机床电气控制电路的工作原理； 掌握常见的机床的电气故障及处理方法
知识难点	CA6140 型卧式车床电气控制电路的连接与故障检修； Z3050 型摇臂钻床电气控制电路的连接与故障检修； X62W 型万能铣床电气控制电路的连接与故障检修； M7130 型平面磨床电气控制电路的连接与故障检修
建议教学方式	建议从电气原理图的分析方法和步骤开始，先讲解电气控制电路的主要内容，从而引导出常见机床电气控制电路的工作原理、连接与故障排除等，以教、学、做、想一体化教学方式，激发学生对机床检修的兴趣
建议学时	10 学时
知识目标	熟悉分析常用机床电气控制电路的方法； 掌握车床、钻床、铣床、磨床常见故障的分析与排除方法； 熟悉车床、钻床、铣床、磨床的电气原理图
技能目标	能熟练掌握车床、钻床、铣床、磨床的电气原理图； 能熟练将电气原理图的分析方法与分析步骤应用于实际的机床设备检修

任务引入

5.1　常见机床设备电气控制电路分析

电气控制系统在机械设备中具有非常重要的作用，机床的电气控制原理与检修技术同样是需要掌握的内容。在本项目中，我们主要通过学习典型车床、钻床、铣床和磨床的电气控制电路，并利用所学内容实现以下任务。

1. 控制任务一：CA6140 型卧式车床电气控制电路的分析

卧式车床是一种在机械加工中被广泛使用的机床，可以用来加工各种回转表面、螺纹和端面。卧式车床通常由一台主轴电动机拖动，经由机械传动链实现切削主运动和刀具进给运动的输出。主运动和进给运动的运动速度由变速齿轮箱通过手柄操作进行切换。刀具的快速移动、冷却泵和液压泵等常采用单独电动机驱动。本任务内容在 5.4 节实施。

2. 控制任务二：X62W 型万能铣床电气控制电路的分析

铣床是一种用途十分广泛的金属切削机床。铣床可用于加工平面、斜面和沟槽。如果铣床装上分度头，可以铣削直齿齿轮和螺旋面。如果铣床装上圆工作台，还可以加工凸轮和弧形槽等。本任务内容在 5.5 节实施。

3. 控制任务三：Z3050 型摇臂钻床电气控制电路的分析

钻床是一种用途广泛的孔加工机床，它主要用于钻削精度要求不太高的孔，另外还可用来扩孔、铰孔、镗孔，以及刮平面、攻螺纹等。摇臂钻床是一种立式钻床，适用于带有多孔的大型零件（单件或批量）的孔加工。本任务内容在 5.6 节实施。

4. 控制任务四：M7130 型平面磨床电气控制电路的分析

磨床是一种用磨具和磨料对工件的表面进行磨削加工的机床，它可以加工各种表面，如平面、内圆柱面、外圆柱面、圆锥面和螺旋面等。通过磨削加工，工件的形状及表面的精度、光洁度可以达到预期的要求。此外，磨床还可以进行切断加工。本任务内容在 5.7 节实施。

机床电气控制电路主要以组合控制的方式实现机床的各种操作要求，通过学习各种机床的电气控制，可以进一步提升专业知识与技能。

在下面的内容中，我们将通过学习机床电气控制的相关内容来逐步完成上述任务。

相关知识及实施

5.2　电气控制电路分析方法

1. 分析电气控制电路的主要内容

阅读使用说明书。清楚电气设备的技术指标、机械结构、传动机构、液压传动与气压传动的工作原理；电动机的型号；各操作开关、旋钮、手柄等的作用；与各运动部件直接或间接相关联的行程开关、电磁离合器、电磁阀等的工作位置、状态及作用。

分析电气原理图。电气原理图主要由主电路图、辅助电路图及控制电路图等组成，这些电路图是分析和检修电气设备的重要依据。

分析电气元件布置图。电气元件布置图包含电气总装接线图、重要电气部件的布置和安装要求、电气元件布置及接线。在对电气设备进行检修或调试的过程中，通过阅读电气元件布置图，能够很方便地找到各元件和测试点的位置或导线，进而对其进行维护和保养。

2. 电气原理图的分析步骤

电气原理图包括主电路图、辅助电路图和控制电路图。分析电气原理图的步骤如下。

步骤 1：分析主电路。分析电气原理图应先从主电路开始，了解各电动机和执行元件的控制要求，再分析各电动机和执行元件的控制对象，根据控制对象所对应的控制条件分析对应的控制内容。控制内容有电动机的启动、转动方向、制动和调速等。

步骤 2：分析控制电路。应根据主电路对应的控制内容，先找到关键的执行元件和对应的控制方式，再将不同控制功能的控制回路进行分组，最后对这些已经分组的控制回路进行分析。

步骤 3：分析辅助电路。辅助电路由电源指示回路、照明回路、工作状态指示回路、故障警示回路等回路组成。分析辅助电路可以有效减少和消耗电气原理图的"未知面积"。

步骤 4：分析互锁和保护环节。在实际生产加工中，互锁和保护环节是必不可少的组成部分，要提高电气设备的安全性和可靠性，就必须增加互锁和保护环节。找出执行元件的互锁和保护环节并对其进行标注，能有效提高电路分析效率。

步骤 5：整体分析检查。根据现有的分析结果，综合电气原理图的主电路、辅助电路和控制电路，了解每个电气元件的作用及其之间的控制关系，检查是否还有电气元件的作用不清晰或遗漏，做到清楚每个元件、触点所起的作用。

5.3　检测机床电气故障的方法

检测机床电气故障的方法较多，常用的有电压测量法、电阻测量法和短接法等。

1. 电压测量法

电压测量法是指利用万用表电压挡测量机床电路某两点间的电压值来判断故障点的范围或故障元件的方法。电压的分阶测量法如图 5-1 所示。

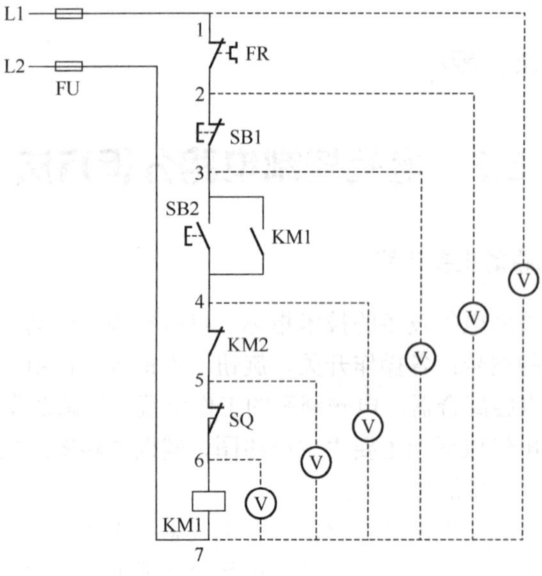

图 5-1　电压的分阶测量法

在测量时，首先用万用表的电压挡测量 1、7 两点间的电压，若电路正常，万用表显示值应为 380V。然后按住启动按钮 SB2 不放，同时将黑色表棒接到点 7 上，红色表棒依次接点 6、点 5、点 4、点 3、点 2，分别测量点 7 和点 6、点 7 和点 5、点 7 和点 4、点 7 和点 3、点 7 和点 2 之间的电压，在电路正常的情况下，各电压值均为 380V。若测到点 7 和点 6 之间电压为零，说明是断路故障，此时可将红色表棒依次接至其他点，当接至某点（如点 2）时电压正常，说明点 2 以前的触点或接线有断路故障。一般是点 2 后第一个触点（刚跨过停止按钮 SB1 的触点）或连接线断路。

电压的分段测量法如图 5-2 所示。先用万用表的电压挡测量点 1 和点 7，若万用表显示值为 380V 说明电源电压正常。电压的分段测量法是使用红、黑两根表棒逐段测量点 1 和点 2、点 2 和点 3、点 3 和点 4、点 4 和点 5、点 5 和点 6、点 6 和点 7 间的电压。若电路正常，当按下启动按钮 SB2 后，除点 6 和点 7 间的电压等于 380V 外，其他任何相邻两点间的电压值均为零。若按下启动按钮 SB2，接触器 KM1 不吸合，说明发生断路故障，此时可用万用表的电压挡逐段测量各相邻两点间的电压。如果测量到某相邻两点间的电压为 380V，说明这两点间所包含的触点、连接导线接触不良或有断路故障。例如，点 4 和点 5 间的电压为 380V，说明接触器 KM2 的常闭触点接触不良。

2. 电阻测量法

电阻测量法是指利用万用表的电阻挡测量机床电路某两点间的电阻值来判断故障点的范围或故障元件的方法。

电阻的分阶测量法如图 5-3 所示。在按下启动按钮 SB2 后，若接触器 KM1 不吸合，说明有断路故障。在使用万用表的电阻挡检测前应先断开电源，然后按住 SB2 不放松，先测量点 1 和点 7 间的电阻，若电阻值为无穷大，说明点 1 和点 7 间的电路断路。然后分别测量点 1 和点 2、点 1 和点 3、点 1 和点 4、点 1 和点 5、点 1 和点 6 间的电阻值。若电路正常，则上述电阻值应为 0。当测量到某点与点 1 间的电阻值为无穷大时，则说明表棒刚跨过的触点或连接导线断路。

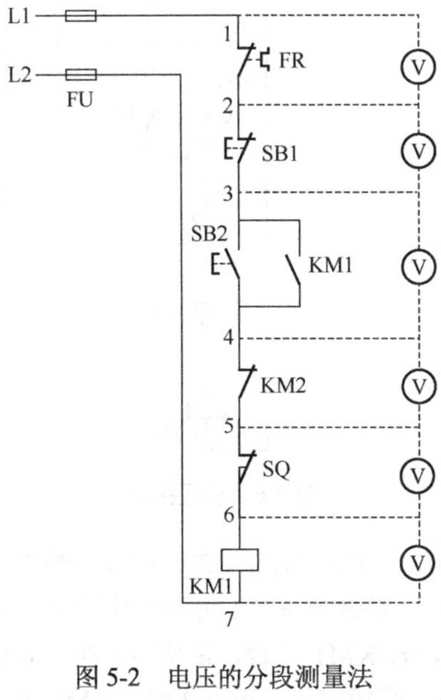

图 5-2　电压的分段测量法

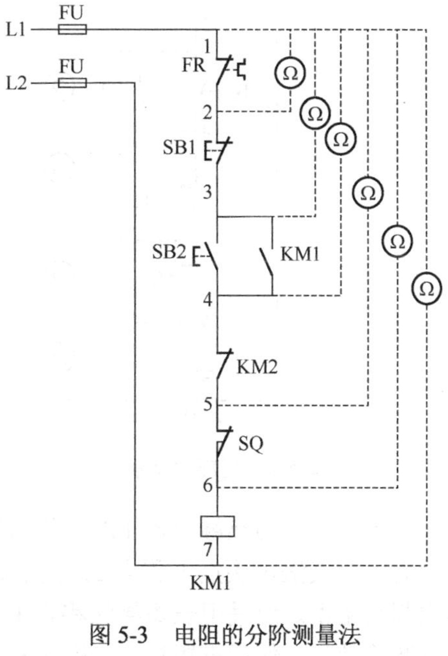

图 5-3　电阻的分阶测量法

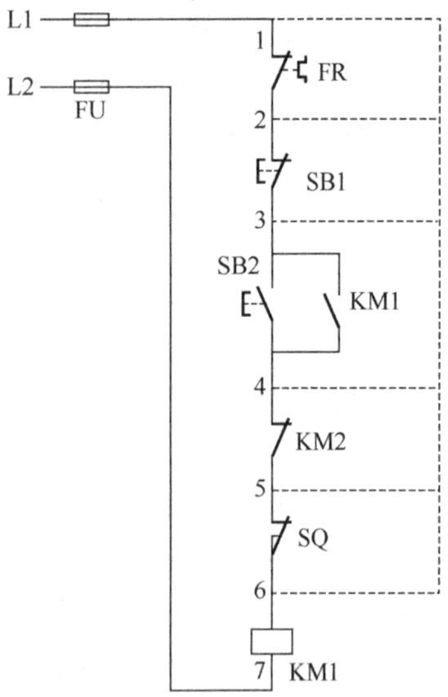

图 5-4　电阻的分段测量法

电阻的分段测量法如图 5-4 所示。在测量时，先切断电源，按下启动按钮 SB2，然后依次逐段测量点 1 和点 2、点 2 和点 3、点 3 和点 4、点 4 和点 5、点 5 和点 6 之间的电阻值。若测得某两点间的电阻值为无穷大，说明这两点间的触点或连接导线断路。例如，当测得点 2 和点 3 间电阻值为无穷大时，说明停止按钮 SB1 或连接 SB1 的导线断路。

注意：*在用电阻测量法检查机床电路故障时，一定要断开电源。若被测的电路与其他电路值并联时，必须将该电路与其他电路断开，否则所测得的电阻是不准确的。在测量大电阻的电气元件时，应把万用表的选择开关旋转至合适的电阻挡。*

3. 短接法

短接法是指用导线将机床电路中两等电位点短接，以缩小故障范围，从而确定故障范围或故障点的方法。

局部短接法如图 5-5 所示。在按下启动按钮 SB2 后，若接触器 KM1 不吸合，说明该电路有故障。测量前先用万用表的电压挡测量点 1 和点 7 间的电压，若电压正常，可按下启动按钮 SB2 不放松，然后用一根绝缘良好的导线，分别短接标号相邻的两点，如短接点 1 和点 2、点 2 和点 3、点 3 和点 4、点 4 和点 5、点 5 和点 6。当短接某两点时，接触器 KM1 吸合，说明断路故障在这两点之间。

长短接法如图 5-6 所示。长短接法是指一次短接两个或多个触点来检查故障的方法。

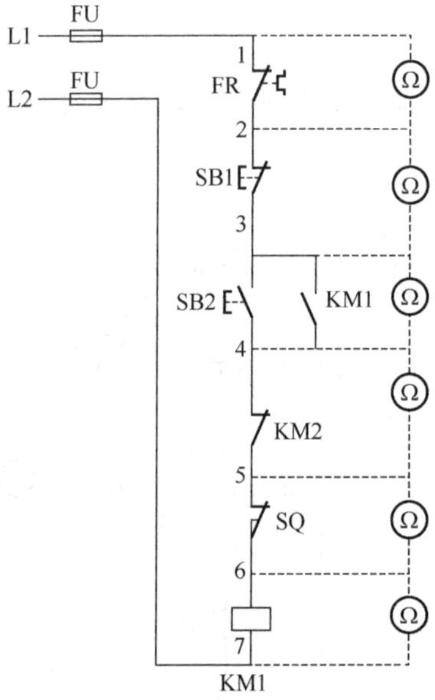

图 5-5　局部短接法

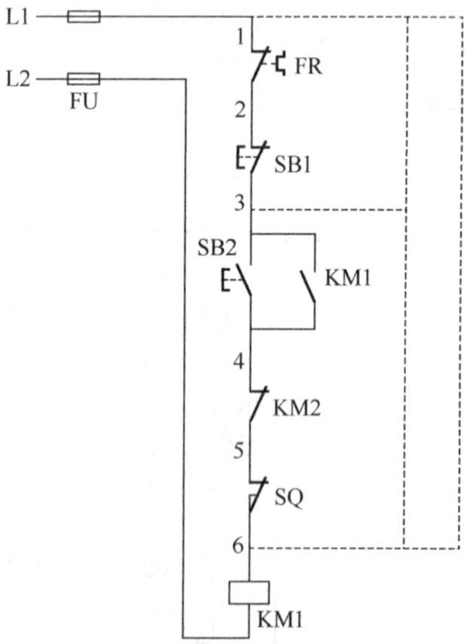

图 5-6　长短接法

在图 5-6 中，当热继电器 FR 的常闭触点和停止按钮 SB1 的常闭触点同时接触不良时，如果用局部短接法短接点 1 和点 2，按下启动按钮 SB2，接触器 KM1 仍然不会吸合，这样可能导致判断错误。而采用长短接法将点 1 和点 6 短接，若 KM1 吸合，说明点 1 和点 6 这段电路中有断路故障，然后再短接点 1 和点 3、点 3 和点 6，若短接点 1 和点 3 时，KM1 吸合，则说明故障在点1和点3之间，最后用局部短接法短接点1和点2、点2和点3，能快速排除电路的断路故障。

注意： 因为短接法是用手拿绝缘导线带电操作的，所以一定要注意安全，避免触电事故发生。短接法只适用于检查压降极小的导线和触点之类的断路故障。对于压降较大的电器，如电阻、线圈、绕组等的断路故障，不能采用短接法检测，否则会出现短路故障。对于机床的某些重要部位，必须在保障电气设备或机械部位不会出现事故的情况下才能使用短接法。

5.4　CA6140型卧式车床电气控制电路的分析

车床是切削加工的主要技术设备。车床的加工范围较广，可用于加工内圆柱面、外圆柱面、圆锥表面，还可用于切槽、切断、车螺纹、车端面、钻中心孔、扩孔、铰孔、盘绕弹簧等。

1. CA6140型卧式车床的结构

CA6140型卧式车床主要由主轴箱、刀架、尾架、进给箱、溜板箱、床身、光杠和丝杠等部分组成。CA6140型卧式车床的外形如图5-7所示。

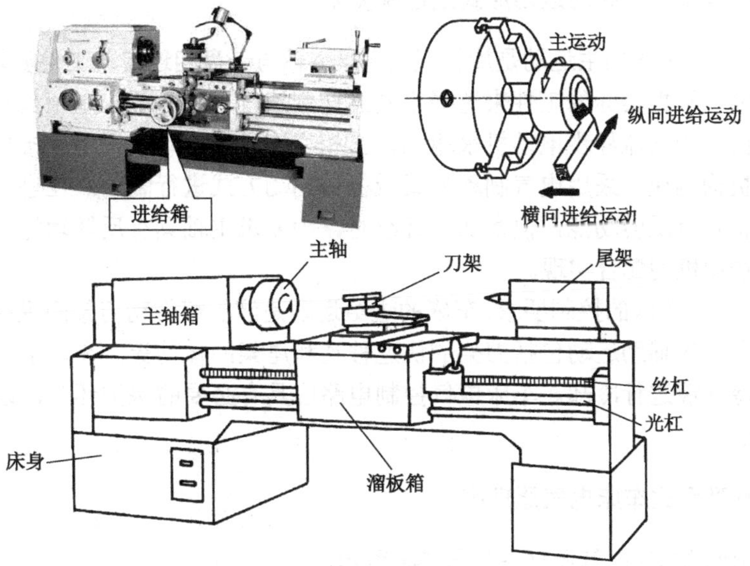

图5-7　CA6140型卧式车床的外形

2. CA6140型卧式车床的主要部件及作用

（1）主轴箱。

主轴箱固定在床身的左端。主轴箱中装有主轴及使主轴变速和变向的传动齿轮。车床通过卡盘等夹具装夹工件，主轴带动工件按需要的转速旋转，实现主运动。

（2）刀架。

刀架装在刀架导轨上，并可沿刀架导轨进行纵向移动。刀架由床鞍（大拖板）、横拖板和小拖板等组成。刀架是用于装夹车刀，并使车刀进行纵向、横向和斜向运动的部件。

（3）尾架。

尾架装在床身右端，可沿尾架导轨进行纵向调整。尾架的主要功能是用后顶尖支撑工件，以及安装钻头、铰刀等孔加工工具，以进行孔加工。尾架进行适当调整可以加工长锥形的工件。

（4）进给箱。

进给箱位于床身的左前侧，进给箱中装有进给运动的变速装置及操纵机构。进给箱的功能是改变被加工螺纹的螺距或机动进给时的进给量。

（5）溜板箱。

溜板箱位于床身前侧，与刀架相连接，其功能是把进给箱的运动传递给刀架，使刀架实现纵向进给、横向进给、快速移动。

（6）床身。

床身固定在左床座和右床座上，是车床的基本支撑部分，同时也是机床各部件的安装基准，可以使机床各部件在工作过程中保持准确的相对位置。

（7）光杠和丝杠。

光杠和丝杠是将运动由进给箱传到溜板箱的中间传动元件。光杠用于一般车削，丝杠用于车螺纹。

3. CA6140 型卧式车床的运动形式及控制要求

CA6140 型卧式车床的主运动是旋转运动，即主轴与卡盘相连带动工件旋转。在进行车削加工时，由于需要根据实际的工件来选择不同的切削速度，因此要求主轴具有较大的调速范围。主轴一般由三相交流异步电动机来驱动，三相交流异步电动机采用直接启动方式启动，采用机械传动机构调速，采用电气制动方式或机械制动方式进行制动。在进行车削加工时，一般不要求主轴具有反转功能，但在加工螺纹时，则要求主轴具有反转功能。反转功能由换向手柄和机械传动机构配合实现。

CA6140 型卧式车床的控制要求：车床的进给运动是溜板箱带动刀架的纵向直线运动或横向直线运动。车床的辅助运动包括刀架的快速移动和尾架的移动等。在车削过程中，刀具和工件需要使用冷却液进行冷却。车床电气控制电路应具有必要的保护环节，以及安全可靠的照明和信号指示。

4. CA6140 型卧式车床电气原理图

CA6140 型卧式车床电气原理图如图 5-8 所示。

（1）主电路的分析。

在主电路中，M1 为主轴电动机，M1 带动主轴转动并通过传动机构使车刀完成进给。M1 的运转和停止分别由接触器 KM1 主触点的接通和断开来控制。M1 只进行单方向转动，而主轴的正反转则是由摩擦离合器改变传动链来实现的。M1 的功率只有 7.5kW，可以直接启动。因为在进行车削加工时，刀具和零件的温度高，需要使用冷却液来进行冷却，所以，车床安装有一台冷却泵电动机 M2，用来驱动冷却泵循环喷出冷却液，使刀具和零件冷却。M2 的运转和停止分别由接触器 KM2 主触点的接通和断开来控制。M3 为快速移动电动机，其运转和停止分别由接触器 KM3 主触点的接通和断开来控制。M2 和 M3 的功率都很小，共用一组熔断器 FU1 进行短路保护。热继电器 FR1 和热继电器 FR2 分别作为 M1 和 M2 的过载保护装置。M3 是短时工作的电动机，不需要进行过载保护。QF 是带开关的低压断路器，也是电源开关。

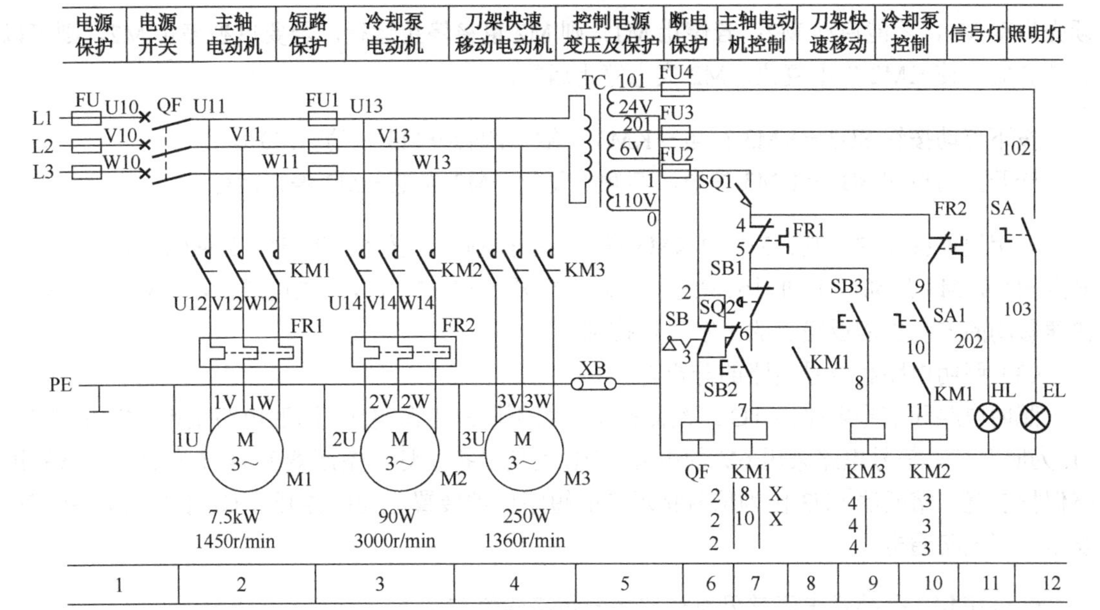

图 5-8　CA6140 型卧式车床电气原理图

（2）控制电路的分析。

控制电路的电源电压为 110V（由 380V 电压经控制变压器 TC 降压得到）。控制变压器的一次侧也是由 FU1 进行短路保护的，其二次侧由熔断器 FU2 进行短路保护。行程开关 SQ1 是机床挂轮架传动带罩边上的安全开关，当打开传动带罩时，SQ1 可控制电动机整体停止运行，从而保护人身安全。

电源开关的控制：电源开关 QF 是带有开关 SB 的低压断路器，若要合上 QF，必须先使用开关钥匙将 SB 右旋，然后才能将 QF 合上。若将 SB 左旋，则其触点闭合，QF 得电，QF 将自动断开电源，如果此时再将 QF 重新合上，则会立刻跳闸，切断电源。机床的电源使用开关钥匙进行控制，在接通电源时，要先用开关钥匙打开开关锁，再合上 QF。在机床配电盘的柜门边上安装有行程开关，当打开配电盘柜门时，行程开关触点闭合，QF 得电，QF 将自动断开电源，这样可以保护人身安全。

按下启动按钮SB2→KM1得电→KM1主触点闭合→M1启动→M1运行
　　　　　　　　　　　　　└→KM1辅助常开触点闭合，并自锁

按下停止按钮 SB1→KM1 失电，其触点复位→M1 失电→M1 停止运行

主轴电动机的控制：SB1 是红色蘑菇头式停止按钮，SB2 是启动按钮。当按下 SB2 时，KM1 得电并自锁，KM1 主触点闭合，M1 启动运行。此时按下 SB1，KM1 失电，KM1 主触点和辅助触点复位，M1 失电停止运行。

M1启动→转动转换开关SA1→SA1常开触点闭合→KM2得电→KM2主触点闭合→M2得电启动→运行

冷却泵电动机的控制：当 M1 启动后，KM1 的常开触点闭合，旋转 SA1，SA1 触点闭合，KM2 得电，KM2 主触点闭合，M2 得电启动，循环提供冷却液。若 M1 需要停止运行，则按下 SB1，KM1 失电并复位，此时 KM1 常开触点断开，KM2 失电复位，M2 将停止运行。必

须先启动 M1，才能启动 M2；若停止 M1，则 M2 也将停止运行。若要单独停止 M2，则可以旋转 SA1，使 KM2 失电复位，M2 失电停止运行。

按下点动按钮 SB3→KM3 得电→KM3 主触点闭合→M3 启动→M3 运行
松开点动按钮 SB3→KM3 失电，其触点复位→M3 失电→M3 停止运行

刀架快速移动的控制：M3 由 KM3 进行点动控制。当按下 SB3 时，KM3 得电，KM3 主触点闭合，M3 启动，带动刀架快速移动。当松开 SB3 时，KM3 失电复位，M3 停止运行。快速移动的方向由溜板箱上的十字手柄控制。

（3）照明电路和信号电路的分析。

照明电路和信号电路由 TC 二次侧提供多组不同的电源电压。照明电路采用 24V 的电源，EL 为照明灯。信号电路采用 6V 的电源，HL 为信号指示灯。熔断器 FU4 作为照明电路的短路保护装置，熔断器 FU3 作为信号指示灯的短路保护装置。当电源开关 QF 合闸时，HL 亮，表示控制电路通电。

5. CA6140 型卧式车床常见电气故障分析与检修方法

电压测量法如表 5-1 所示。

表 5-1　电压测量法

测量状态	测量线路			故障现象	故障分析	处理方法
	5-6	6-7	7-0			
按下 SB2 不放	110V	0	0	按下 SB2 时，KM1 不吸合，按下 SB3 时，KA2 吸合	SB1 接触不良或接线脱落	更换 SB1 或将脱落线接好
	0	110V	0		SB2 接触不良或接线脱落	更换 SB2 或将脱落线接好
	0	0	110V		KM 线圈开路或接线脱落	更换 KM 线圈或将脱落线接好

CA6140 型卧式车床常见故障现象、故障原因及排除方法如表 5-2 所示。

表 5-2　CA6140 型卧式车床常见故障现象、故障原因及排除方法

故障现象	故障原因	排除方法
M1 启动后不能自锁，即按下 SB2，M1 启动运行，松开 SB2，M1 停止运行	KM1 的自锁触点接触不良或连接导线松脱	合上 QF，测 KM1 自锁触点（6-7）两端的电压，若电压正常，故障是自锁触点接触不良；若无电压，故障是连线（6-7）断线或松脱
M1 无法停止运行	KM1 主触点熔焊；停止按钮 SB1 被击穿或线路中点 5、点 6 两点间连接导线短路；KM1 铁芯端面被油垢粘牢不能脱开	断开 QF，若 KM1 立即释放，说明故障是 SB1 被击穿或导线短路；若 KM1 过一段时间释放，则故障为铁芯端面被油垢粘牢
M1 运行中停车	FR1 动作	找出 FR1 动作的原因，排除故障后使其复位
EL 不亮	灯泡损坏；FU4 熔断；SA 触点接触不良；TC 二次侧绕组断线或接头松脱；灯泡和灯头接触不良等	可根据具体情况采取相应的措施进行修复

5.5　X62W 型万能铣床电气控制电路的分析

X62W 型万能铣床可用于加工平面、斜面和沟槽；装上分度头可以铣削直齿齿轮和螺旋面；装上圆工作台可以铣削凸轮和弧形槽。

1. X62W 型万能铣床的结构

X62W 型万能铣床主要由床身、悬梁、刀杆支架、溜板、升降台等部件组成。X62W 型万能铣床的外形如图 5-9 所示。

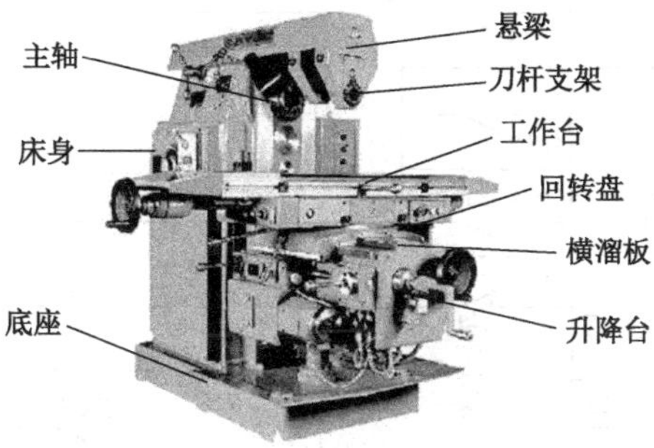

图 5-9　X62W 型万能铣床外形

2. X62W 型万能铣床的运动

主运动：X62W 型万能铣床的主运动为铣刀的旋转运动，由主轴电动机实现。为适应顺铣与逆铣的要求，主轴电动机应能正向旋转和反向旋转，同时还应具备快速停车功能。主轴电动机常采用电气制动。

进给运动：X62W 型万能铣床的进给运动为工件在垂直于铣刀的轴线方向上进行的直线运动，一般为工作台的上下、左右、前后移动。为确保安全，在加工工件时，只能进行进给运动中的一种运动，因此这 6 个方向的运动要进行互锁。

辅助运动：X62W 型万能铣床的辅助运动为工件与铣刀相对位置的调整和工作台的回旋运动。

3. X62W 型万能铣床的电气原理图

X62W 型万能铣床的电气控制电路由主电路、控制电路和照明电路 3 部分组成。X62W 型万能铣床电气原理图如图 5-10 所示。

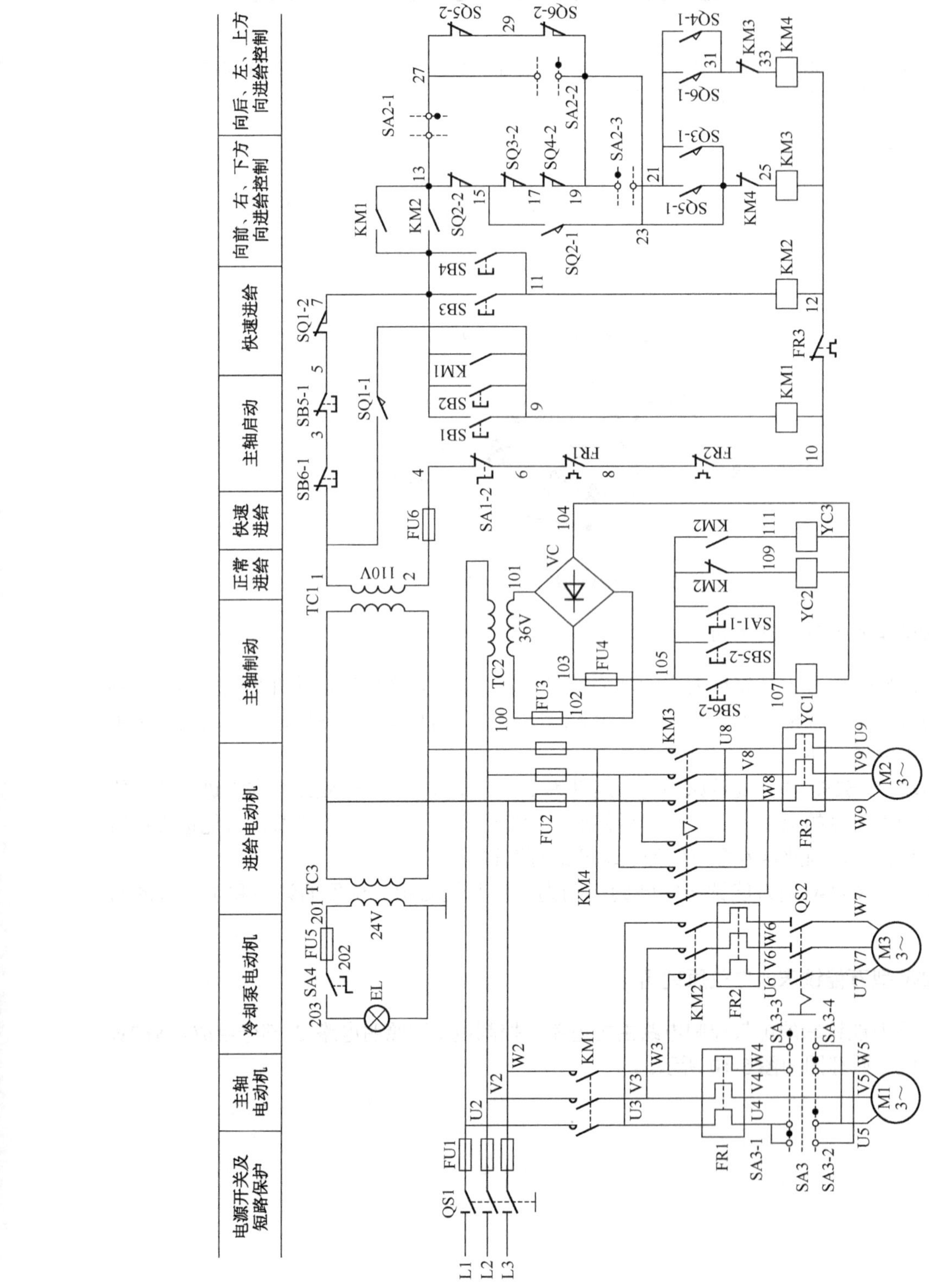

图 5-10　X62W 万能铣床电气原理图

（1）主电路的分析。

主电路共有 3 台电动机。其中，M1 是主轴电动机，负责带动主轴夹紧铣刀进行铣削加工，SA3 是 M1 的换向开关；M2 是进给电动机，通过操纵手柄和机械离合器的配合带动工作台实现上和下、左和右、前和后 6 个方向的进给运动和快速移动，M2 的正反转由接触器 KM3 和接触器 KM4 来控制；M3 是冷却泵电动机，负责驱动冷却泵循环喷出冷却液，当 M1 启动后，M3 才能启动，M3 由手动开关 QS2 控制。这 3 台电动机共用熔断器 FU1 进行短路保护，分别使用热继电器 FR1、热继电器 FR2、热继电器 FR3 进行过载保护。

（2）控制电路的分析。

控制电路 110V 的电源电压由控制变压器 TC1 提供。

主轴电动机的控制：M1 采用两地控制方式，一组控制按钮安装在床身上，另一组控制按钮安装在工作台上。按钮 SB1 和按钮 SB2 是两组启动按钮，它们之间是并联关系。按钮 SB5 和按钮 SB6 是两组停止按钮，它们之间是串联关系。KM1 是 M1 的启动接触器。YC1 是对主轴进行制动的电磁离合器。SQ1 是主轴变速时的瞬动行程开关。M1 是通过弹性联轴器和变速机构的齿轮传动链进行传动的，可以带动主轴实现较宽的调速范围，以满足不同的转速需求。

按下SB1或SB2→KM1得电→KM1主触点闭合→M1启动→M1运行
　　　　　　　　　　　　└→KM1辅助常开触点闭合，并自锁

按下SB5或SB6→SB5-1或SB6-1常闭触点断开→KM1失电，其触点复位
　　　　　　　└→SB5-2或SB6-2常开触点闭合
└→M1失电→惯性转动→YC1得电吸合→M1停止运行

主轴电动机的启动：启动前，应先选择主轴的转速，然后合上电源开关 QS1，再将 SA3 扳到对应需要的转动方向的挡位。按下 SB1 或 SB2，KM1 得电并自锁，KM1 主触点闭合，M1 得电启动，KM1 常开触点闭合，为工作台进给做准备。

主轴电动机的制动：当铣削完成，需要停止 M1 时，按下 SB5 或 SB6，SB5-1 常闭触点或 SB6-1 常闭触点分断，KM1 失电，KM1 触点复位，M1 失电，但仍依惯性转动，YC1 回路中的 SB5-2 常开触点或 SB6-2 常开触点闭合，接通 YC1，M1 停止运行。

主轴换铣刀：当 M1 停止运行且制动电路未接通时，主轴处于自由状态。当主轴更换铣刀时，应将主轴制动，避免主轴转动。将 SA1 扳向换刀挡位，YC1 回路中的 SA1-1 常开触点闭合，YC1 得电，主轴处于制动状态，等待换刀；SA1-2 常闭触点断开，切断控制电路，铣床无法运行，以保证人身安全。

手柄推动SQ1→SQ1-1常开触点闭合→KM1得电→M1得电
　　　　　　└→SQ1-2常闭触点断开
└→M1瞬时动作→SQ1复位→KM1失电，其触点复位→M1失电并停止运行

主轴变速的实现：瞬时电动主轴变速操纵箱装在床身左侧窗口上，主轴变速由变速手柄和变速盘配合控制来实现。主轴变速时的冲动控制是利用变速手柄与 SQ1 经机械联动机构进行控制的。当需要主轴变速时，通过手柄推动一下 SQ1，使 SQ1 的 SQ1-2 常闭触点分断，SQ1-1 常开触点闭合，KM1 得电，M1 得电瞬时动作；当复位弹簧使 SQ1 触点复位时，KM1 失电复位，M1 失电停止运行，但 M1 并不会立即停止转动，而是经过短时惯性转动后停止转动。

进给电动机的控制：工作台的进给运动在主轴启动后才能进行。工作台可以实现 6 个方向的进给运动。进给运动是通过两个操作手柄和机械联动机构控制相应的行程开关使 M2 正转或反转实现的，6 个方向的进给运动是互锁的，不可同时接通。

扳动转换开关SA2 → SA2-2触点闭合 → KM3得电 → KM3主触点闭合 → M2运行
　　　　　　　　　　　　　　　　　　　　　　→ KM3辅助常闭触点断开，实现互锁
　　　　　　　→ SA2-1触点、SA2-3触点断开

扳动转换开关SA2 → SA2-1触点、SA2-3触点闭合 → KM3失电，其触点复位
　　　　　　　→ SA2-2触点断开
→ M2停止运行

圆工作台的旋转控制：当需要圆工作台旋转时，将 SA2 扳到接通挡位，则 SA2-1 触点和 SA2-3 触点断开，SA2-2 触点闭合，KM3 得电，M2 启动，经传动机构使圆工作台进行旋转运动。当不需要圆工作台旋转时，将 SA2 扳到断开挡位，则 SA2-1 触点和 SA2-3 触点闭合，SA2-2 触点断开，保证 6 个方向的进给运动彼此互锁。

左右进给操作手柄推动行程开关SQ5或行程开关SQ6 → SQ5-1常开触点或SQ6-1常开触点闭合
　　　　　　　　　　　　　　　　　　　　　　→ SQ5-2常闭触点或SQ6-2常闭触点断开
→ KM3或KM4得电 → KM3或KM4的主触点闭合 → M2正转或反转
　　　　　　　→ KM3或KM4的辅助常闭触点断开，实现互锁

工作台左右进给的控制：当左右进给操作手柄处于中间位置时，SQ5 和 SQ6 不动作，进给电路未接通。当左右进给操作手柄扳向左或扳向右时，SQ5（扳向左时）或 SQ6（扳向右时）使 SQ5-2 常闭触点或 SQ6-2 常闭触点断开，SQ5-1 常开触点或 SQ6-1 常开触点闭合，KM3 或 KM4 得电，M2 正转或反转。工作台左右两端有极限限位挡铁，当工作台触碰到限位挡铁时，左右进给操作手柄将自动复位。

上下前后进给操作手柄推动行程开关SQ3或行程开关SQ4 → SQ3-1常开触点或SQ4-1常开触点闭合 → KM3或KM4得电
　　　　　　　　　　　　　　　　　　　　　　　　→ SQ3-2常闭触点或SQ4-2常闭触点断开
→ KM3或KM4的主触点闭合 → M2正转或反转
→ KM3或KM4的辅助常闭触点断开，实现互锁

工作台上下进给和前后进给的控制：当上下前后进给操作手柄（有上、下、中间、前、后共 5 个位置）处于中间位置时，SQ3 和 SQ4 不动作。当上下前后进给操作手柄扳向下或扳向前时，SQ3 的 SQ3-2 常闭触点断开，SQ3-1 常开触点闭合，KM3 得电，M2 正转，工作台向下或向前运动。当上下前后进给操作手柄扳向上或扳向后时，SQ4 的 SQ4-2 常闭触点断开，SQ4-1 常开触点闭合，KM4 得电，M2 反转，工作台向上或向后运动。通过 M2 的正转和反转能完成 4 个方向的进给，这是通过手柄与传动机构的配合实现的。

变速手柄推动瞬动行程开关SQ2 → SQ2-1常开触点闭合 → KM3得电
　　　　　　　　　　　　　　 → SQ2-2常闭触点断开

→ KM3主触点闭合 → M2瞬时动作 → 运行 → SQ2复位 → SQ2-1常开触点断开
→ KM3辅助常闭触点断开，实现互锁　　　　　　 → SQ2-2常闭触点闭合

→ KM3失电，其触点复位 → M2失电 → M2停止运行

进给变速的瞬动控制：在进行进给瞬动操作时，先选好进给速度，在推进变速盘的时候，挡块压下 SQ2，SQ2 的 SQ2-2 常闭触点断开，SQ2-1 常开触点闭合，KM3 得电，M2 启动。若变速盘复位，SQ2 也将复位，M2 失电停止运行。

按下快速移动按钮SB3 或快速移动按钮SB4 → KM2得电 → KM2主触点闭合 → 电磁离合器YC3得电
　　　　　　　　　　　　　　　　　　　　 → KM2辅助常开触点闭合
　　　　　　　　　　　　　　　　　　　　 → KM2辅助常闭触点断开

→ KM3或KM4得电 → KM3或KM4的主触点闭合 → M2正转或反转 → 快速移动
　　　　　　　 → KM3或KM4的辅助常闭触点断开，实现互锁

→ 松开SB3或SB4 → KM2、KM3、KM4均失电，其触点复位 → M2失电 → M2停止运行

工作台的快速移动控制：工作台 6 个方向的进给运动是通过两个操作手柄和电磁离合器的配合实现的。当工作台需要快速移动时，先选好方向，按下 SB3 或 SB4（并联按钮），KM2 得电，KM2 常闭触点断开，电磁离合器 YC2 断电，KM2 常开触点闭合，YC3 得电，同时 KM3 或 KM4 得电，M2 得电正转或反转，工作台实现快速移动。当需要工作台停止移动时，只需要松开 SB3 或 SB4，M2 失电停止运行，工作台就停止移动。

（3）冷却泵和照明控制。

M1 和 M3 是顺序启动的，M1 启动后，M3 才能够启动。M3 由 QS2 进行控制。机床照明装置由变压器 TC3 提供 24V 电源电压，照明灯 EL 由转换开关 SA4 进行控制，熔断器 FU5 作为照明电路的短路保护装置。

4. X62W 型万能铣床常见电气故障的分析与检修

（1）主轴电动机无法启动。

检查各电气开关是否处在正常工作位置。检查 KM1 是否吸合，如果 KM1 未吸合但照明电路正常，则说明 KM1 控制电路有问题，应依次检查各控制变压器、FU4、FR1 和 FR2 的常闭触点，以及 SB1、SB2、KM1 的线圈是否良好；如果 KM1 吸合，则说明故障发生在主电路，应依次检查 QS1、FU1、SA3、KM1 的主触点是否良好。检查 SQ1 是否移动或损坏，检查 SQ1-2 常闭触点是否接触良好。

（2）工作台各个方向都不能进给。

检查 SA2 是否处在断开位置。检查 KM1 是否吸合，如果 KM1 未吸合，则说明控制电路电源有故障，检查控制变压器电源电压是否正常及熔断器是否熔断。检查有关行程开关和变速瞬动开关，容易损坏的行程开关有 SQ3、SQ4、SQ5、SQ6。检查 SQ2 的 SQ2-2 触点是否闭合良好，有无接触不良。

（3）工作台能向左、向右进给，不能向前、向后、向上、向下进给。

出现这种现象的原因可能是 SQ5 或 SQ6 接触不良或损坏，使电路断开或开关不能复位。

（4）工作台不能快速移动，主轴制动失灵。

检查接线有无松脱，整流变压器 VC、熔断器 FU4 工作是否正常。检查电磁离合器的动摩擦片和静摩擦片是否损坏。

（5）变速时无瞬动控制。

检查 SQ1 和 SQ2 是否损坏。检查 M1 和 M2 的相关开关是否正常。

5.6　Z3050 型摇臂钻床电气控制电路的分析

钻床主要用于钻削精度要求不高的孔，也可用于扩孔、镗孔、铰孔和攻螺纹等。Z3050 型摇臂钻床是一种常见的立式钻床，适用于单件或批量加工多孔的大型零件。

1. Z3050 型摇臂钻床的结构

Z3050 型摇臂钻床主要由底座、内立柱、外立柱、主轴箱、主轴、工作台等组成。Z3050 型摇臂钻床外形如图 5-11 所示。

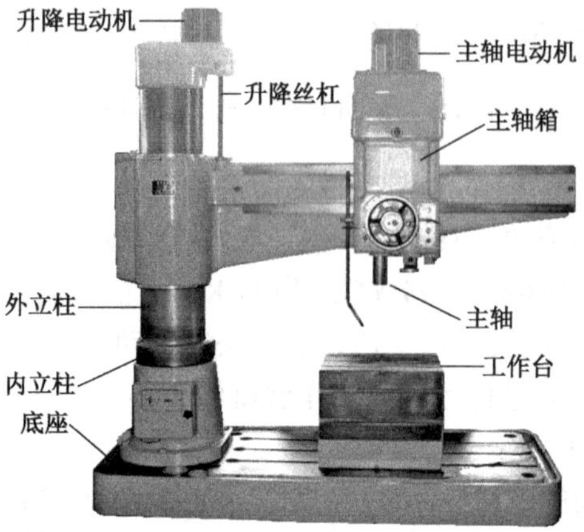

图 5-11　Z3050 型摇臂钻床外形

Z3050 型摇臂钻床内立柱固定在底座上，外立柱可绕内立柱回转一周，摇臂一端的套筒部分与外立柱滑动配合。借助升降丝杠，摇臂可沿外立柱上下移动，但两者不能相对转动，摇臂可与外立柱一起相对内立柱进行回转。

2. Z3050 型摇臂钻床的运动

主运动：主轴带动钻头的旋转运动。

进给运动：钻头的上下移动。

辅助运动：主轴箱沿摇臂水平移动、摇臂沿外立柱上下移动、摇臂与外立柱一起相对内立柱的回转运动。

3. Z3050 型摇臂钻床电气原理图

Z3050 型摇臂钻床电气原理图如图 5-12 所示。Z3050 型摇臂钻床的电气控制电路包括主电路、控制电路和照明指示电路 3 部分。

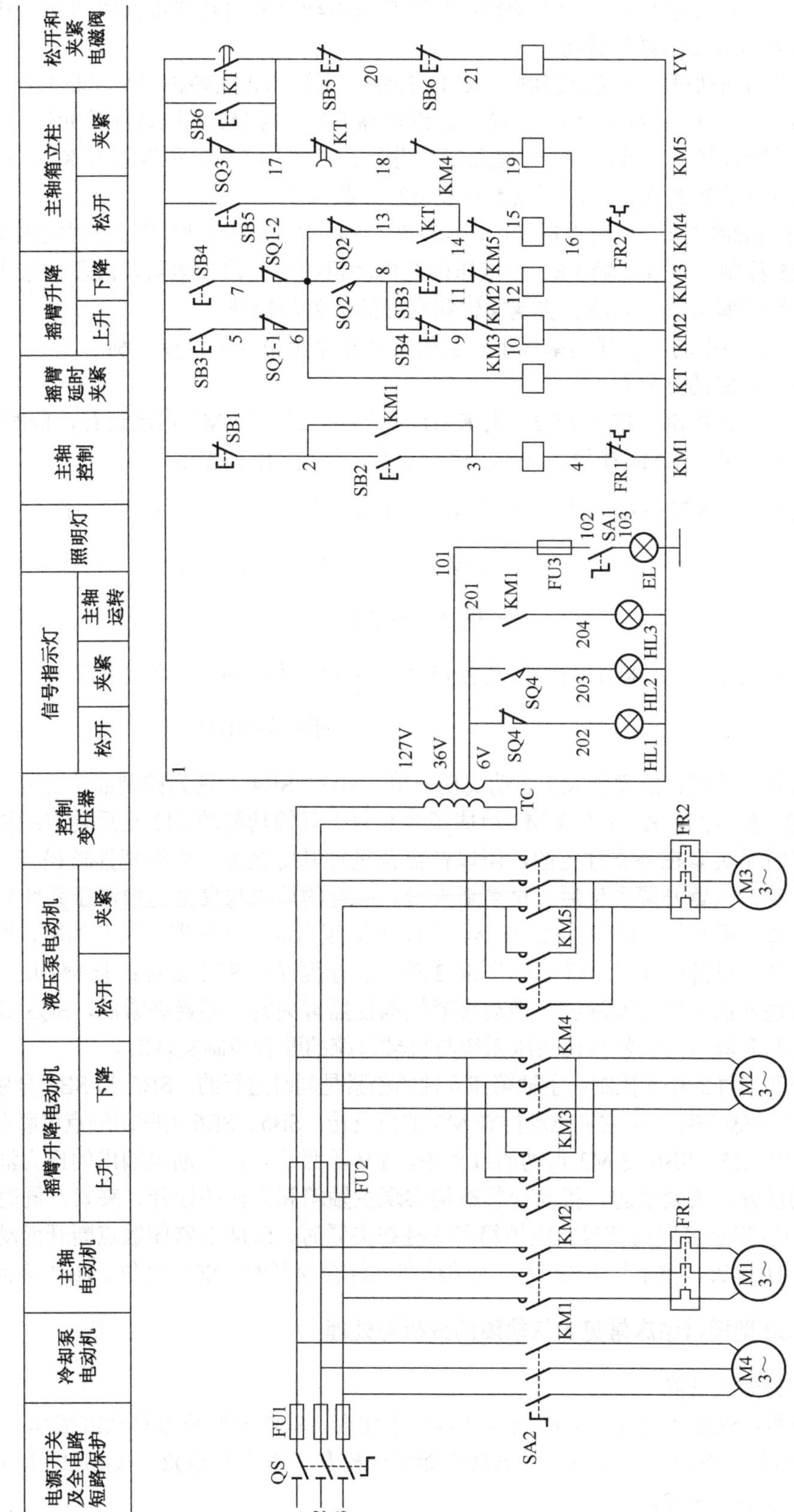

图 5-12　Z3050 摇臂钻床电气原理图

（1）主电路的分析。

Z3050 型摇臂钻床共有 4 台电动机，除冷却泵电动机采用开关直接启动外，其余 3 台异步电动机均采用接触器直接启动。

M1 为主轴电动机，由交流接触器 KM1 控制，主轴的正反转由机械手柄控制。M1 装在主轴箱顶部，带动主轴及进给传动系统，热继电器 FR 作为 M1 的过载保护元件。

M2 为摇臂升降电动机，装于主轴顶部，分别由接触器 KM2 和接触器 KM3 控制正转和反转，因为 M2 为短时间工作，所以不需要进行过载保护。

M3 为液压油泵电动机，可以进行正转和反转，正转、反转的启动和停止分别由接触器 KM4、接触器 KM5 控制。热继电器 FR2 是液压油泵电动机的过载保护电器。液压油泵电动机的主要作用是供给夹紧装置压力油、实现摇臂和立柱的夹紧与松开。

M4 为冷却泵电动机，其功率很小，它的启动和停止由开关直接控制。

（2）控制电路的分析。

主轴电动机的控制：按下 SB2，则 KM1 吸合并自锁，使 M1 启动运行，同时 HL3 亮。按下 SB1，则接触器 KM1 释放，使 M1 停止运行，同时 HL3 熄灭。

按下启动按钮SB2→KM1得电 ┬→KM1主触点闭合→M1启动→M1运行
　├→KM1辅助常开触点闭合，并自锁
　└→指示灯HL3亮

按下停止按钮SB1→KM1失电，其触点复位 ┬→M1失电→M1停止运行
　└→指示灯HL3灭

摇臂的升降控制：摇臂由 M2 拖动实现升降，SB3、SB4 分别为控制摇臂上升、下降的点动按钮。SB3 和 SB4、KM2 和 KM3 组成了具有双重互锁功能的 M2 正反转点动控制电路。因为摇臂平时是夹紧在外立柱上的，所以在摇臂进行升降之前，先要把摇臂松开，再由 M2 驱动进行升降；摇臂升降到位后，再重新夹紧。摇臂的放松与夹紧是由液压系统完成的。在电磁阀 YV 通电吸合的条件下，M3 正转，正向供给压力油进入摇臂的松开油腔，推动松开机构使摇臂松开，摇臂松开后，行程开关 SQ2 动作、行程开关 SQ3 复位；若 M3 反转，则反向供给压力油进入摇臂的夹紧油腔，推动夹紧机构使摇臂夹紧，摇臂夹紧后，SQ3 动作、SQ2 复位。摇臂的升降是由松紧机构液压系统与机械系统的配合控制实现的。

主轴箱和立柱的松紧控制：主轴箱和立柱的松紧是同时进行的。SB5 和 SB6 分别为松开控制按钮与夹紧控制按钮，由它们点动控制 M3 的正反转，SB5、SB6 的常闭触点串联在 YV 线圈支路中。操作 SB5、SB6 使 M3 点动的过程中，YV 不吸合，液压油泵输出的压力油进入主轴箱和立柱的松开、夹紧油腔，推动松紧机构实现主轴箱和立柱的松开、夹紧。同时，由行程开关 SQ4 控制指示灯发出信号，主轴箱和立柱在夹紧时，SQ4 的常闭触点断开而动合触点闭合，指示灯 HL1 灭，指示灯 HL2 亮；主轴箱和立柱在松开时，SQ4 复位，HL1 亮而 HL2 灭。

4. Z3050 型摇臂钻床常见电气故障的分析与处理

（1）摇臂无法升降。

故障分析：SQ2 不动作，SQ2 的常开触点不闭合，SQ2 安装位置移动或损坏。KM2 不吸合，M2 不转动。系统发生故障，使摇臂不能完全松开，压不上 SQ2。按 SB3，M3 反转，使摇臂夹紧，压不上 SQ2。

故障处理：检查 SQ2 触点、安装位置或损坏情况，并予以修复。检查 KM2 或 M2，并予

以修复。检查系统故障原因、位置，部件是否移动或损坏，如有破坏则予以修复。检查各部分动作顺序，并予以修复。

（2）摇臂升降到预定位置后无法夹紧。

故障分析：SQ3 安装位置不准确或紧固螺钉松动，使 SQ3 过早动作。活塞杆通过弹簧片压不上 SQ3，SQ3 常闭触点未断开，使 KM5、YV 不断电释放。KM5、YV 不动作，M3 不反转。

故障处理：调整 SQ3 的动作行程，并紧固好定位螺钉。调整活塞杆、弹簧片的位置。检查 KM3、YV 所在电路是否正常，并检查 M3 是否完好，如有破坏则予以修复。

（3）立柱、主轴箱无法夹紧或松开。

故障分析：按钮接线脱落、KM4 或 KM5 接触不良。油路堵塞，使 KM4 或 KM5 不能吸合。

故障处理：检查 SB5、SB6、KM4 和 KM5 是否良好，如有破坏则予以修复或更换。检查油路堵塞情况，并酌情修复。

5.7　M7130 型平面磨床电气控制电路的分析

磨床是一种用磨具和磨料（如砂轮、砂带、油石、研磨剂等）对工件的表面进行磨削加工的机床，它可以加工各种表面，如平面、内圆柱面、外圆柱面、圆锥面和螺旋面等。

1. M7130 型平面磨床的结构

M7130 型平面磨床主要由床身、滑座、立柱、砂轮箱、电磁吸盘、工作台、按钮站等组成。M7130 型平面磨床外形如图 5-13 所示。

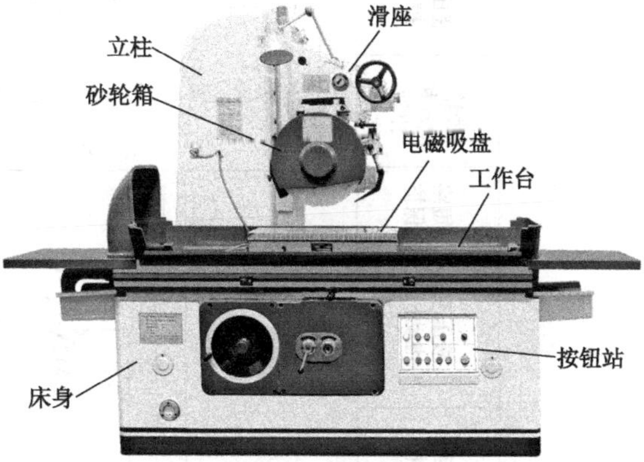

图 5-13　M7130 型平面磨床外形

2. M7130 型平面磨床的主要运动

M7130 型平面磨床的主运动是砂轮的旋转运动，而进给运动则分为以下 3 种运动。

- 工作台带动电磁吸盘和工件进行纵向往复运动。
- 砂轮箱沿滑座上的燕尾槽进行横向进给运动。
- 砂轮箱和滑座一起沿立柱上的导轨进行垂直进给运动。

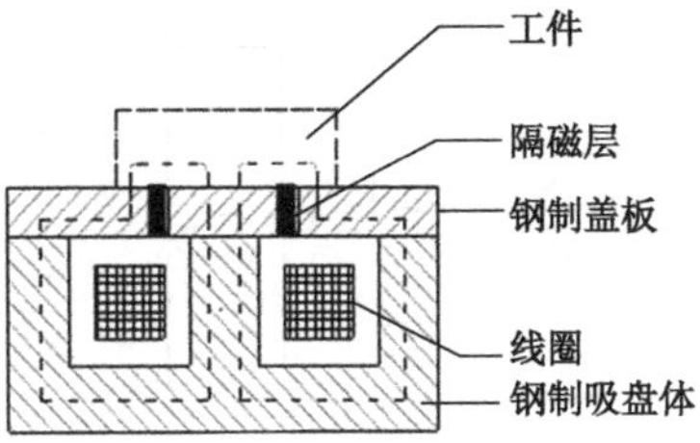

图 5-14　电磁吸盘结构

3. M7130 型平面磨床电气原理图

M7130 型平面磨床的电气控制电路包括主电路、控制电路（包含电磁吸盘）和照明指示电路 3 部分。电磁吸盘结构如图 5-14 所示。M7130 型平面磨床电气原理图如图 5-15 所示。

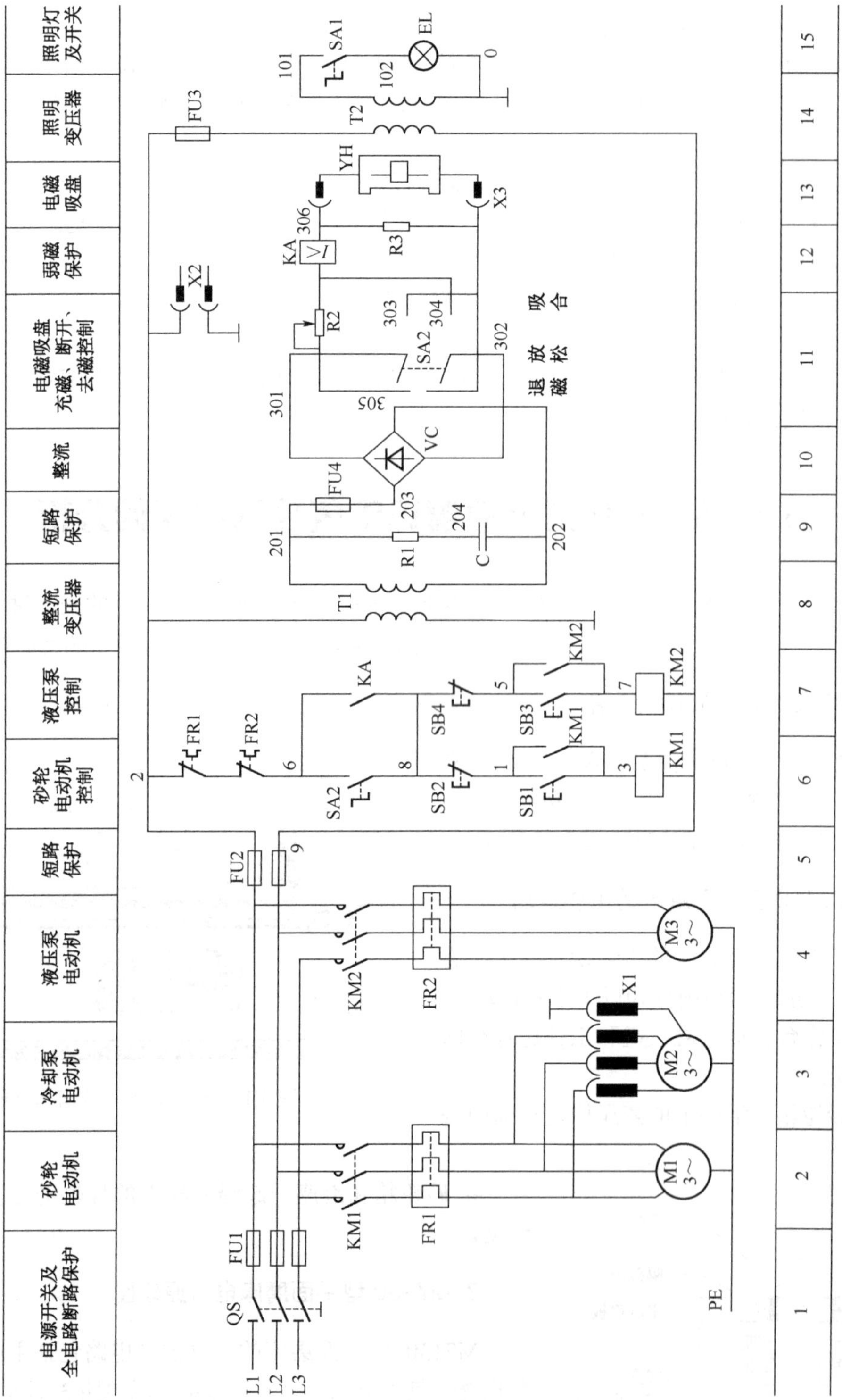

图 5-15　M7130 型平面磨床电气原理图

（1）主电路的分析。

在主电路中，M1 为砂轮电动机，用于拖动砂轮进行旋转；M2 为冷却泵电动机，用于拖动冷却泵供给磨削加工时需要的冷却液；M3 为液压油泵电动机，用于拖动液压油泵供给压力油，经液压传动机构来实现工作台的往复运动，同时实现砂轮的横向自动进给，并保证工作台的润滑。M1、M2、M3 只需要进行单方向的旋转，且磨削加工无调速要求；在 M1 启动后才能启动 M2；三台电动机共用熔断器 FU1 进行短路保护，M1 和 M2 利用热继电器 FR1 进行过载保护，M3 利用热继电器 FR2 进行过载保护。在主电路中，M1、M2 由接触器 KM1 控制，由于冷却泵箱和床身是分开安装的，所以 M2 经插头插座 X1 和电源连接，当需要冷却液时，将插头插入 X1。M3 由接触器 KM2 控制。

（2）控制电路的分析。

在控制电路中，SB1、SB2 分别为 M1 和 M2 的控制按钮，SB3、SB4 分别为液压油泵电动机 M3 的启动按钮和停止按钮。只有在转换开关 SA2 扳到退磁挡位，其常开触点 SA2-1 闭合时，或者欠电流继电器 KA 的常开触点 KA-1 闭合时，控制电路才起作用。

按下启动按钮SB1→KM1得电→KM1主触点闭合→M1、M2启动→M1、M2运行
　　　　　　　　　　　　　└→KM1辅助常开触点闭合，并自锁

按下停止按钮SB2→KM1失电，其触点复位→M1、M2失电→M1、M2停止运行

按下SB3→接触器KM3得电→KM3主触点闭合→M3启动→M3运行
　　　　　　　　　　　　└→KM3辅助常开触点闭合，并自锁

按下SB4→KM3失电，其触点复位→M3失电→M3停止运行

按下 SB1，KM1 通电，KM1 常开触点闭合，KM1 自锁，KM1 主触点闭合，M1 及 M2 启动运行。按下 SB2，KM1 断电，M1、M2 停止运行。按下 SB3，KM2 通电，KM2 常开触点闭合，KM2 自锁，KM2 主触点闭合，M3 启动运行。按下 SB4，KM2 断电，M3 停止运行。

（3）电磁吸盘控制电路的分析。

电磁吸盘控制电路由降压整流电路、转换开关和欠电流保护电路组成。

降压整流电路由变压器 TC1 和桥式全波整流装置 VC 组成。TC1 将 220V 交流电压降为 127V 交流电压，127V 交流电压再经 VC 转换为 110V 直流电压，该直流电压作用于电磁吸盘的线圈。电阻 R1 和电容 C 是用来限制过电压的，以防止交流电网的瞬时过电压和直流回路的通断在 TC1 的二次侧产生过电压，对 VC 产生影响。

电磁吸盘由 SA2 控制，SA2 有吸合、放松和退磁 3 个挡位。

将 SA2 扳到吸合挡位时，电磁吸盘 YH 接入 110V 直流电压进行充磁，当通过 YH 线圈的电流足够大时，YH 可将工件牢牢吸住，同时 KA 吸合，其常开触点 KA-1 闭合，这时可以操作控制电路的 SB1 和 SB3，启动电动机对工件进行磨削加工。当需要停止加工时，按下 SB2 和 SB4，电动机停止运行。在加工完毕后，若要从 YH 取下工件，需要将 SA2 扳到退磁挡位，此时 YH 中流过反方向的退磁电流，同时利用可变电阻 R2 限制退磁电流的大小，可以实现既能退磁又不致反向磁化的目的。退磁结束后，将 SA2 扳至放松挡位，SA2 的所有触点都断开，电磁吸盘断电，取下工件。若工件的退磁要求较高，则应将取下的工件在磨床的附件（交流退磁器）进一步退磁。使用时，将交流退磁器的插头插在床身的插座 X2 上，将工件放在交流退磁器上即可。

当SA2扳到吸合挡位时，若YH断电或电流太小吸不住工件，则KA释放，常开触点KA-1断开，M1、M2、M3因控制回路断电而停止运行。这样就可以避免工件因吸不牢而被高速旋转的砂轮碰击飞出的事故。

如果不需要启动YH，则应将X3上的插头拔掉，同时将SA2扳到退磁挡位，此时M1、M2、M3可以正常启动。

YH是一个高感值电感，在YH从工作位置转换到放松位置的瞬间，其线圈会产生很高的过电压，极易将线圈的绝缘损坏，同时会在SA2上产生电弧，使其触点损坏。因此YH关联放电电阻R3，R3可以为YH断电瞬间提供通路，吸收YH断电瞬间释放的磁场能量。

（4）照明电路的分析。

照明变压器TC2将380V的交流电压降为36V的安全电压供给照明电路。EL为照明灯，其一端接地，另一端由开关SA1控制，熔断器FU3为照明电路提供短路保护。

4. M7130型平面磨床常见电气故障的诊断与检修

（1）M1、M2、M3都无法启动。

引起这种故障的原因一般为KA的常开触点接触不良和SA2的常开触点接触不良、接线松脱或有油垢。在检修故障时，应将SA2扳至吸合挡位，检查KA常开触点的接通情况，不通则修理或更换KA；若KA常开触点无故障，将SA2扳到退磁挡位，拔掉电磁吸盘插头，检查SA2的常开触点的通断情况，不通则修理或更换SA2。若KA和SA2的常开触点无故障，电动机仍不能启动，可检查FR1和FR2的常闭触点是否动作有误或接触不良。

（2）YH无吸力。

首先用万用表的电压挡测量三相电源电压是否正常。若电源电压正常，再检查3个熔断器（FUl、FU2、FU4）有无熔断现象。YH无吸力常见的故障原因是FU4熔断，造成YH电路断开，使YH无吸力。如果VC输出空载电压正常，而接上YH后，VC输出电压下降不大，KA不动作，YH无吸力，则依次检查YH的线圈、X2、KA的线圈有无断路或接触不良的现象。在检修故障时，可使用万用表的电压挡测量各点电压，查出故障元件，对故障元件进行修理或更换即可。

（3）YH吸力不足。

引起这种故障的原因一般是YH损坏或VC输出电压不正常。YH的电源电压由VC提供。YH在空载时，VC直流输出电压应为130～140V；YH有负载时，VC输出电压不应低于110V。若VC在YH空载时输出电压正常，在YH带负载时电压远低于110V，则说明YH线圈短路，短路点多在线圈各绕组间的引线接头处。YH线圈短路的原因通常是YH密封不好，冷却液流入，引起绝缘损坏。若YH线圈短路严重，过大的电流会使整流元件和整流变压器烧坏，当出现这种故障时，必须更换YH线圈，同时要处理好线圈绝缘，安装时要完全密封。

若YH电源电压不正常，多是因为整流元件短路或断路。应检查VC交流侧的电压及直流侧电压。若交流侧电压正常，直流输出电压不正常，则说明VC发生元件短路或断路故障。若某一桥臂的整流二极管发生断路，将使整流输出电压降低至额定电压的一半；若两个相邻的二极管都断路，则整流输出电压为零。在对YH电源电压不正常现象进行故障排除时，可用万用表电压挡测量VC的输出电压及输入电压，以判断故障部位，查出故障元件，对故障元件进行更换或修理。

（4）YH 退磁不完全使工件取下困难。

引起这种故障的原因一般是退磁电路断路，根本没有退磁。检查 SA2 接触是否良好、R2 是否损坏。若退磁电压过高应调整 R2，使退磁电压在 5～10V。不同材质的工件需要的退磁时间不同，注意控制好退磁时间。

知识梳理与小结

卧式车床是一种在机械加工中被广泛使用的机床，可以用来加工各种回转表面、螺纹和端面。卧式车床通常由一台主轴电动机拖动，经由机械传动链实现切削主运动和刀具进给运动的输出。主运动和进给运动的运动速度由变速齿轮箱通过手柄进行控制。刀具的快速移动、冷却泵和液压泵等常采用单独电动机驱动。

铣床是一种用途十分广泛的金属切削机床。铣床可用于加工平面、斜面和沟槽。如果铣床装上分度头，可以铣削直齿齿轮和螺旋面。如果铣床装上圆工作台，还可以加工凸轮和弧形槽等。

钻床是一种用途广泛的孔加工机床，它主要用于钻削精度要求不太高的孔，另外还可用来扩孔、铰孔、镗孔，以及刮平面、攻螺纹等。摇臂钻床是一种立式钻床，适用于带有多孔的大型零件（单件或批量）的孔加工。

磨床是一种用磨具和磨料对工件的表面进行磨削加工的机床，它可以加工各种表面，如平面、内圆柱面、外圆柱面、圆锥面和螺旋面等。通过磨削加工，工件的形状及表面的精度、光洁度可以达到预期的要求。此外，磨床还可以进行切断加工。

练习与提高

一、简答题

1．电磁离合器主要由哪几部分组成？简述其工作原理。

2．铣床在变速时，为什么要进行冲动控制？

3．X62W 型万能铣床具有哪些互锁和保护？为何要有这些互锁与保护？

4．X62W 型万能铣床工作台的运动控制有什么特点？在电气与机械上是如何实现工作台运动控制的？

5．简述 X62W 型万能铣床工作台电气控制的工作原理。

6．分析 X62W 型万能铣床工作台能向前、向后、向上、向下进给，但不能向左、向右进给的故障。

7．QS、FU、KM、FR、KT、SB、SQ 代表什么低压电器？画出这些低压电器的电气图形符号，并写出它们的中文名称。

8．在电动机的主电路中装有熔断器，为什么还要装热继电器?装有热继电器是否就可以不装熔断器？为什么？

9．Z3050 型摇臂钻床摇臂不能上升的原因有哪些？

10．行程开关与按钮开关的作用有何异同？

二、设计题

1．试设计在 3 个地方都能控制一台电动机正转、反转、停止的控制电路，要求电路有完整的保护环节。

2．假设有 2 台电动机，分别为 M1 和 M2，试设计控制电路，实现以下功能：M1 先启动，经过 10s 后 M2 启动；M2 启动后，M1 立即停止。

项目六 PLC

国际电工委员会（International Electro-technical Committee）在1987年颁布的PLC标准草案中对PLC定义如下：PLC是一种专门为在工业环境下应用而设计的通过数字运算操作的电子装置，它采用可以编制程序的存储器存储执行逻辑运算、顺序运算、定时、计数和算术运算等操作的指令，并能通过数字式或模拟式的输入和输出控制各种类型的机械或生产过程。PLC及相关的外围设备都应按照易于与工业控制系统形成一个整体、易于扩展其功能的原则进行设计。

教学导航及目标

知识重点	FX系列PLC的工作原理及硬件组成； GX Works2编程软件的应用； PLC软元件的应用
知识难点	PLC的输入类型、输出类型及外部硬件接线； GX Works2编程软件的应用
建议教学方式	建议通过引入电气控制应用实例来讲解PLC控制的特点及优势。在讲解过程中通过将指令编程和继电器—接触器控制电路进行对比来加强学生的学习效果。动手操作是学习编程控制的一种重要手段，在教学中可以采用教、学、做一体化的教学方法
建议学时	4学时
知识目标	掌握PLC的基本结构和工作原理； 熟悉FX系列PLC的编程软元件，掌握主要编软程元件的功能和应用注意事项； 初步掌握GX Works2编程软件的基本操作，熟悉该软件的主要功能
技能目标	能根据控制系统输入信号和输出信号的要求设计PLC的硬件接线图，并能熟练完成PLC的外部硬件接线操作； 熟练操作GX Works2编程软件，能完成程序的编写、下载、监视等操作，并能对PLC程序进行调试、运行

任务引入

PLC在电气控制技术和计算机技术的基础上发展而来，并逐渐发展成为以微处理器为核心，将自动化技术、计算机技术、通信技术融为一体的新型工业控制装置。PLC在早期是一种开关逻辑控制装置，被称为可编程序逻辑控制器（Programmable Logic Controller），简称可编程序控制器。随着计算机技术和通信技术的不断发展，微处理器也得到了极大发展，它作为PLC的控制核心，使得PLC的功能已不再局限于逻辑控制。因此，1980年美国电气制造协会（NEMA）将 PLC 命名为 Programmable Controller，简称 PC，但为避免与个人计算机（Personal Computer）的简称 PC 混淆，习惯上仍将其称为 PLC。PLC 广泛应用于生产机械和生产过程的自动控制，已成为一种普及度高、应用十分广泛且十分重要的工业控制装置，且被认为是现代工业自动化的三大支柱（PLC、CAD/CAM、机器人）之一。

6.1　PLC 控制与继电器—接触器控制

PLC 控制是从继电器—接触器控制演变发展而来的，下面我们通过两个具体的控制任务来介绍 PLC 控制的基础知识。

1. 控制任务一：PLC 的延时控制

在前面的模块中，利用继电器—接触器控制电路可以实现电动机的自锁控制。例如，按下启动按钮，电动机启动并自锁运行，按下停止按钮电动机则停止运行。如果我们改变控制方式，要求按下启动按钮10s 后再让电动机自行启动，则需要增加一个时间继电器，而且电路需要重新接线，如果选用 PLC 控制，则只需要改变程序即可，电路接线不用改变。

2. 任务二：编程软件的应用

利用 GX Works2 编程软件设计梯形图，并进行编程、下载、监控等。

相关知识及实施

6.2　PLC 概述

1968 年，美国通用汽车公司希望能有一种新型工业控制器，它可以减少重新设计和更换继电器控制系统的次数，并可以降低成本，以适应汽车型号的不断更新、生产工艺不断变化的需要，并实现小批量、多品种的生产。为此，美国通用汽车公司提出了 10 项设计标准：①编程简单，可在现场修改程序；②维护方便，采用模块式结构；③可靠性高于继电器控制柜；④体积小于继电器控制柜；⑤成本低于继电器控制柜的成本；⑥可将数据直接送入计算机；⑦可直接使用市电交流输入电压；⑧输出采用市电交流电压，能直接驱动电磁阀、交流接触器等；⑨通用性强，扩展方便；⑩能存储程序，存储器容量可以扩展到 4KB。

1969 年，美国数字设备公司研制出了第一台 PLC，即 PDP-14，在美国通用汽车公司的生产线上试用成功。1971 年，日本从美国引入 PLC，并很快研制出了日本的第一台 PLC（DSC-8）。1973 年，西欧国家也研制出了他们的第一台 PLC。我国从 1974 年开始研制 PLC，1977 年开始进行工业应用。

随着集成电路技术和计算机技术的发展，现在已有了第五代 PLC 产品。

第一代 PLC（从第一台 PLC 诞生到 20 世纪 70 年代初期）：其特点是 CPU 由中、小规模集成电路组成，存储器为磁芯存储器。

第二代 PLC（20 世纪 70 年代初期到 20 世纪 70 年代末期）：其特点是 CPU 采用微处理器，存储器采用 EPROM。

第三代 PLC（20 世纪 70 年代末期到 20 世纪 80 年代中期）：其特点是 CPU 采用 8 位微处理器和 16 位微处理器，有些 CPU 还采用多微处理器结构，存储器采用 EPROM、EAROM、CMOSRAM 等。

第四代 PLC（20 世纪 80 年代中期到 20 世纪 90 年代中期）：CPU 全面使用 8 位、16 位的微处理器芯片的位片式芯片，处理速度也达到了 1 步/μs。

第五代 PLC（20 世纪 90 年代中期至今）：CPU 使用 16 位、32 位的微处理器芯片，有些 CPU 使用 RISC 芯片。

6.2.1　PLC 的应用及分类

1. PLC 的应用

PLC 的应用非常广泛，如电梯控制、防盗系统的控制、交通信号灯控制、楼宇供水自动控制、消防系统自动控制、供电系统自动控制、喷水池自动控制及各种生产流水线的自动控制等。

（1）开关量逻辑控制。

开关量逻辑控制线路可以取代传统的继电器—接触器控制电路，实现逻辑控制，该控制线路为顺序控制。开关量逻辑控制线路既可用于单台设备的控制，也可用于多机群控及自动化流水线，如注塑机、印刷机、订书机械、组合机床、磨床、包装生产线、电镀流水线等。

（2）模拟量控制。

PLC 配上特殊模块后，可对温度、压力、流量、液面高度等连续变化的模拟量进行闭环控制。

（3）运动控制。

PLC 可使用专用的指令或运动控制模块对伺服电动机和步进电动机的速度与位置等进行控制，从而实现对各种机械的运动控制，如金属切削机床、数控机床、工业机器人等。

（4）数据处理。

PLC 具有数学运算、数据传送、数据转换、排序、查表、位操作等功能，可以完成数据采集、分析及处理等任务。使用 PLC 进行数据处理一般用于大型控制系统，如无人控制的柔性制造系统；也可用于过程控制系统，如造纸、冶金、食品等行业中的一些大型控制系统。

（5）通信。

通过网络通信模块及远程 I/O 控制模块，可以实现 PLC 与 PLC 之间、PLC 与上位机之间、PLC 与其他智能设备（如触摸屏、变频器等）之间的通信，还能实现 PLC 分散控制、计算机集中管理的集散控制。

利用 PLC 的这些特性可以增加系统的控制规模，甚至可以使整个工厂实现生产自动化。

2. PLC 的分类

（1）按结构形式分。

整体式 PLC（见图 6-1）：将电源、CPU、I/O（输入/输出）接口等部件都集中装在一个机箱内，具有结构紧凑、体积小、价格低等特点。

模块式 PLC（见图 6-1）：将 PLC 各组成部分分成若干个单独的模块，如 CPU 模块、I/O 模块、电源模块（有的包含在 CPU 模块中）及各种功能模块。

紧凑式 PLC：将整体式 PLC 和模块式 PLC 的特点相结合。

（2）按 I/O 点数分。

小型 PLC：I/O 点数为 256 点及以下的为小型 PLC。其中，I/O 点数小于 64 点的为超小型 PLC，也称微型 PLC。

中型 PLC：I/O 点数为 256 点以上、2048 点及以下的为中型 PLC。

大型 PLC：I/O 点数为 2048 点以上的为大型 PLC。其中，I/O 点数超过 8192 点的为超大型 PLC。

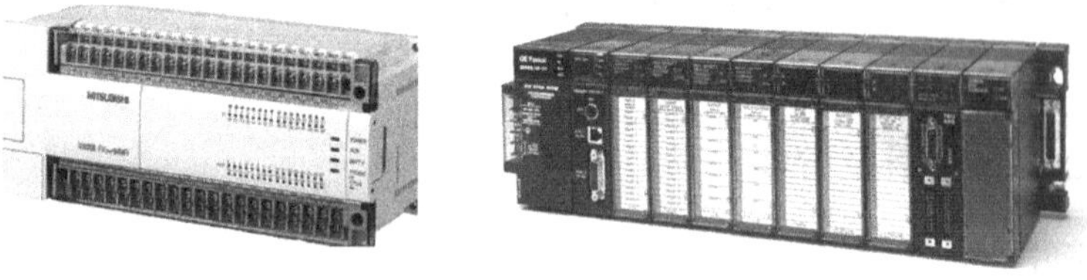

整体式 PLC　　模块式 PLC

图 6-1　整体式 PLC 与模块式 PLC

6.2.2　PLC 的组成

PLC 的硬件一般由基本单元、输入/输出扩展模块、转换电缆接口、特殊适配器和特殊功能模块等组成。其中，基本单元包括 CPU、存储器、输入/输出接口及内部电源等。FX3U-32M PLC 基本单元如图 6-2 所示。

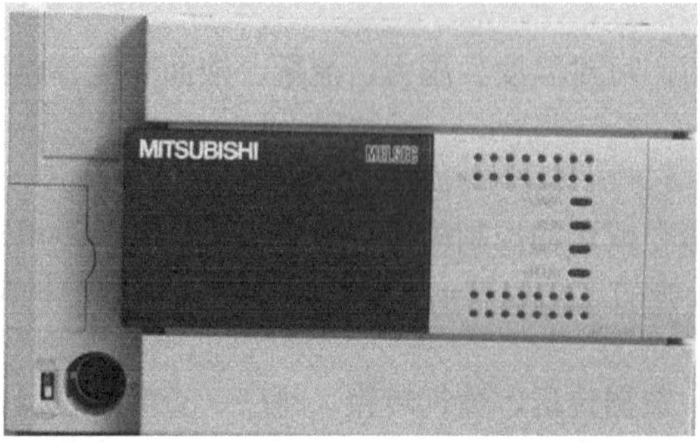

图 6-2　FX3U-32M PLC 基本单元

1. CPU

CPU 是 PLC 的逻辑运算和控制指挥的中心，又称中央处理器。目前常用的 PLC 一般多为 8 位机或 16 位机。PLC 档次越高，CPU 位数越多，则其运算速度越快，指令功能也越强。

CPU 按照 PLC 系统程序赋予的功能接收并存储从编程器键入的用户程序和数据。CPU 可以检查电源、存储器及警戒定时器的状态，并能诊断用户程序中的语法错误。当 PLC 投入运行时，CPU 首先以扫描的方式接收现场各输入装置的状态和数据，并分别将其存入输入/输出映像区；然后从用户程序存储器中逐条读取用户程序，经过命令解释后按指令的规定执行逻辑运算或算术运算，并将运算结果送入输入/输出映像区的数据寄存器内；等所有的用户程序执行完毕之后，最后将输入/输出映像区的各输出状态或输出寄存器内的数据传送到相应的输出装置，如此循环运行，直到停止运行。

2. 存储器

只读存储器（ROM）：存放 PLC 系统程序。PLC 系统程序是指 PLC 生产厂家编写并固化在只读存储器内，用户不能更改的程序，它使 PLC 具有基本功能，以完成 PLC 设计者规定的各项工作。

随机读写存储器（RAM）：存放用户程序及系统运行中产生的临时数据，一般配备锂电池作为备用电源，使用户程序在系统脱离电源后也能够保持一段时间。

3. 输入/输出接口

（1）开关量输入接口。

开关量输入接口可分为 3 类，即直流输入接口、交流输入接口和交直流输入接口。开关量输入接口用于接收按钮、选择开关、行程开关、接近开关和各类传感器传来的信号。

直流输入接口、交流输入接口的原理图如图 6-3 所示，图中 COM 是输入接口的公共端。FX 系列 PLC 的输入回路不需要外接直流输入电源。

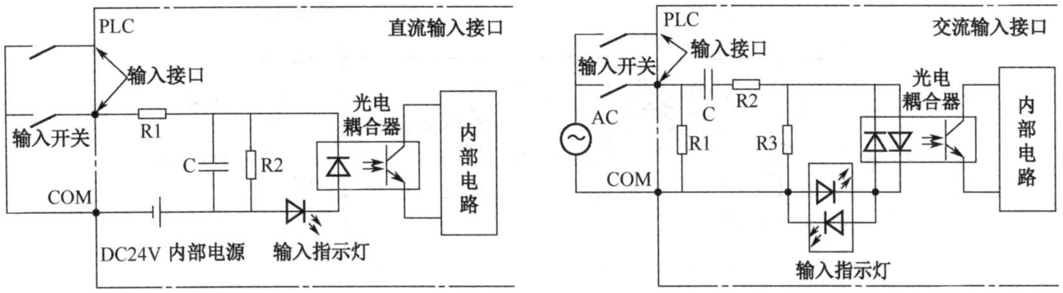

图 6-3 直流输入接口、交流输入接口的原理图

（2）输出接口。

输出接口用于连接继电器、接触器、电磁阀的线圈，它是 PLC 的主要输出口，也是连接 PLC 与外部执行元件的桥梁。PLC 有 3 种输出方式，即继电器输出型输出方式、晶体管输出型输出方式、晶闸管输出型输出方式。继电器输出型输出方式为有触点的输出方式，可用于直流负载或低频交流负载。晶体管输出型输出方式和晶闸管输出型输出方式都是无触点输出方式，前者适用于高速、小功率直流负载，后者适用于高速、大功率交流负载。继电器输出型输出方式（交直流电源）如图 6-4 所示。晶体管输出型输出方式（直流电源）如图 6-5 所示。晶闸管输出型输出方式（交流电源）如图 6-6 所示。

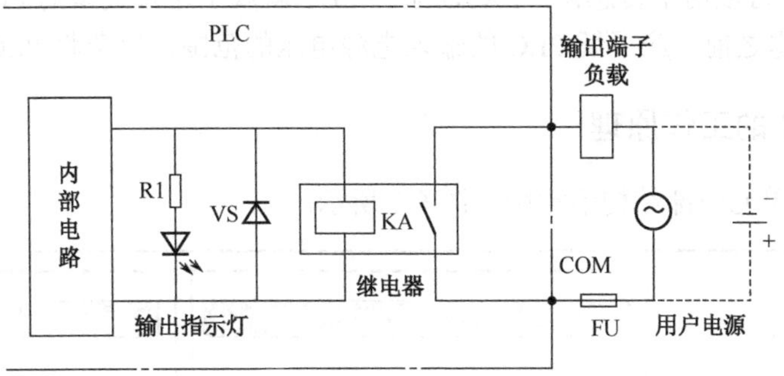

图 6-4 继电器输出型输出方式（交直流电源）

继电器输出型 PLC 的优点是可以通过相对大的电流（约为 2A，具体可以查看相关手册），对应此电流的电压可以是 AC220V，也可以是 DC24V 以下的；缺点是输出触点响应时间相对较长，约为 10ms。当需要高速脉冲输出控制（如需要控制步进系统或伺服系统）时不能选用继电器输出型 PLC。

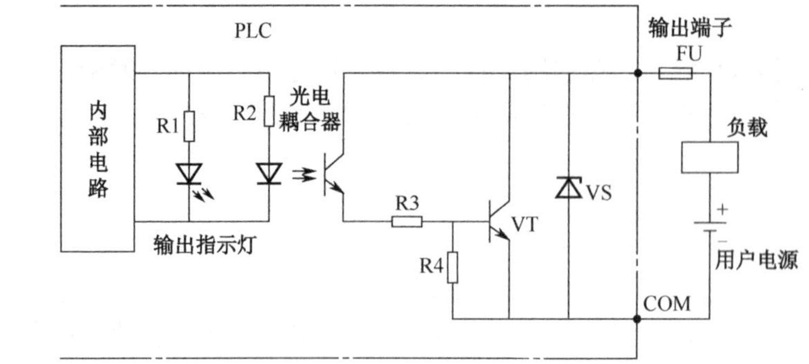

图 6-5　晶体管输出型输出方式（直流电源）

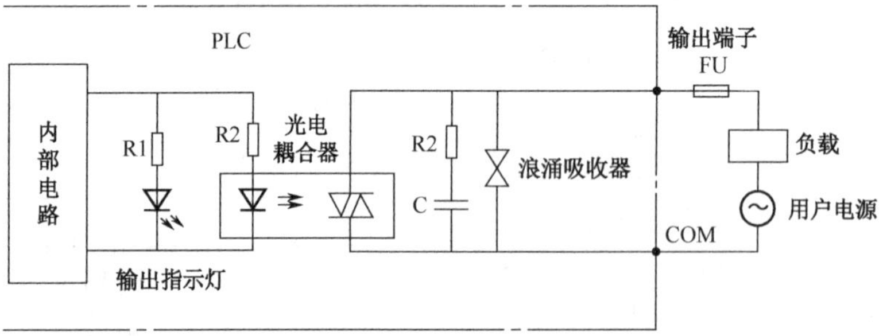

图 6-6　晶闸管输出型输出方式（交流电源）

晶体管输出型 PLC 的优点是输出触点响应时间短，它经常应用于需要高速输出响应的系统；缺点是只能采用 DC30V 以下的电压，且通过电流小（约为 500mA）。

晶闸管输出型 PLC 为无触点输出式 PLC，用于接通或断开开关频率较高的交流电源负载。

4. 电源电路

PLC 一般采用 AC220V 电源，该电源经整流、滤波、稳压后可转换成供 PLC 的 CPU、存储器等电路工作的直流电源，有些 PLC 也采用 DC24V 电源供电。有些 PLC 还能对外提供 24V 的直流电源，可以用于传感器，FX3U 系列 PLC 就属于这种类型的 PLC，使用起来很方便。在给 PLC 上电之前，应了解 PLC 的输入电源电压的范围，以免将 PLC 烧毁。

6.2.3　PLC 的工作原理

PLC 的 CPU 单元内部结构示意图如图 6-7 所示。

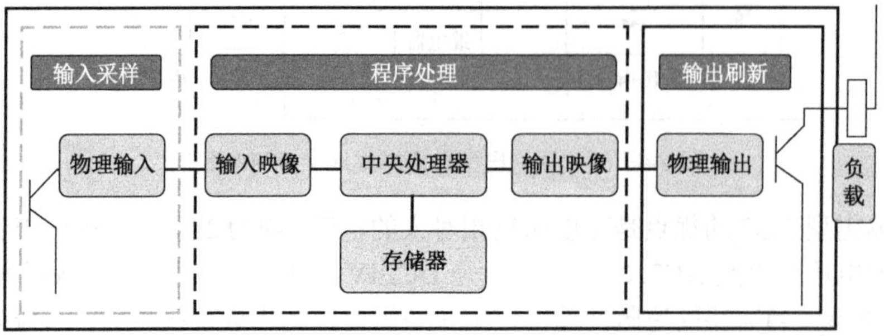

图 6-7　PLC 的 CPU 单元内部结构示意图

物理输入：外部（如按钮、外部传感器等）输入 PLC 的信号。PLC 无法直接感知外部传感器的状态，而需要通过输入信号来进行判别。

输入映像：相当于外部输入接口的影子。当外部有信号输入时，与输入映像相对应的输入映像寄存区的状态就为 1（在 PLC 里，1 表示真，也就是接通；0 表示假，也就是不通）。例如，当输入接口的端子 X0 接通（或不通）时，X0 的输入映像寄存区的状态就为 1（或 0）。这样 PLC 就可以直接通过扫描输入映像寄存区来判断外部端子的通断状态。

物理输出：PLC 输出到控制现场执行机构的输出信号。

输出映像和物理输出是对应关系。当输出映像寄存区的状态为 1（或 0）时，与其对应的输出端子就接通（或不通）。例如，当 Y0 输出映像寄存区为 1 时，Y0 输出端子接通，即 Y0 和 COM0 为导通状态。

图 6-8 为映像寄存器。

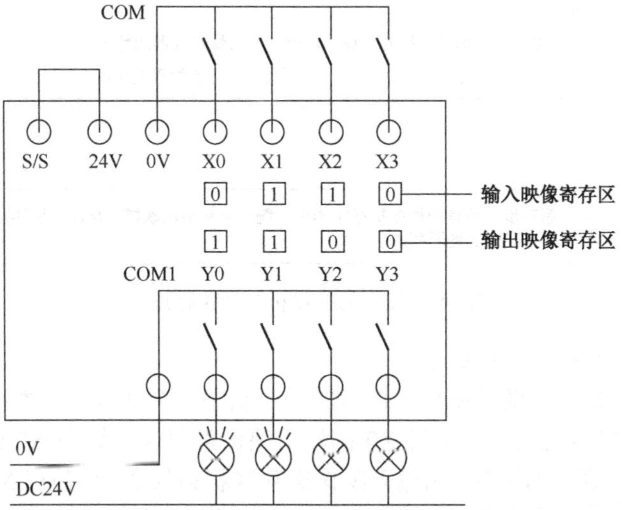

图 6-8　映像寄存器

图 6-8 中映像寄存器的输入：X1、X2 和 COM 接通，X1 和 X2 的输入映像寄存区的状态都为 1；X0 和 X3 不通，它们的映像寄存区的状态都为 0。PLC 是通过扫描输入映像寄存区来判断各个输入端子的状态的。

图 6-8 中映像寄存器的输出：Y0、Y1 的输出映像寄存区的状态为 1，Y0、Y1 和 COM1 导通，电路形成回路，灯泡亮；Y2、Y3 的输出映像寄存区的状态为 0，表示不通，灯泡处于不亮的状态。

输入和输出之间以一定的逻辑关系相关联。PLC 通过扫描输入映像寄存区的状态，根据程序的控制要求，改变输出映像寄存器的状态，从而改变输出端子的状态，进而控制执行机构。输入信号的状态决定输入映像的状态，程序通过访问输入映像的状态决定输入端子的通断状态，程序执行的结果决定输出映像的状态，输出映像的状态直接决定输出信号的状态。

PLC 的扫描机制及执行过程：PLC 在执行时，并不一开始就扫描执行程序，而先批量扫描输入映像，如图 6-9 所示。

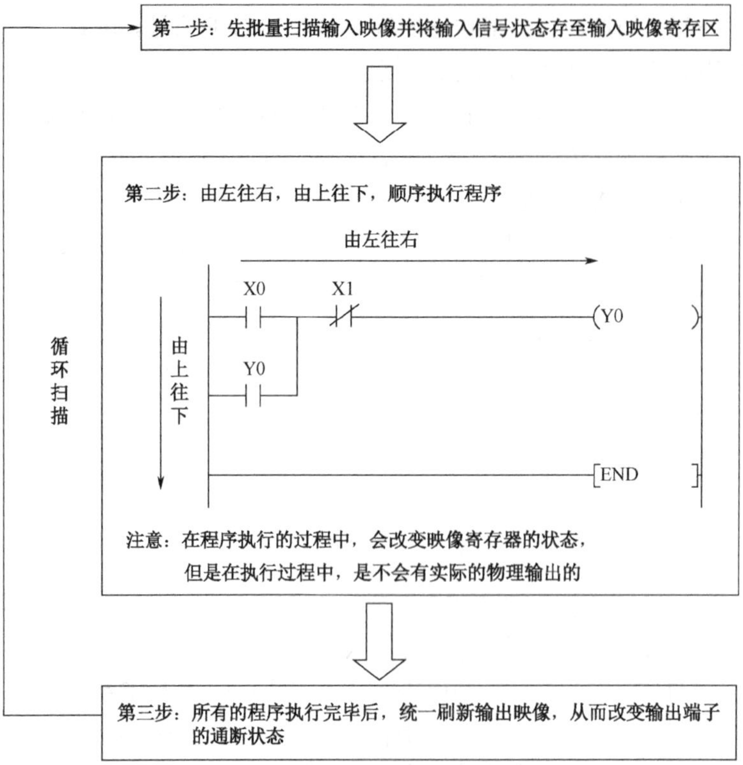

图 6-9　PLC 的扫描机制及执行过程

PLC 的扫描机制及执行过程如下。

PLC 先批量扫描输入映像并将输入信号的通断状态存至输入映像寄存区。接着 PLC 扫描执行程序，先扫描常开触点 X0，访问 X0 的输入映像寄存区，如果 X0 的输入映像寄存区状态为 1，则触点 X0 导通，如果 X0 的输入映像寄存区状态为 0，则触点 X0 不通；然后扫描常开触点 Y0，访问 Y0 的输出映像寄存区，如果 Y0 的输出映像寄存区状态为 1，则触点 Y0 导通，如果 Y0 的输出映像寄存区状态为 0，则触点 Y0 不通。因为 X0 和 Y0 为或的关系，所以如果 X0 或 Y0 的映像寄存区中的一个或两个的状态为 1，触点 X0 和触点 Y0 都导通。接着 PLC 扫描常闭触点 X1，访问 X1 的输入映像寄存区，如果 X1 的输入映像寄存区状态为 1，则触点 X1 断开，如果 X1 的输出映像寄存区状态为 0，则触点 X1 保持原来的导通状态。最后 PLC 扫描 Y0 的线圈输出，如果前面综合的结果是导通，则把 Y0 的输出映像寄存区状态变为 1，触点 X0 和触点 Y0 导通；反之，则把 Y0 的输出映像寄存区状态变为 0，触点 X0 和触点 Y0 断开。程序执行完毕后，PLC 根据输出映像的状态接通或断开输出端子，如果输出映像的状态为 1，则接通输出端子；如果输出映像状态为 0，则断开输出端子。由此往复循环。

由上面的分析可知，PLC 采用成批输入/输出的周期扫描方式工作，按用户程序的先后次序逐条运行，一个完整的周期包含如下三个阶段。

（1）输入刷新阶段：程序开始运行时，监控程序使系统以扫描方式逐个扫描所有输入端子上的信号，并将输入信号的状态依次存入对应的输入映像寄存区。

（2）程序处理阶段：在所有的输入端子采样结束后，PLC 开始进行逻辑运算处理。PLC 根据用户输入的控制程序，从第一条开始，逐条执行，并将相应的逻辑运算结果存入对应的中间元件和输出元件的映像寄存器，当最后一条控制程序执行完毕后，转入输出刷新阶段。

（3）输出刷新阶段：将输出映像寄存区的内容（从第一个输出端子到最后一个输出端子）依次读入对应的输出锁存器，从而驱动输出元件形成可编程的实际输出信号。

6.3　FX 系列 PLC 的软元件及编程语言

PLC 内部有许多具有不同功能的编程元件，如输入继电器、输出继电器、定时器、计数器等，这些编程元件不是物理意义上的实物元件，而是由电子电路和存储器组成的虚拟元件，又称“软元件”。“软元件”实际是 PLC 内部存储器的某一位，该位状态为 1，相当于元件得电；该位状态为 0，相当于元件失电。在程序中出现的线圈与触点均属于“软元件”。“软元件”与真实元件最大的区别在于“软元件”的触点可以无限次地使用。不同厂家、不同型号的 PLC 所含的软元件的数量和种类有所不同。三菱 FX 系列 PLC 的“软元件”的线圈和触点的符号与物理意义上的实物元件的线圈和触点的符号是有区别的，如图 6-16 所示。

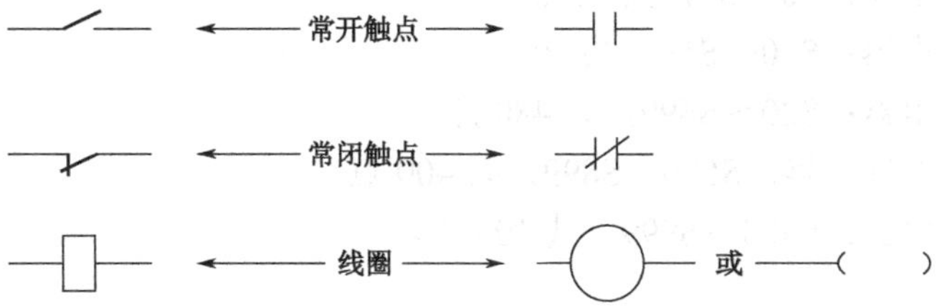

图 6-10　实物元件与“软元件”符号的区别

6.3.1　PLC 的软元件

1. 输入继电器（X）

输入继电器是 PLC 专门用来接收外界输入信号的内部虚拟继电器。输入继电器在 PLC 内部与输入端子相连，具有无数的常开触点和常闭触点，可在 PLC 编程时随意使用。输入继电器不能由程序驱动，只能由输入信号驱动。FX3U 系列 PLC 的输入继电器采用八进制地址编号。

2. 输出继电器（Y）

输出继电器是 PLC 专门用来将程序执行的结果信号经输出接口电路及输出端子，送达并控制外部负载的虚拟继电器。输出继电器在 PLC 内部直接与输出接口电路相连，具有无数的常开触点与常闭触点，可在 PLC 编程时随意使用。输出继电器只能由程序驱动。输出继电器的地址编号也是八进制编号。

3. 辅助继电器（M）

PLC 内部有很多辅助继电器，和输出继电器一样，只能由程序驱动，每个辅助继电器也具有无数对常开触点、常闭触点供编程使用。辅助继电器的作用相当于继电器—接触器控制电路中的中间继电器。辅助继电器的触点在 PLC 内部编程时可随意使用，但这些触点不能直接驱动负载，外部负载必须由输出继电器的输出触点来驱动。辅助继电器采用十进制地址编号。

辅助继电器分为如下 3 种类型。

- 通用辅助继电器：M0～M499，共 500 点。
- 断电保持辅助继电器：M500～M1023 及 M1024～M3071，共 2572 点。
- 特殊辅助继电器：M8000～M8255，共 256 点。部分特殊辅助继电器的作用如下。

➢　M8000 是用于监控 PLC 运行的特殊辅助继电器，PLC 运行时 M8000 接通。

- M8002 为仅在 PLC 运行开始瞬间接通的初始脉冲特殊辅助继电器。
- M8033 为 PLC 停止时输出保持特殊辅助继电器。
- M8034 为禁止全部输出特殊辅助继电器。
- M8039 为定时扫描特殊辅助继电器。
- M8011～M8014 分别是 10ms、100ms、1s 和 1min 时钟脉冲特殊辅助继电器。

4. 状态继电器（S）

状态继电器是构成状态转移图的重要软元件，它与步进梯形图指令配合使用，其地址编号为十进制编号。状态继电器有下面 5 种类型。

- 初始状态继电器：S0～S9，共 10 点。
- 回零状态继电器：S10～S19，共 10 点。
- 通用状态继电器：S20～S499，共 480 点。
- 停电保持状态继电器：S500～S899，共 400 点。
- 报警状态继电器：S900～S999，共 100 点。

5. 定时器（T）

定时器作为时间元件相当于时间继电器，由设定值寄存器、当前值寄存器和定时器触点组成。设定值寄存器和当前值寄存器都是 16 位的（数值范围是 1～32767），计时时间为设定值乘以时钟脉冲周期（定时器的计时单位），时钟脉冲周期有 1ms、10ms、100ms 三种规格。定时器的工作过程实际是对时钟脉冲的计数过程。当前值寄存器的值等于设定值寄存器的值时，定时器触点动作，设定值、当前值和定时器触点是定时器的三要素。每个定时器都有一个常开触点和常闭触点，这些触点可以被无限次引用。定时器的分类如表 6-1 所示。

表 6-1 定时器的分类

定时器名称	编号范围	点数	计时范围
100ms 定时器	T0～T199	200	0.1～3276.7s
10ms 定时器	T200～T245	46	0.01～327.67s
1ms 累计定时器	T246～T249	4	0.001～32.767s
100ms 累计定时器	T250～T255	6	0.1～3276.7s

6. 计数器（C）

PLC 的计数器共有两种：内部信号计数器和高速计数器。内部信号计数器又分为两种：16 位递增计数器和 32 位增减计数器。

计数器的功能是对输入脉冲进行计数，在脉冲的上升沿才进行计数，在达到计数器的设定值时，计数器触点动作。每个计数器都有一个常开触点和常闭触点，可以被无限次引用。

通用型计数器在计数过程中发生断电时，前面所计的数值全部丢失，再次通电后从 0 开始计数。掉电保持计数器在计数过程中发生断电时，前面所计的数值保存，再次通电后在原来数值的基础上继续计数。

计数器除计数端外，还需要一个复位端。

（1）16 位递增计数器。

16 位递增计数器的设定值为 1～32767。C0～C99（共 100 点）是通用型计数器，C100～C199（共 100 点）是断电保持型计数器。图 6-11 给出了 16 位递增计数器的计数原理。

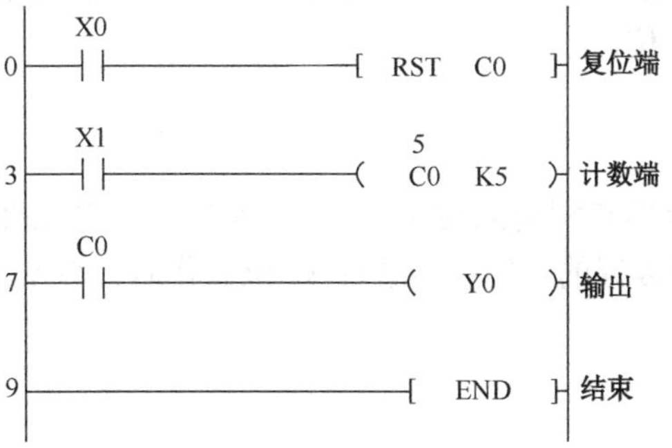

0	LD	X0	
1	RST	C0	
3	LD	X1	
4	OUT	C0	K5
7	LD	C0	
8	OUT	Y0	
9	END		

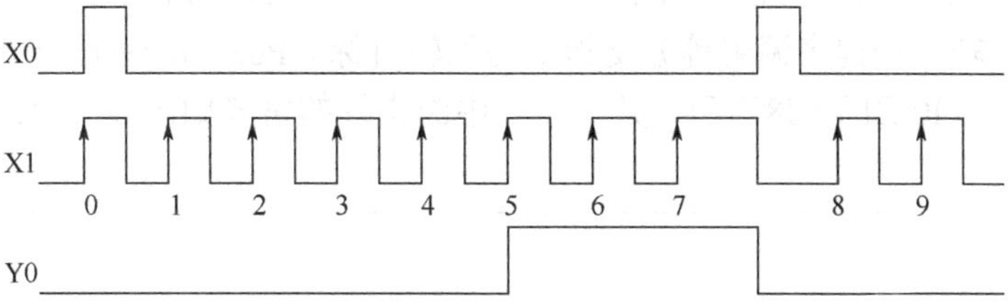

图 6-11　16 位递增计数器的计数原理

（2）32 位增减计数器。

32 位增减计数器的设定值为-2147483648～+2147483647。C200～C219（共 20 点）是通用型计数器，C220～C234（共 15 点）是断电保持型计数器。32 位增减计数器是递增计数还是递减计数由特殊辅助继电器 M8200～M8234 设定，特殊辅助继电器接通（置 1）时，为递减型计数；特殊辅助继电器断开（置 0）时，为递增计数。可直接用常数 K 或间接用数据寄存器的内容作为设定值。

用 X12 通过 M8200 控制 32 位增减计数器 C200 的计数方向，如图 6-12 所示。当 X12＝1 时，M8200＝1，计数器 C200 处于递减计数状态；当 X12＝0 时，M8200＝0，计数器 C200 处于递增计数状态。无论是递增计数状态还是递减计数状态，在当前值大于或等于设定值时，计数器输出触点动作；在当前值小于设定值时，计数器输出触点复位。只要 32 位增减计数器不处于复位状态，无论当前值是否达到设定值，其当前值始终随计数信号的变化而变化。

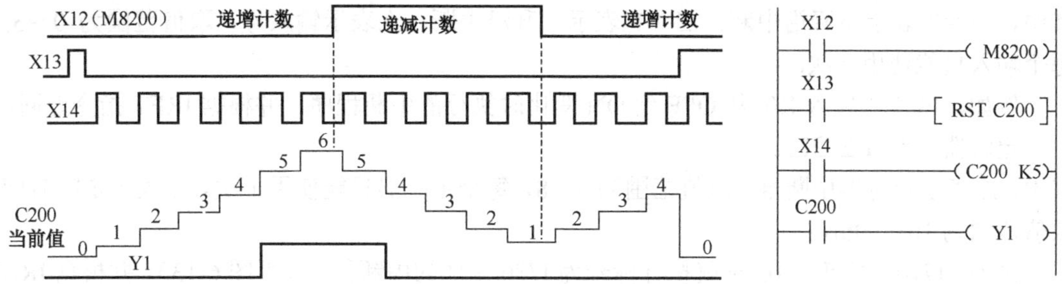

图 6-12　32 位增减计数器计数原理图

与通用型计数器一样，当复位信号到来时，32 位增减计数器处于复位状态，此时，当前值清 0，触点复位，并且不计数。

7. 数据寄存器（D）

PLC 在进行输入/输出处理、模拟量控制、位置控制时，需要许多数据寄存器存储数据和参数。数据寄存器为 16 位，最高位为符号位。可将两个数据寄存器合并使用来存放 32 位数据，此时数据寄存器的最高位仍为符号位。

8. 变址寄存器（V/Z）

变址寄存器除了与普通的数据寄存器有相同的使用方法，还常用于修改元件的地址编号。V、Z 都是 16 位的变址寄存器，可进行数据的读写。当进行 32 位操作时，将 V、Z 合并使用，指定 Z 为低位。

9. 指针（P、I）

- 分支指令指针：P0～P62、P64～P127，共 127 点。P0～P62、P64～P127 为标号指针，用来指定条件跳转、子程序调用等分支指令的跳转目标。P63 为结束跳转指针。
- 中断指针：I0□□～I8□□，共 9 点。中断指针的格式如图 6-13 所示。

图 6-13　中断指针的格式

输入中断 I△0□。
其中，□=0 表示下降沿中断；□=1 表示上升沿中断。△表示输入号，取值范围为 0～5，每个输入只能使用一次。

例如，I001 为输入 X0 从 OFF 到 ON 变化时执行的中断程序，并根据 IRET 指令返回。

定时器中断 I△□□。
其中，△表示定时器中断号，取值范围为 6～8，每个定时器只能使用 1 次。□表示定时时间，取值范围为 10～99ms。

例如，I710，即每隔 10ms 就执行标号为 I780 后面的中断程序（见图 6-13），并根据 IRET 指令返回。

10. 常数（K、H）

常数也作为软元件，它在存储器中占有一定的空间，十进制常数用 K 表示，如 18 用 K18

表示；十六进制常数用 H 表示，如 18 用 H12 表示。

FX 系列 PLC 编程软元件表如表 6-2 所示。

表 6-2　FX 系列 PLC 编程软元件表

编程软元件种类 \ PLC 型号		FX0S	FX1S	FX0N	FX1N	FX3U
输入继电器（X）（按八进制编号）		X0～X17（不可扩展）	X0～X17（不可扩展）	X0～X43（可扩展）	X0～X43（可扩展）	X0～X77（可扩展）
输出继电器（Y）（按八进制编号）		Y0～Y15（不可扩展）	Y0～Y15（不可扩展）	Y0～Y27（可扩展）	Y0～Y27（可扩展）	Y0～Y77（可扩展）
辅助继电器（M）	通用型	M0～M495	M0～M383	M0～M383	M0～M383	M0～M499
	断电保持型	M496～M511	M384～M511	M384～M511	M384～M1535	M500～M3071
	特殊	M8000～M8255（具体见使用手册）				
状态继电器（S）	初始状态	S0～S9	S0～S9	S0～S9	S0～S9	S0～S9
	返回原点	—	—	—	—	S10～S19
	普通	S10～S63	S10～S127	S10～S127	S10～S999	S20～S499
	断电保持	—	S0～S127	S0～S127	S0～S999	S500～S899
	信号报警	—	—	—	—	S900～S999
定时器（T）	100ms	T0～T49	T0～T62	T0～T62	T0～T199	T0～T199
	10ms	T24～T49	T32～T62	T32～T62	T200～T245	T200～T245
	1ms	—		T63	—	—
	1ms 累积	—	T63	—	T246～T249	T246～T249
	100ms 累积	—	—	—	T250～T255	T250～T255
计数器（C）	16 位递加计数（普通）	C0～C13	C0～C15	C0～C15	C0～C15	C0～C99
	16 位递加计数（断电保持）	C14、C15	C16～C31	C16～C31	C16～C199	C100～C199
	32 位增减计数（普通）	—	—	—	C200～C219	C200～C219
	32 位增减计数（断电保持）	—	—	—	C220～C234	C220～C234
	高速计数器	C235～C255（具体见使用手册）				
数据寄存器（D）	16 位（普通）	D0～D29	D0～D127	D0～D127	D0～D127	D0～D199
	16 位（保持）	D30、D31	D128～D255	D128～D255	D128～D7999	D200～D7999
	16 位（特殊）	D8000～D8069	D8000～D8255	D8000～D8255	D8000～D8255	D8000～D8195
指针（N、P、I）	嵌套	N0～N7	N0～N7	N0～N7	N0～N7	N0～N7
	跳转	P0～P63	P0～P63	P0～P63	P0～P127	P0～P127
	输入中断	I00*～I30*	I00*～I50*	I00*～I30*	I00*～I50*	I00*～I50*
	定时器中断	—	—	—	—	I6**～I8**
	计数器中断	—	—	—	—	I010～I060
常数（K、H）	16 位	K：-32 768～32 767；H：0000～FFFFH				
	32 位	K：-2 147 483 648～2 147 483 647；H：00000000～FFFFFFFF				

6.3.2　PLC 的型号

FX 系列 PLC 型号命名的基本格式为

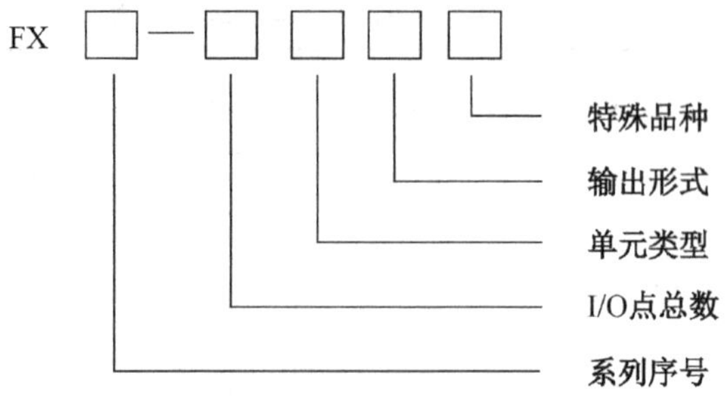

系列序号：0、0S、0N、1、2、2C、1S、1N、2N、2NC。

I/O 点总数：16～256。

单元类型：M 表示基本单元；
E 表示输入/输出混合扩展模块；
EX 表示输入专用扩展模块；
EY 表示输出专用扩展模块。

输出形式：R 表示继电器输出；
T 表示晶体管输出；
S 表示晶闸管输出。

特殊品种：D 表示 DC 电源、DC 输入；
E 表示 AC 电源，AC 输入；
H 表示大电流输出扩展模块（1A/1 点）；
V 表示立式端子排的扩展模块；
C 表示接插口输入/输出方式；
F 表示输入滤波器 1ms 的扩展模块；
L 表示 TTL 输入型扩展模块；
S 表示独立端子（无公共端）扩展模块。

6.3.3　PLC 的编程语言

PLC 常用的编程语言有 5 种，即顺序功能图、梯形图、指令表、功能块图及高级语言。其中，比较常用的是顺序功能图、梯形图和指令表。

顺序功能图主要用来编写顺序控制程序，主要由步、有向连线、转换条件和动作组成。

梯形图基本沿用电气原理图的形式，采用的符号也与电气原理图所用符号大致相同。梯形图两侧的平行竖线为母线，中间为由许多触点和编程线圈组成的逻辑行，如图 6-14 所示。在利用梯形图语言进行编程时，只要将梯形图语言按逻辑行的顺序输入到计算机中，计算机就可自动将梯形图语言转换成 PLC 能接受的机器语言。

PLC 的指令是一种与汇编语言中的指令极其相似的助记符表达式，由指令组成的程序称为指令表程序。不同生产厂家生产的 PLC 指令的助记符有所不同，但基本的逻辑与运算的指令功能可以相同。

根据上面的继电器与软元件的转换，可以将继电器—接触器控制电路中的自锁电路方便地转换为梯形图。

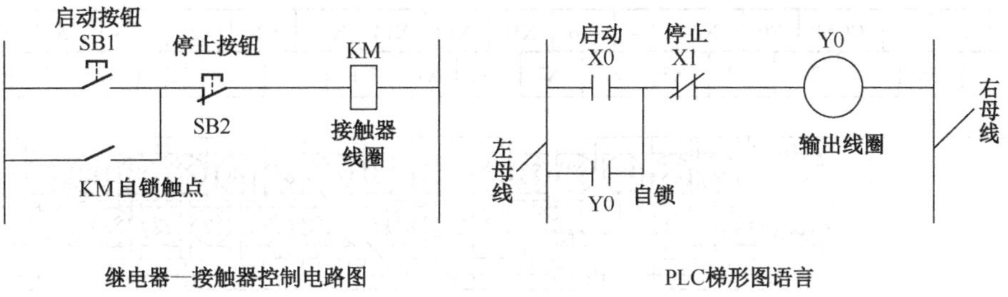

图 6-14 电路图与梯形图的转换

梯形图的梯级中并没有真正的电流流过。PLC 在执行程序时，是自上而下、逐梯级扫描执行的，位于梯形图上一级的线圈要比下一级的线圈先通电，执行完一个扫描周期后再重新从第一个梯级开始执行，即 PLC 是以串行周期扫描工作方式工作的。而在继电器—接触器控制电路中，只要满足逻辑关系，可以同时执行满足条件的分支电路，即继电器—接触器控制电路是并行工作的。

6.4 FX2N 系列 PLC 和 FX3U 系列 PLC 的外部接线

FX2N 系列 PLC 和 FX3U 系列 PLC 的 6 个基本单元的 I/O 点数分别为 16、32、48、64、80、128，6 个基本单元的 I/O 点都可以通过 I/O 扩展单元扩充至 256 个。FX2N 系列 PLC 和 FX3U 系列 PLC 的基本单元如表 6-3 所示。

表 6-3 FX2N 系列 PLC 和 FX3U 系列 PLC 的基本单元

交流电源，直流 24V 输入（FX2N 系列 PLC）			交流电源，直流 24V 输入（FX3U 系列 PLC）		
继电器输出	晶闸管输出	晶体管输出	继电器输出	晶体管输出（漏型）	晶体管输出（源型）
FX2N-16MR	—	FX2N-16MT	FX3U-16MR-ES	FX3U-16MT-ES	FX3U-16MT-ESS
FX2N-32MR	FX2N-32MS	FX2N-32MT	FX3U-32MR-ES	FX3U-32MT-ES	FX3U-32MT-ESS
FX2N-48MR	FX2N-48MS	FX2N-48MT	FX3U-48MR-ES	FX3U-48MT-ES	FX3U-48MT-ESS
FX2N-64MR	FX2N-64MS	FX2N-64MT	FX3U-64MR-ES	FX3U-64MT-ES	FX3U-64MT-ESS
FX2N-80MR	FX2N-80MS	FX2N-80MT	FX3U-80MR-ES	FX3U-80MT-ES	FX3U-80MT-ESS
FX2N-128MR	—	FX2N-128MT	FX3U-128MR-ES	FX3U-128MT-ES	FX3U-128MT-ESS

1. FX2N 系列 PLC 的接线

FX2N 系列 PLC 的外部端子如图 6-15 所示。

FX2N 系列 PLC 的外部端子包括 PLC 电源端子、供外部传感器用的直流 24V 电源端子（24+、COM）、输入端子（X）和输出端子（Y）等，其主要完成电源、输入信号和输出信号的连接。

PLC 与电源的接线。PLC 基本单元的供电方式通常有两种：一种是直接使用工频交流电，通过交流输入端子连接，对电压的要求不严格，100～250V 均可；另一种是采用外部直流电源供电，PLC 基本单元一般配有直流 24V 输入端子。采用交流电源供电的 PLC，自带直流 24V 内部电源，为输入器件及扩展单元供电。FX 系列 PLC 大多为交流电源、直流输入形式。

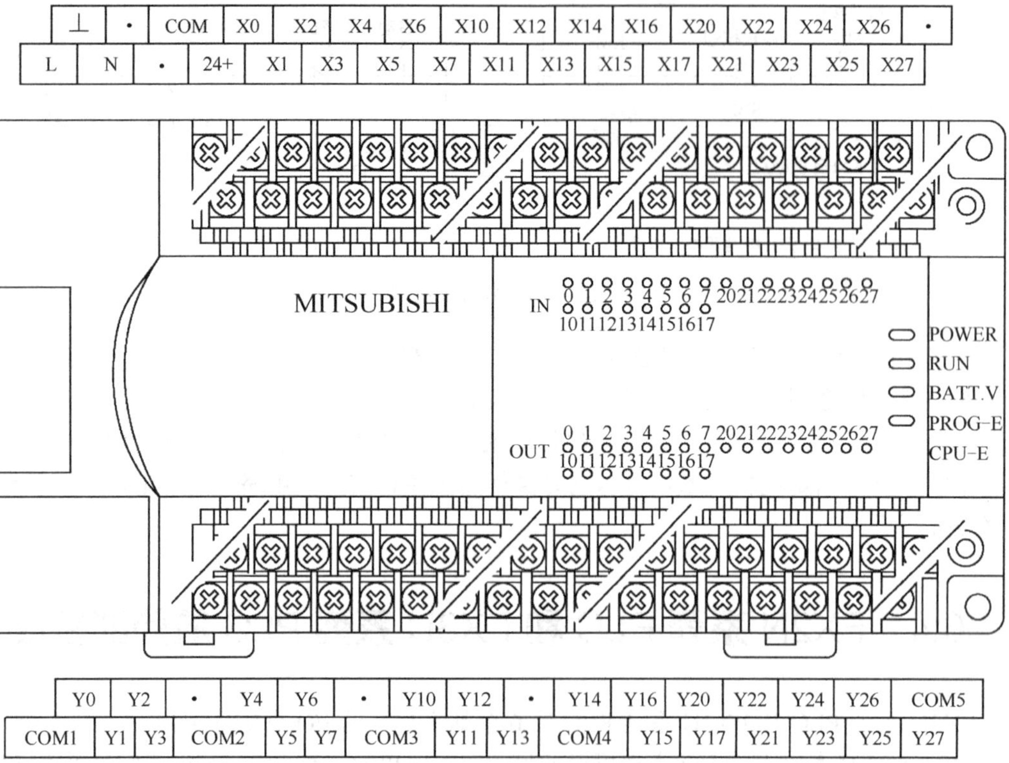

图 6-15　FX2N 系列 PLC 的外部端子

PLC 输入接口的接线。PLC 输入接口的端子与开关、按钮及各种传感器相连接，如图 6-16 所示。在图 6-16 中，上部为输入端子，输入公共端在某些 PLC 中是分组隔离的，在 FX2N 系列 PLC 中是连通的。由于 FX2N 系列 PLC 的输入信号是漏型输入（NPN 开路集电极晶体管输入），因此 FX2N 系列 PLC 的输入端只能接 NPN 输出型的传感器。开关、按钮等都是无源接点器件，当 PLC 输入端 X0 所接的开关或按钮闭合时，电流从输入端 X0 流出，相应的输入指示灯点亮，PLC 内部电源能为每个输入端提供大约 7mA 的电流。三线式传感器和两线式传感器的接线如图 6-17 所示。

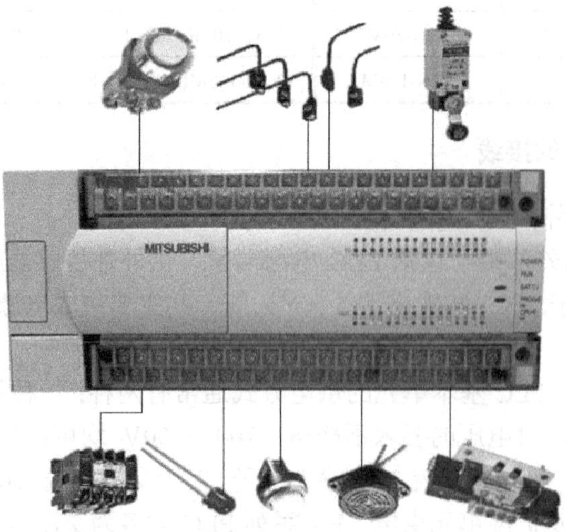

图 6-16　PLC 的输入/输出元件

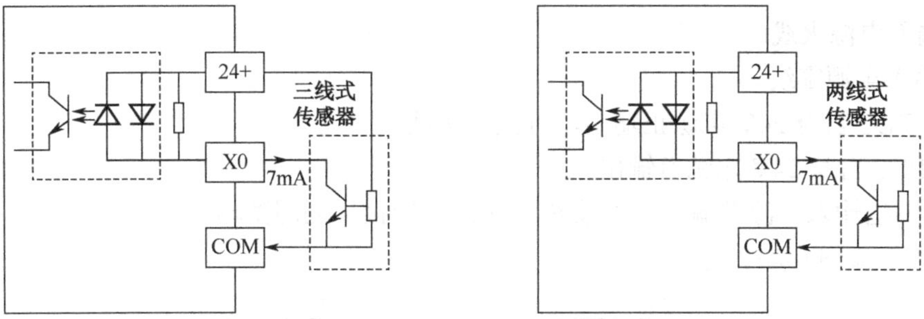

图 6-17 三线传感器和两线式传感器的接线

PLC 的漏型输入和源型输入是针对直流输入而言的。对于 FX 系列 PLC 来说，电流从 PLC 公共端 COM 流入，而从输入端 X 流出，称为漏型输入；而源型输入电路的电流是从 PLC 的输入端 X 流入，从公共端 COM 流出。FX2N 系列 PLC 只有漏型输入。

2. FX3U 系列 PLC 的接线

FX3U 系列 PLC 是三菱公司推出的第三代小型 PLC，也是目前三菱公司小型 PLC 中性能最高、运算速度最快、定位控制功能和通信网络控制功能最强、I/O 点数最多的产品，其 I/O 点数可以扩展到 384，兼具 FX1N 系列 PLC 和 FX2N 系列 PLC 的全部功能。FX3U 系列 PLC 的输入可以采用漏型连接和源型连接两种连接方式（FX2N 系列 PLC 的输入只有漏型连接方式），使得外电路设计和外接有源传感器的类型（PNP、NPN）更为灵活方便。FX3U 系列 PLC 为 FX2N 系列 PLC 的替代产品，其外部结构如图 6-18 所示。FX3U 系列 PLC 的输入端子排信号、输出端子排信号如图 6-19 所示。

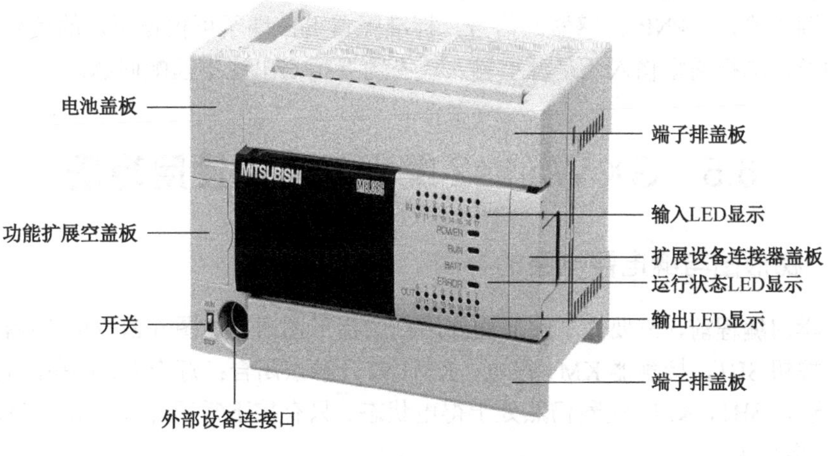

图 6-18 FX3U 系列 PLC 的外部结构

⏚	S/S	0V	X0	X2	X4	X6	X10	X12	X14	X16	•
L	N	•	24V	X1	X3	X5	X7	X11	X13	X15	X17

Y0	Y2	•	Y4	Y6	•	Y10	Y12	•	Y14	Y16	•
COM1	Y1	Y3	COM2	Y5	Y7	COM3	Y11	Y13	COM4	Y15	Y17

图 6-19 FX3U 系列 PLC 的输入端子排信号、输出端子排信号

图 6-19 中各符号的含义如下。

L：输入电源火线。

N：输入电源零线。

24V：PLC自身24V电源正输出，可接小负载。

0V：PLC自身24V电源负输出。

S/S：漏型输入或源型输入，如果S/S与24V短接，为漏型输入；如果S/S与0V短接，为源型输入，如图6-20所示。

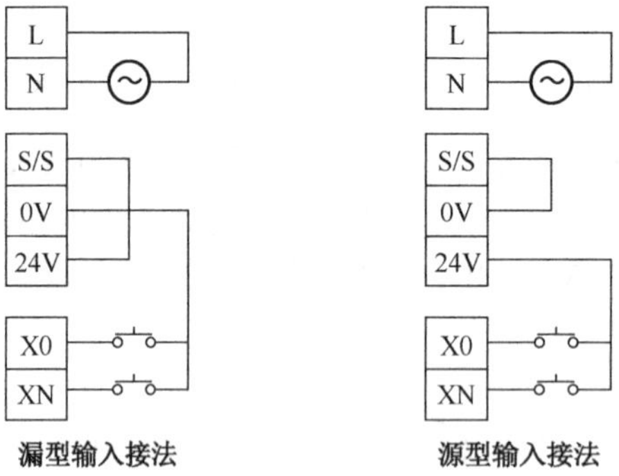

图6-20　FX3U输入信号外部接线图

X0～X17：PLC输入端子，在漏型输入时，当X端子和0V短接时，视为接通（有信号输入）。

可以把输出端子看作组开关，当某个输出端子有输出时，相应的开关闭合，电路形成回路，从而驱动相应的负载（如电磁阀、继电器等）。

FX3U系列PLC的输入端子既可以接受干接点输入信号，也可以接受漏型输入信号（NPN传感器）和源型输入（PNP传感器）信号。标准配置S/S端子可根据用户的使用习惯和输入传感器的种类，选择漏型输入还是源型输入，不需要担心出现不匹配问题。

6.5　GX Works2 编程软件的使用方法

6.5.1　梯形图与继电器电路的异同

在开始学习编程前，需要先了解后面要用到的梯形图语言。图6-21为接触器控制的自锁电路，按下按钮SB1，接触器KM1得电，KM1常开触点闭合；灯泡K1点亮，同时KM1闭合自导通，松开SB1，KM1线圈仍然处于得电状态。只有按下常闭开关SB2，KM1线圈才会失电，K1才会熄灭。

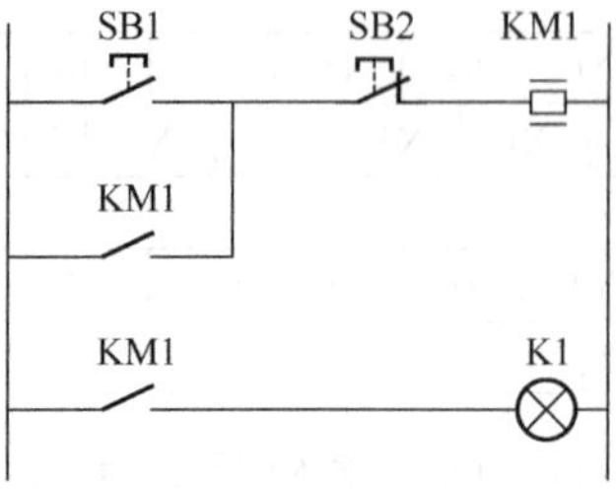

图6-21　接触器控制的自锁电路

用 PLC 编程来替代继电器—接触器控制电路，如图 6-22 所示。梯形图中的触点 X000 对应的是接线图中的端子 X000。当按下按钮 SB1 时，X000 和 0V 接通，X000 有输入，梯形图中的 X000 触点动作，闭合梯形图里的 X001 触点（对应的是端子 X001）。当按下 SB2 按钮时，X001 和 0V 接通，X001 有输入，梯形图中的 X001 触点断开。

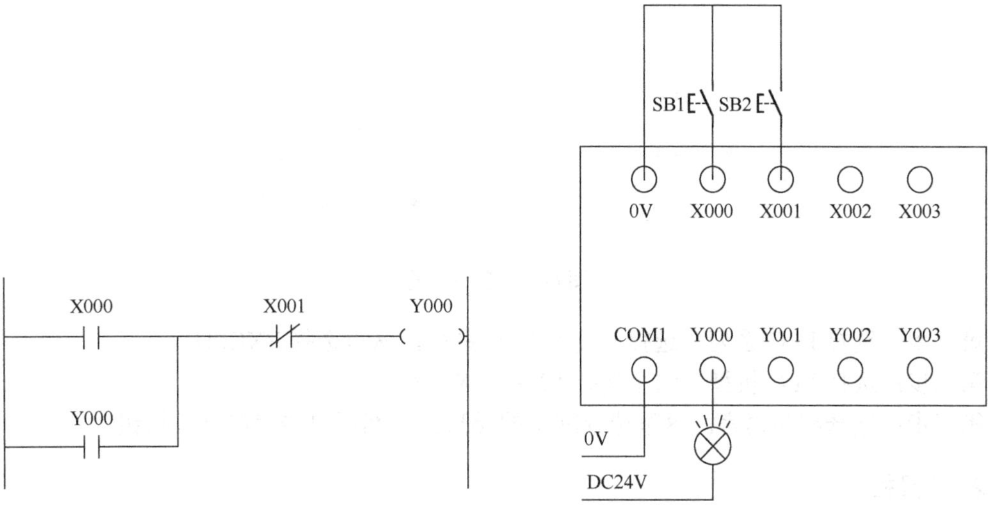

图 6-22　梯形图和接线图

梯形图中的 Y000 对应的是接线图中的输出端子 Y000。在接线图中，当 Y000 导通时，COM1 导通，灯泡亮。

由上面的分析可知，梯形图其实是继电器—接触器控制电路的一种转换，但增加了计算机控制功能。

6.5.2　GX Works2 编程软件的应用

1. 新建工程

GX Works2 是三菱公司推出的三菱综合 PLC 编程软件，是专用于 PLC 设计、调试、维护的编程工具。与传统的 GX Developer 软件相比，GX Works2 增强了功能及操作性能，更容易使用。

双击桌面中的图标，弹出如图 6-23 所示界面。

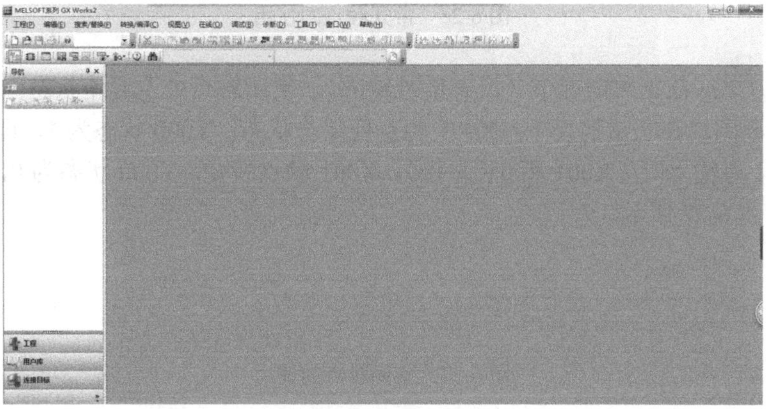

图 6-23　软件界面

依次单击“工程”→“新建”，弹出如图 6-24 所示对话框，在该对话框中选择正确的系列和机型。

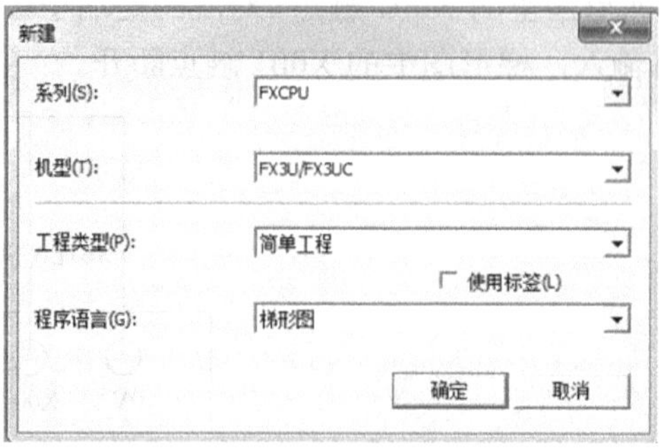

图 6-24　新建工程

第一步：选择 PLC 系列。选择三菱的 PLC 系列，这里选择 FXCPU。

第二步：选择 PLC 机型。这里选择 FX3U/FX3UC。

第三步：选择程序语言。这里选择默认的梯形图，然后单击“确定”按钮。

2. 工具栏

在进行 PLC 编程时，用到的逻辑梯形图都在常用工具栏里，如图 6-25 所示。

图 6-25　工具栏

常用的逻辑梯形图如下。

常开触点：在正常情况下（没有信号输入），常开触点处于断路状态，在有信号输入时，常开触点闭合。在正常情况况下，X000 触点断路，Y000 状态为 0，即端子 Y000 没有输出；当 X000 有输入时（X000 和 0V 短接），X000 触点闭合，Y000 状态为 1，即端子 Y000 有输出，如图 6-26 所示。

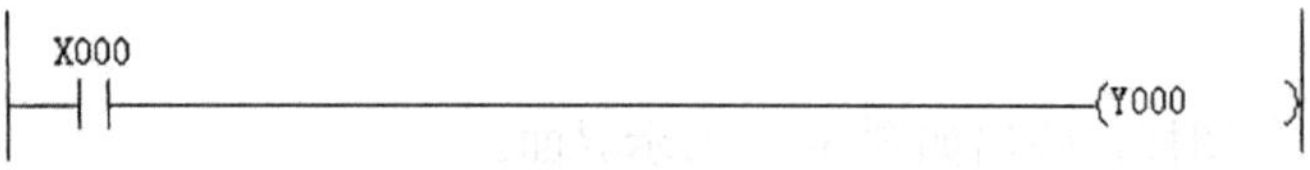

图 6-26　常开触点的使用

常闭触点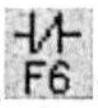：在正常情况下（没有信号输入），常闭触点处于通路状态，在有信号输入时，常闭触点断路。在正常情况下，X001 触点处闭合状态，Y000 状态为 1，即端子 Y000 有输出；当 X001 有输入时（X001 和 0V 短接），X001 触点断开，Y000 状态为 0，即端子 Y000 没有输出，如图 6-27 所示。

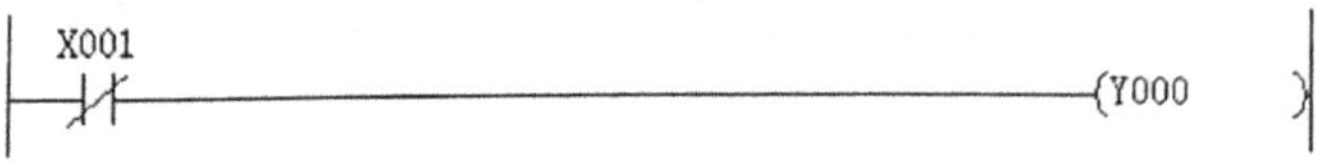

图 6-27　常闭触点的使用

驱动线圈：对输出继电器、中间继电器、定时器、计数器等进行驱动输出。

画线输入F10：用来创建连线，创建完成后会弹出画线按钮，再单击画线按钮即可。

画线删除aF9：用来删除多余的连线，创建完成后会弹出删除画线按钮，再单击删除画线按钮即可。

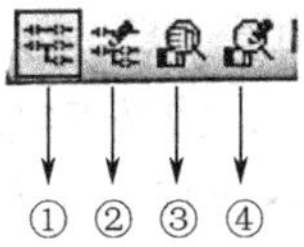

图 6-28　程序当前状态

3. 程序状态

图 6-28 为程序当前状态。

① 表示读取状态：在该状态下，只能查看程序或查找程序，不能对程序进行任何修改或编辑，单击该按钮就选中该状态。

② 表示写入状态：在该状态下，可以修改和编辑程序，单击该按钮就选中该状态。

③ 表示监控状态：在该状态下，可以对程序进行状态监控，但不能编辑程序，单击该按钮就选中该状态。

④ 表示写入状态：在该状态下，可以对程序进行状态监控，也可以编辑程序，单击该按钮就选中该状态。

在对程序进行输入或修改时，要使程序状态处于写入状态。

4. 程序输入

在了解了常用的逻辑梯形图后，就可以将 6.5.1 节的接触器控制的自锁电路转换为梯形图写到 PLC 中了，各步骤如图 6-29 所示。

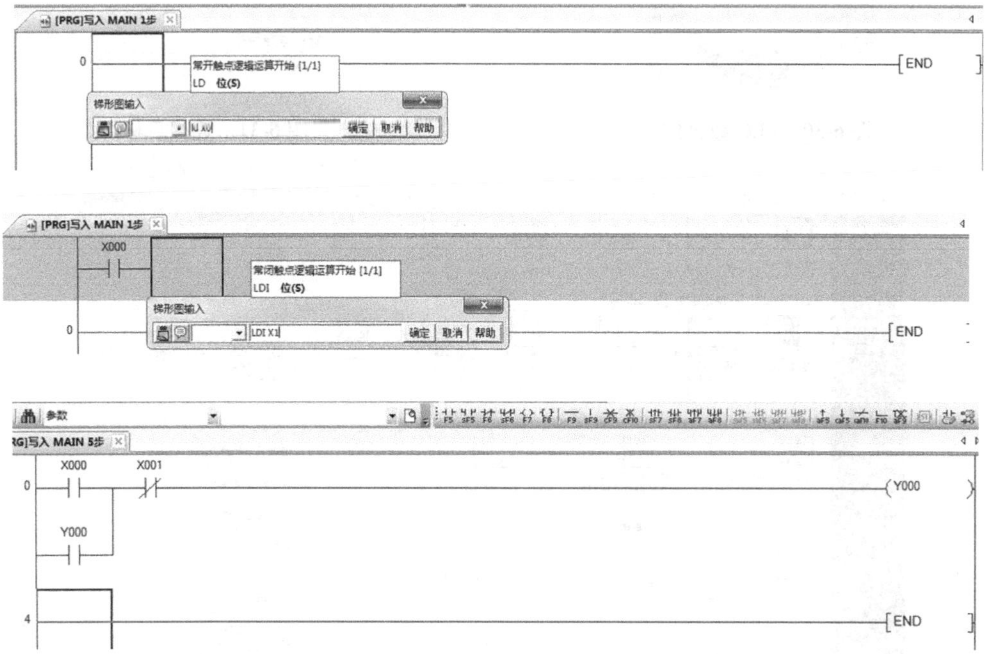

图 6-29　梯形图的输入

第一步：输入 X000 常开触点，单击工具栏中的 F5，或按 F5 键，打开程序输入窗口，键入“X000”，单击“确定”按钮。通过键盘输入“LD　X000”更方便。

第二步：输入 X001 常闭触点，单击工具栏中的 F6，或按 F6 键，打开程序输入窗口，键入“X001”，单击“确定”按钮。通过键盘输入“LDI　X001”更方便。

第三步：输入 Y000 输出线圈，单击工具栏中的，或按 F7 键，打开程序输入窗口，键入“Y000”，单击“确定”按钮。通过键盘输入“OUT　Y000”更方便。

第四步：输入 Y0 常开触点，单击工具栏中的，或按 F5 键，打开程序输入窗口，键入“Y0”，单击“确定”按钮。通过键盘输入“OR　Y000”更方便。

第五步：转换梯形图（把梯形图编译成可以下载到 PLC 的代码），单击，或按 F4 键。

第六步：程序存盘，单击，或者单击下拉菜单并依次单击“工程”→“保存工程”，也可以使用 Ctrl + S，选择存盘路径，输入要保存的程序名称，如自锁程序。

第七步，将程序下载到 PLC，连接 PLC 并检查通信。

首先，需要一条三菱 PLC 数据线（见图 6-30），用来连接电脑与 PLC。

设置 PLC 与电脑通信的端口号（电脑的串行通信端口号查看方法是，单击“我的电脑”→单击鼠标右键→选择“属性”→选择“硬件页面”→选择“设备管理器”→单击“通信端口”）。

双击如图 6-31 所示界面中的“Connection1”，弹出传输设置对话框，如图 6-32 所示。在传输设置对话框中，设置 COM 端口号，波特率选择 9.6Kbps 或其他均可。

图 6-30　PLC 数据线

图 6-31　连接目标

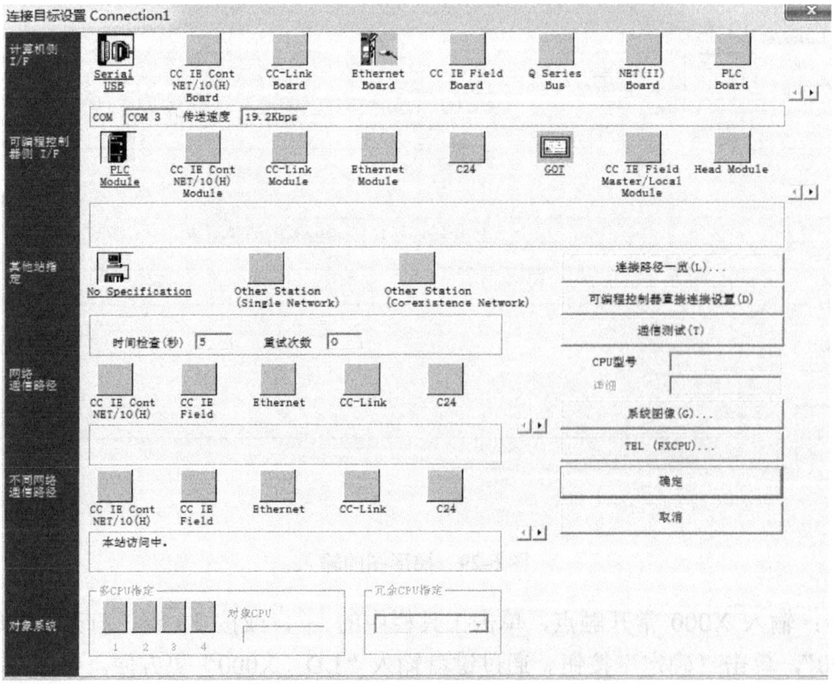

图 6-32　传输设置对话框

测试通信，单击“通信测试”，如果通信成功，则弹出成功对话框，否则，需要检查通信电缆和通信端口号，直至通信测试成功；最后单击“确定”。

第八步，把转换完成的程序下载到 PLC。在下载程序时，要将 FX2N 系列 PLC 的状态开关置于 STOP 位置。对于 FX3U 系列 PLC 来说，可以将其状态开关置于 STOP 位置，也可以置于 RUN 位置。

选择“在线—PLC 写入”，弹出写入对话框，将程序下载到 PLC。

任务实施

在本项目 6.1 节提出了两个控制任务，即如果在继电器—接触器控制电路中，将自锁控制更改为延时启动控制时要改变电路接线。那如何使用梯形图实现相对应的功能呢？

首先分析在这个设计中，有多少输入量和输出量，把它们列在表格中，如表 6-4 所示。

表 6-4　输入/输出分配表

输入		输出	
启动按钮 SB1	X000	KM（电动机）	Y000
停止按钮 SB2	X100	定时器	T0
热继电器 FR	X200		

根据 I/O 分配表，画出 I/O 接线图，如图 6-33 所示。

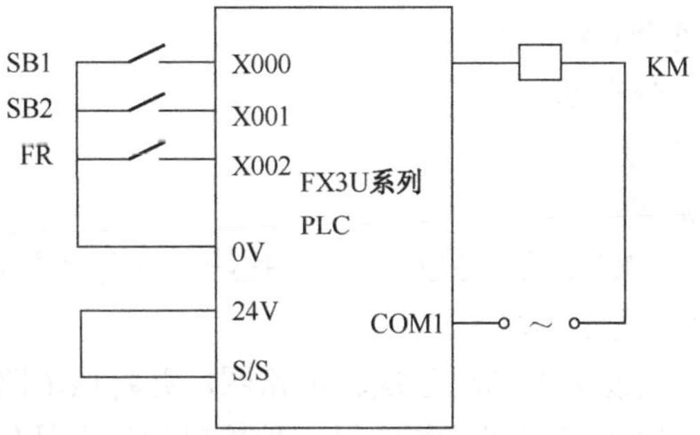

图 6-33　I/O 接线图

自锁控制梯形图如图 6-34 所示。

图 6-34　自锁控制梯形图

有延时控制的梯形图如图 6-35 所示。

图 6-35　有延时控制的梯形图

知识梳理与小结

PLC 在自动控制技术中占有重要的地位。本项目重点介绍了 PLC 的应用组成、工作原理、软元件、编程语言等内容。要重点掌握 PLC 的外部电路接线方法，掌握 FX2N 系列 PLC 和 FX3U 系列 PLC 在接线方式上的区别。通过本项目的学习，应能掌握将简单的继电器—接触器控制电路转化为梯形图的方法。

练习与提高

1．PLC 的主要应用场合有哪些？
2．PLC 的基本构成部分有哪些？
3．简述 PLC 的工作原理。
4．PLC 的软元件有哪些？
5．FX2N 系列 PLC 和 FX3U 系列 PLC 在外部接线上有什么区别？
6．FX3U-16MT 的含义是什么？
7．画出具有双重互锁功能的电动机正反转电路图，并将该电路图转换为梯形图。
8．PLC 的输入接口、输出接口有几种？每一种接口的特点是什么？

项目七　FX3U系列PLC基本指令及其应用

基本指令是PLC的指令表和梯形图编程语言中最基本的指令。FX2N系列PLC的基本指令有27条，FX3U系列PLC的基本指令有29条。

教学导航及目标

知识重点	FX3U系列PLC的29条基本指令； FX3U系列PLC基本指令的应用； 使用FX3U系列PLC的基本指令进行编程
知识难点	对FX3U系列PLC的基本指令的理解； 利用FX3U系列PLC基本指令进行编程控制
建议教学方式	建议通过引入电气控制的应用实例来讲解PLC控制的特点及优势。在讲解过程中通过指令编程和继电器—接触器控制进行对比来加强学生的学习效果。动手操作是学习编程控制的一种重要手段，在教学中可以采用教、学、做一体化的教学方法
建议学时	8学时
知识目标	理解PLC的基本指令应用； 会用GX Works2编程软件进行编程； 会对设计要求进行分析，整理出正确的编程思路，最后设计出程序
技能目标	能根据控制系统的输入信号和输出信号的要求，设计出PLC的硬件接线图，并熟练完成PLC的外部接线操作； 熟练操作GX Works2编程软件，会应用基本指令完成程序的编写、下载、监视等操作，并对PLC程序进行调试、运行

任务引入

FX3U系列PLC的编程语言主要有梯形图及指令表。指令表由指令集合而成，且和梯形图有严格的对应关系。梯形图是用图形符号及图形符号间的相互关系来表达控制思想的一种图形程序。指令表是用图形符号及图形符号之间关联的语句来表述的。

7.1　应用基本指令实现控制任务

应用PLC的基本指令能够实现自动化生产中的大部分控制功能。熟练应用基本指令进行编程是每一个工程技术人员必备的技能。

1. 控制任务一：三相交流异步电动机的正反转程序设计

在生产中，有许多生产设备要求生产机械能够改变运动方向，如主轴的伸缩、工作台的左右移动、行车的上下左右行走等，它们都要求电动机能实现正转和反转两个方向的运转。对于三相交流异步电动机，只要将其接在三相电源中的任意两根电源线对调，即可改变电源的相序，实现旋转磁场旋转方向的改变，进而可以实现电动机旋转方向的改变。在前面已经介绍了如何使用接触器—继电器控制电路来实现三相交流异步电动机旋转方向的改变，本项目将利用 PLC 来实现这种控制。

2. 控制任务二：4 路抢答器的程序设计

主持人台设有总指示灯、音响、开始按键及复位按键，各选手处设有分台按键及分台指示灯。主持人宣布开始并按下开始按键后，抢答开始有效，任一组选手抢先按下分台按键后，封锁抢答器，使其他组选手按下分台按键无效。10s 后，若无人应答，则该题目视为作废。在有选手抢答的情况下，抢答选手必须在 30s 内完成答题。在正常抢答时，音响及分台指示灯输出；在违反规则时，音响、分台指示灯、总指示灯均有输出；在无人应答或答题超时时，音响及总指示灯输出。在一个题目抢答完成，主持人按下复位按键后，进入第二轮答题。

3. 控制任务三：十字路口交通信号灯控制设计

十字路口南北方向及东西方向各设有红、绿、黄三个交通信号灯，其时序图如图 7-1 所示，编写程序，实现如图 7-1 所示功能。

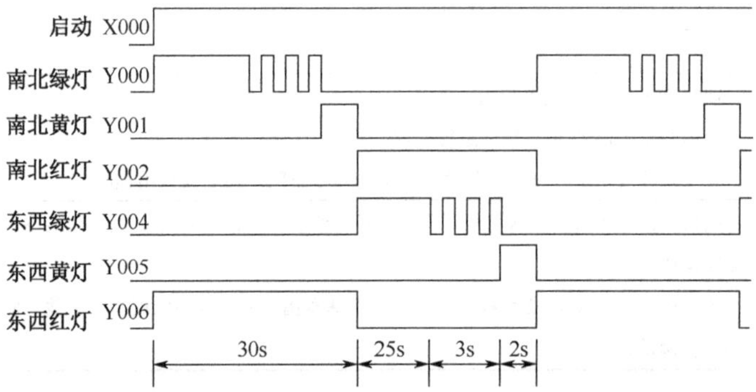

图 7-1　交通信号灯时序图

相关知识及实施

7.2　基本指令的应用

FX3U 系列 PLC 的基本指令共有 29 条，如表 7-1 所示。

表 7-1　FX3U 系列 PLC 基本指令表

助记符及名称	功能	可用软元件	程序步
LD，取指令	常开触点逻辑运算开始	X、Y、M、S、T、C	1
LDI，取反指令	常闭触点逻辑运算开始	X、Y、M、S、T、C	1
LDP，取脉冲上升沿指令	上升沿检出运算开始	X、Y、M、S、T、C	2
LDF，取脉冲下降沿指令	下降沿检出运算开始	X、Y、M、S、T、C	2
AND，与指令	常开触点串联	X、Y、M、S、T、C	1
ANI，与非指令	常闭触点串联	X、Y、M、S、T、C	1
ANDP，与脉冲上升沿指令	上升沿检出串联	X、Y、M、S、T、C	2
ANDF，与脉冲下降沿指令	下降沿检出串联	X、Y、M、S、T、C	2
OR，或指令	常开触点并联	X、Y、M、S、T、C	1
ORI，或非指令	常闭触点并联	X、Y、M、S、T、C	1
ORP，或脉冲上升沿指令	上升沿检出并联	X、Y、M、S、T、C	2
ORF，或脉冲下降沿指令	下降沿检出并联	X、Y、M、S、T、C	2
ANB，块与指令	并联回路块的串联	—	1
ORB，块或指令	串联回路块的并联	—	1
OUT，输出指令	线圈驱动	Y、M、S、T、C	注 1
SET，置位指令	动作保持	Y、M、S	注 2
RST，复位指令	清除动作保持，寄存器清零	Y、M、S、T、C、D、V、Z	注 2
PLS，上升沿脉冲指令	上升沿输出	Y、M（特殊 M 除外）	1
PLF，下降沿脉冲指令	下降沿输出	Y、M（特殊 M 除外）	1
MC，主控指令	公共串联点的连接线圈指令	Y、M（特殊 M 除外）	3
MCR，主控复位指令	公共串联点的消除指令	—	2
MPS，压栈指令	运算存储	—	1
MRD，读栈指令	存储读出	—	1
MPP，出栈指令	取出栈存储器结果并清除	—	1
INV，取反指令	运算结果的反转	—	1
NOP，空操作指令	无动作	—	1
END，结束指令	输入、输出及返回到开始	—	1
MEP 指令	运算结果上升沿脉冲化	—	
MEF 指令	运算结果下降沿脉冲化	—	

注 1：Y 和通用 M 的程序步为 1、S 和特殊 M 的程序步为 2、T 的程序步为 3、C 的程序步为 3/4/5。

注 2：Y 和通用 M 的程序步为 1；S 和特殊 M、T、C 的程序步为 2；D、变址寄存器（V 和 Z）的程序步为 3。

1. 取指令与输出指令

（1）指令说明。

LD 指令、LDI 指令、LDP 指令、LDF 指令用于将触点接到左母线上。另外，这 4 个指令与 ANB 指令、ORB 指令组合，也可用于分支起点。

LDP 指令（取脉冲上升沿指令）：与左母线连接的常开触点的上升沿检测指令，仅在指定位元件的上升沿（由 OFF→ON）时接通一个扫描周期。

LDF 指令（取脉冲下降沿指令）：与左母线连接的常闭触点的下降沿检测指令，仅在指定位元件的下降沿（由 ON→OFF）时接通一个扫描周期。

OUT 指令（输出指令）：是对输出继电器、辅助继电器、状态继电器、定时器、计数器的线圈驱动指令，对输入继电器不能使用。OUT 指令可进行多次并联使用。对于定时器及计数器，应设置常数或数据寄存器。

输出继电器和通用辅助继电器的程序步为 1、状态继电器和特殊辅助继电器的程序步为 2、定时器的程序步为 3、计数器的程序步为 3/4/5。

每个程序结束必须要有 END 指令。

（2）应用举例（见图 7-2）。

当 X000 接通时，Y000 和 Y001 有输出，当 X001 断开时，T0 计时，当 X002 由 OFF 到 ON 时，Y003 接通一个扫描周期，当 X002 由 ON 到 OFF 时，Y004 接通一个扫描周期。

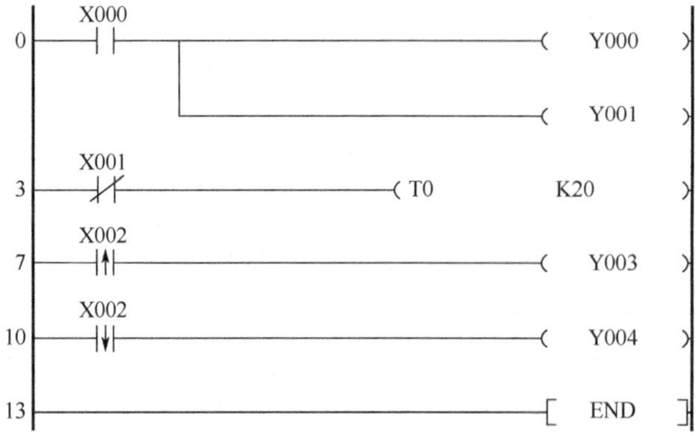

0	LD	X000
1	OUT	Y000
2	OUT	Y001
3	LDI	X001
4	OUT	T0
7	LDP	X002
9	OUT	Y003
10	LDF	X002
12	OUT	Y004
13	END	

图 7-2　取指令与输出指令的使用

2. 触点串联指令和触点并联指令

（1）指令说明。

AND 指令、ANI 指令、ANDP 指令、ANDF 指令只能串联一个触点，串联次数没有限制。两个以上的并联回路在串联时使用 ANB 指令。

图 7-3 中的 OUT Y000 指令之后利用 X003 的触点驱动 Y001 称为连续输出。

OR 指令、ORI 指令、ORP 指令、ORF 指令只能并联一个触点。两个以上的串联回路在并联时使用 ORB 指令。并联触点的左端接 LD 指令、LDI 指令、LDP 指令或 LPF 指令，其右端与前一条指令对应触点的右端相连。触点并联指令连续使用的次数不限。

ANDP 指令、ANDF 指令、ORP 指令、ORF 指令仅表示接通一个扫描周期。

（2）应用举例（见图 7-3）。

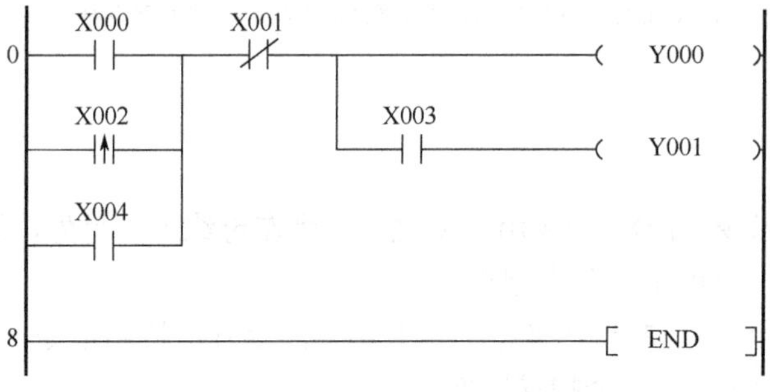

0	LD	X000
1	ORP	X002
3	OR	X004
4	ANI	X001
5	OUT	Y000
6		AND
7	OUT	Y001
8	END	

图 7-3　触点串联指令和触点并联指令的使用

3. 块操作指令

（1）指令说明。

ORB 指令（块或指令）：用于两个或两个以上的触点串联电路块之间的并联。几个串联电路块并联时，每个串联电路块在开始时应该用 LD 指令或 LDI 指令。

ANB 指令（块与指令）：用于两个或两个以上的触点并联电路块之间的串联，每个并联电路块在开始时应该用 LD 指令或 LDI 指令。

有多个电路块并联回路，如对每个电路块使用 ORB 方式指令，则并联的电路块数量没有限制。

ORB 指令也可以连续使用，但不推荐这种方式。LD 指令或 LDI 指令的使用次数不得超过 8 次，即 ORB 指令只能连续使用 8 次及以下。

多个并联回路块按顺序和前面的回路串联时，ANB 指令的使用次数没有限制。也可连续使用 ANB 指令，但其使用次数在 8 次及以下。

（2）应用举例（见图 7-4）。

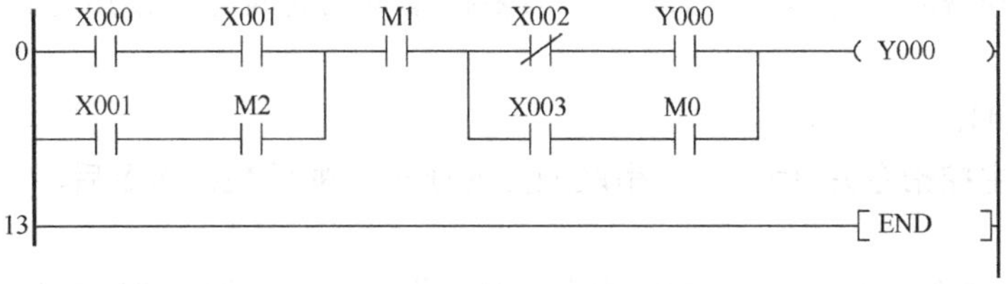

0	LD	X000	7	AND	Y000
1	AND	X001	8	LD	X003
2	LD	Y001	9	AND	M9
3	AND	M2	10	ORB	
4	ORB		11	ANB	
5	AND	M1	12	OUT	Y001
6	LDI	X002	13	END	

图 7-4　块操作指令的使用

4. 置位指令与复位指令

（1）指令说明。

SET 指令（置位指令）：使被操作的目标元件置位并保持。

RST 指令（复位指令）：使被操作的目标元件复位并保持清零状态。

SET 指令的目标软元件为输出继电器、辅助继电器、状态继电器，RST 指令的目标软元件为输出继电器、辅助继电器、状态继电器、定时器、计数器、数据寄存器、变址寄存器。

RST 指令常被用来对数据寄存器、变址寄存器的内容清零，还用来复位积算定时器和计数器。

（2）应用举例（见图 7-5）。

SET 指令与 RST 指令的使用如图 7-5 所示。当 X000 常开触点接通时，Y000 变为 ON 状态并一直保持该状态（自锁），即使 X000 断开，Y000 的 ON 状态仍维持不变。只有当 X001 的常开触点闭合时，Y000 才变为 OFF 状态并保持，即使 X001 常开触点断开，Y000 也仍为 OFF 状态。当 X002 接通时，计数器 C0 清零复位，当 X003 接通时，定时器 T245 复位。

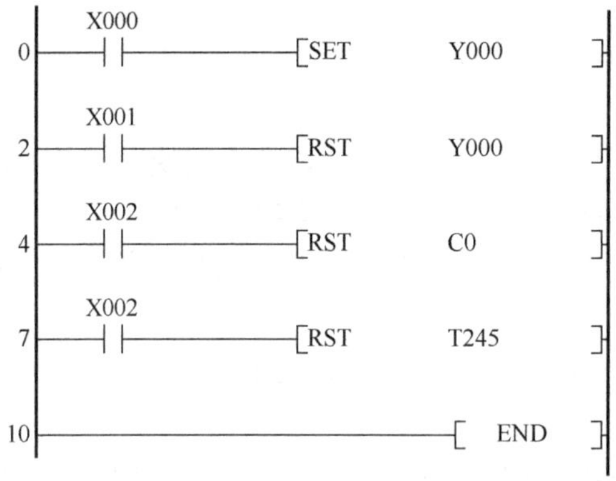


```
0    LD    X000
1    SET   Y000
2    LD    X001
3    RST   Y000
4    LD    X002
5    RST   C0
7    LD    X003
8    RST   T245
10   END
```

图7-5　SET指令与RST指令的使用

5. 主控指令与主控复位指令

在编程时常会出现多个线圈同时受一个或一组触点控制的情况。如果在每个线圈的控制电路中都串联同样的触点，将出现占用很多存储单元的问题，使用主控指令可以解决这一问题。

（1）指令说明。

MC指令（主控指令）：用于公共串联触点的连接。执行MC指令后，左母线移到MC指令触点的后面。

MCR指令（主控复位指令）：MC指令的复位指令，即利用MCR指令复位左母线位置。

主控触点在梯形图中与一般触点垂直，如图7-6中的M10。主控触点是与左母线相连的常开触点，是控制一组电路的总开关。与主控触点相连的触点必须用LD指令或LDI指令。

MC指令的输入触点在断开时，在MC指令和MCR指令之内的积算定时器、计数器、用复位指令和置位指令驱动的软元件保持其之前的状态不变；非积算定时器和计数器、用OUT指令驱动的软元件将复位。

在一个MC指令区内使用MC指令称为嵌套。嵌套级最多为8级，编号由N0按顺序增大，每级的返回使用对应的MCR指令，从编号大的嵌套级开始复位。

（2）应用举例（见图7-6）。

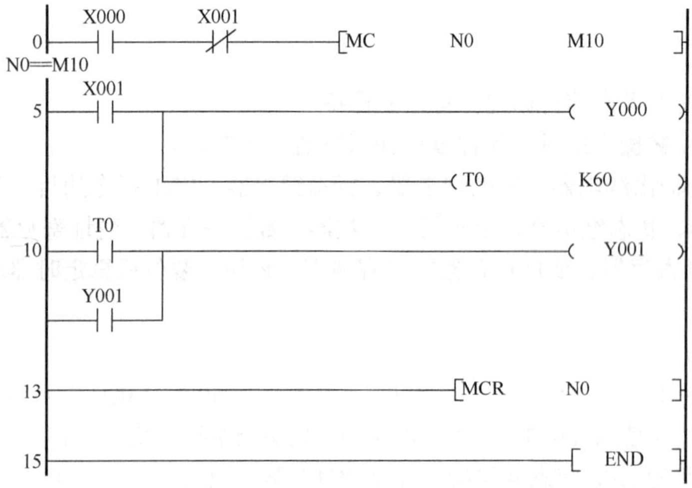


```
0    LD    X000
1    LDI   X001
2    MC    N0
5    LD    X001
6    OUT   Y000
7    OUT   T0    K60
10   LD    T0
11   OR    Y001
12   OUT   Y001
13   MCR
15   END
```

图7-6　MC指令和MCR指令的使用

6. 堆栈指令

（1）指令说明。

堆栈指令用于多重输出电路。在 FX 系列 PLC 中有 11 个存储单元，这 11 个存储单元专门用来存储程序运算的中间结果，称为栈存储器。

MPS 指令（进栈指令）：将运算结果送入栈存储器的第一段，同时将先前送入的数据依次移到栈存储器的下一段。

MRD 指令（读栈指令）：将栈存储器的第一段数据（最后进栈的数据）读出且该数据继续保存在栈存储器的第一段，栈存储器内的数据不发生移动。

MPP 指令（出栈指令）：将栈存储器的第一段数据（最后进栈的数据）读出且该数据从栈存储器中消失，同时将栈存储器中其他数据依次上移。

堆栈指令没有目标软元件。MPS 指令和 MPP 指令必须组合使用。由于栈存储器只有 11 个，所以栈的层次最多有 11 层。

（2）应用举例（见图 7-7）。

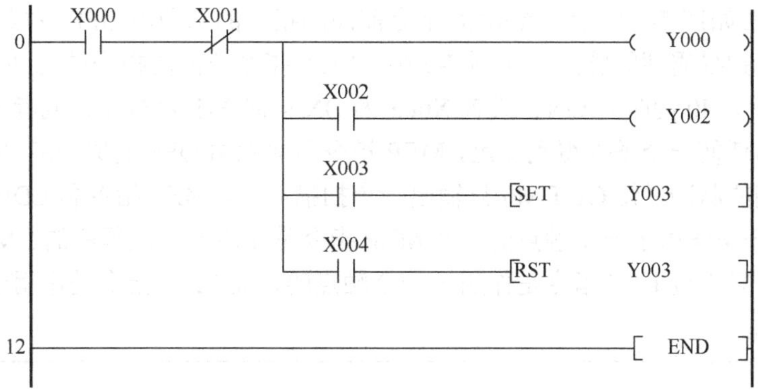

0	LD	X000	7	AND	X003
1	LDI	X001	8	SET	Y003
2	OUT	Y000	9	MPP	
3	MPS		10	AND	X004
4	AND	X002	11	RST	Y004
5	OUT	Y002	12	END	
6	MRD				

图 7-7　堆栈指令的应用

7. 反指令、空操作指令与结束指令

INV 指令（反指令）：将原来的运算结果取反。INV 指令的使用如图 7-8 所示，如果 X000 断开，则 Y000 为 ON，否则 Y000 为 OFF。在使用 INV 指令时，应注意 INV 指令不能像指令表的 LD 指令、LDI 指令、LDP 指令、LDF 指令那样与母线连接，也不能像指令表中的 OR 指令、ORI 指令、ORP 指令、ORF 指令那样单独使用。

NOP 指令（空操作指令）：不执行操作，但占用一个程序步。在执行 NOP 指令时并不进行任何操作，可用 NOP 指令短接某些触点或用 NOP 指令将不需要的指令覆盖。当 PLC 执行了清除用户存储器操作后，用户存储器的内容全部变为空操作指令。

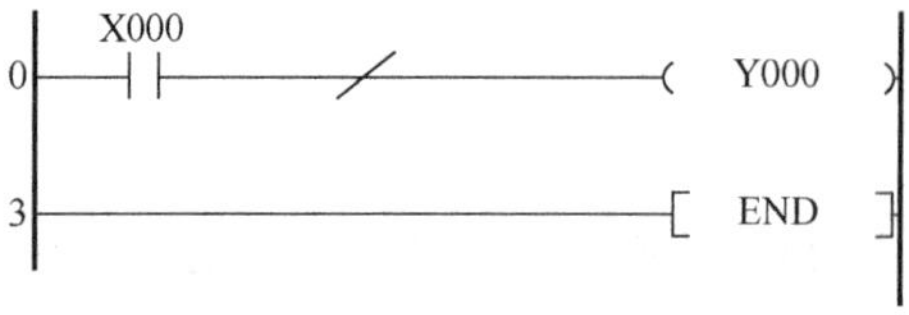


```
0    LD     X000
1    INV
2    OUT    Y000
3    END
```

图 7-8　INV 指令的使用

END 指令（结束指令）：表示程序结束。若程序的最后没有 END 指令，则不论实际用户程序多长，PLC 都从用户程序存储器的第一步执行到最后一步；若程序的最后有 END 指令，当扫描到 END 指令时，则结束执行程序，这样可以缩短扫描周期。在进行程序调试时，可在程序中插入若干 END 指令，将程序划分为若干段，在确定前面程序段无误后，依次删除 END 指令，直至调试结束。

8. MEF 指令、MEP 指令

MEP 指令是运算结果上升沿脉冲化指令，MEF 指令是运算结果下降沿脉冲化指令。MEP 指令的用法如图 7-9 所示，当 MEP 指令前面的指令的总和由 OFF 变成 ON 时，MEP 指令后面发出一个扫描周期的脉冲。在图 7-9 中，MEP 指令前面的指令的总和由 OFF 变成 ON 的条件是 X000 和 M0 同时为 ON、或者 X003 为 ON 同时 M1 为 OFF、或者 X002 变为 ON，这 3 个条件中的任何一个条件得到满足，MEP 指令前面就由 OFF 变成 ON，MEP 指令后面发出一个扫描周期的脉冲，使 OUT M0 只输出一个扫描周期。MEP 指令和 LDP 指令基本类似，只不过 LDP 指令是作用于一个触点的，而 MEP 指令是作用于一块程序的。MEF 指令与 LDF 指令基本类似，只不过 LDF 指令是作用于一个触点的，而 MEF 指令是作用于一块程序的。

图 7-9　MEP 指令的用法

7.3　编程规则

如果在同一个程序中，同一软元件的线圈使用了两次或多次，称为双线圈输出。对于输出继电器来说，在扫描周期结束时，真正输出的是最后一个 Y000 的线圈的状态（见图 7-10）。一般应避免出现双线圈输出现象，如可以将图 7-10（a）改为图 7-10（b）。

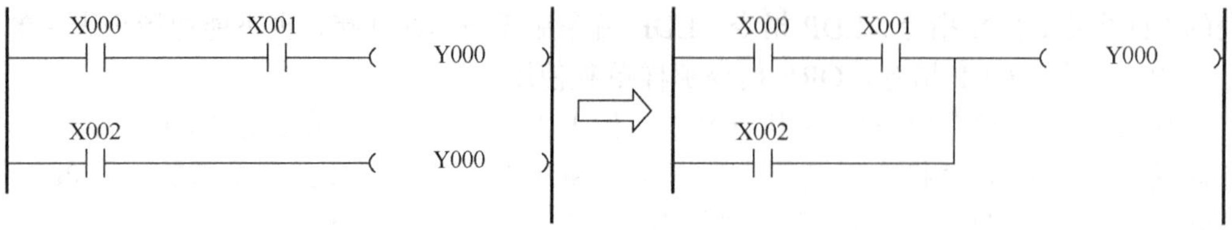

（a）　　（b）

图 7-10　避免出现双线圈输出

在并联电路中，应将触点多的支路放在上面；在串联电路中，应将触点多的支路放在左边，如图 7-11 所示。

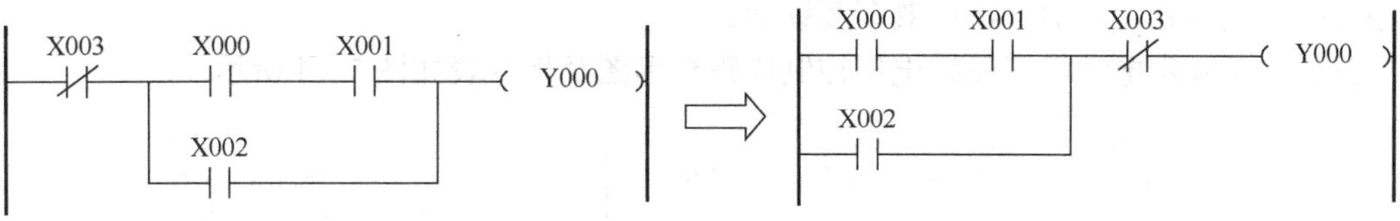

图 7-11　程序的优化

在有线圈的并联输出（纵接输出）电路中应将单个线圈放在上面，如将图 7-12（a）的电路改为图 7-12（b）的电路，可以避免使用进栈指令（MPS 指令）和出栈指令（MPP）指令。

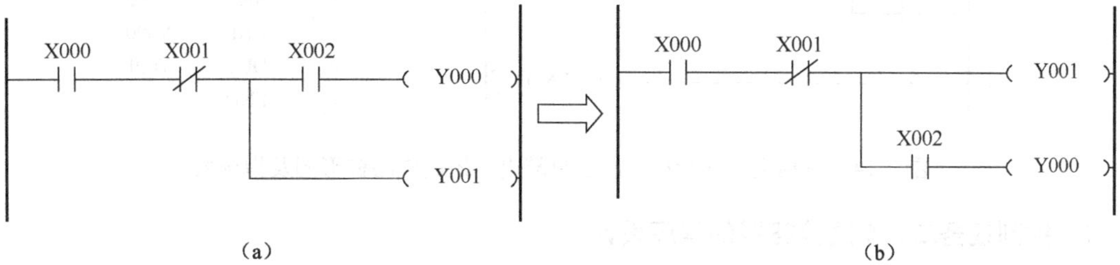

图 7-12　纵接输出优化

输出类指令（如 OUT 指令、MC 指令、SET 指令、RST 指令、PLS 指令、PLF 指令和大多数应用指令）应放在梯形图的最右边，它们不能直接与左侧母线相连，若前面没有触点控制，可加常通辅助继电器 M8000 控制。有的指令（如 END 指令和 MCR 指令）不能用触点驱动，必须直接与左侧母线或临时母线相连。

7.4　基本指令在生产中的编程与应用

1. 控制任务一：三相交流异步电动机的正反转程序设计

三相交流异步电动机的正反转电气控制电路如图 7-13 所示。

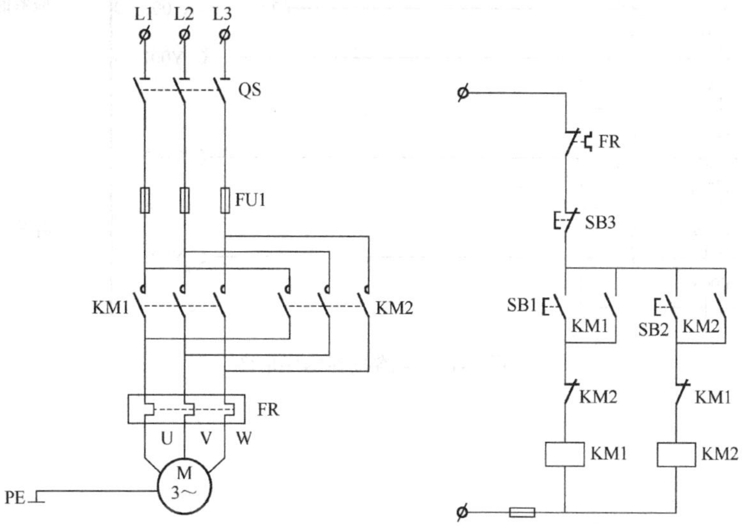

图 7-13　三相交流异步电动机的正反转电气控制电路

在图 7-13 中，共有 3 个输入信号（SB1、SB2、SB3），2 个输出信号（KM1、KM2）。

在 I/O 分配表中，正反转电路要求在任何情况下 2 个接触器不能同时得电，因此，不仅程序要有互锁措施，外部电路也要有互锁措施。

三相交流异步电动机正反转电气控制电路梯形图及指令表如图 7-14 所示。

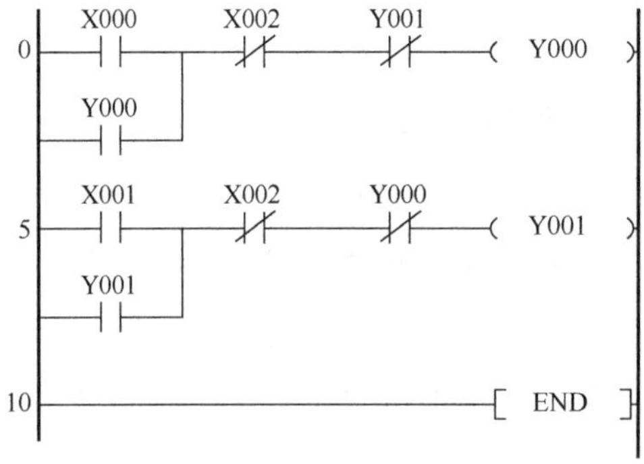

0	LD	X000
1	OR	Y000
2	ANI	X002
3	ANI	Y001
4	OUT	Y000
5	LD	X001
6	OR	Y001
7	ANI	X002
8	ANI	Y000
9	OUT	Y001
10	END	

图 7-14　三相交流异步电动机正反转电气控制电路梯形图及指令表

2. 控制任务二：4 路抢答器的程序设计

主持人台设有总指示灯、总台音响、开始按键及复位按键，各选手处设有分台按键及分台指示灯。主持人宣布开始并按下开始按键后，抢答开始有效，任一组选手抢先按下分台按键后，封锁抢答器，使其他组选手按下分台按键无效。10s 后，若无人应答，则该题目视为作废。在有选手抢答的情况下，抢答选手必须在 30s 内完成答题。在正常抢答时，音响及分台指示灯输出；在违反规则时，音响、分台指示灯、总指示灯均有输出；在无人应答或答题超时时，音响及总指示灯输出。在一个题目抢答完成，主持人按下复位按键后，进入第二轮答题。4 路抢答器梯形图如图 7-15 所示。

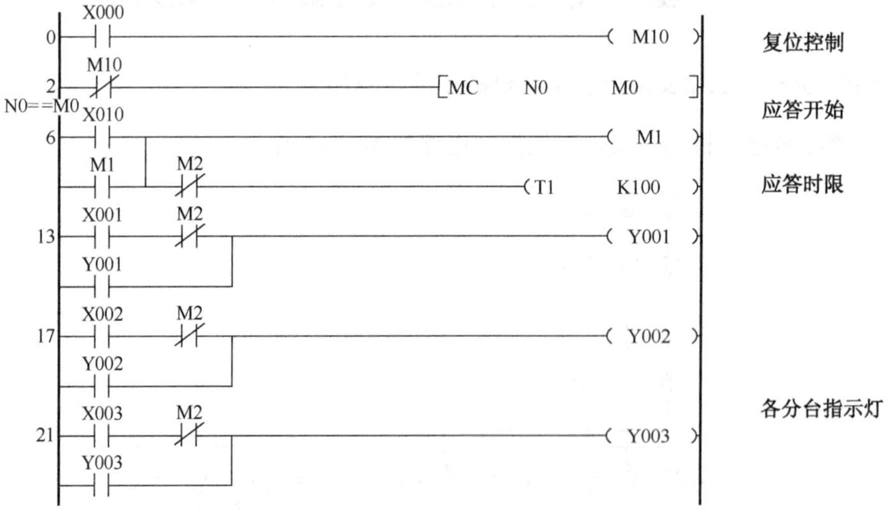

图 7-15　4 路抢答器梯形图

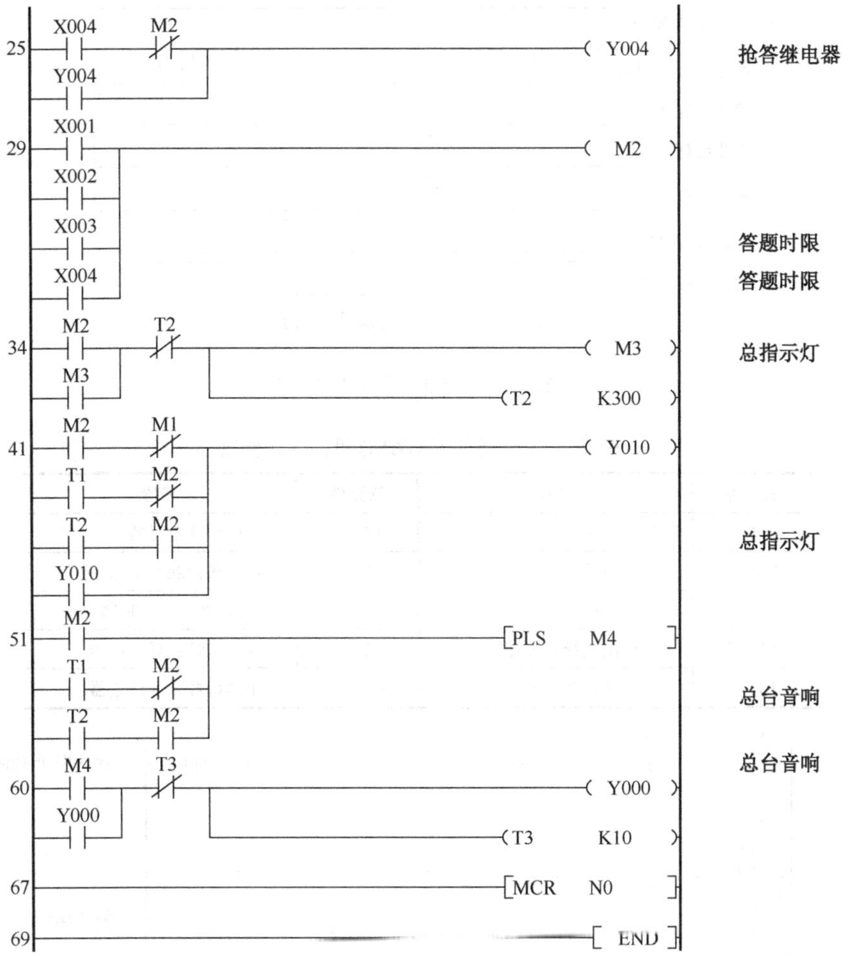

图 7-15　4 路抢答器梯形图（续）

在 4 路抢答器梯形图中，输入器件、输出器件及辅助器件安排如表 7-2 所示。

表 7-2　器件安排表

输入器件		输出器件		辅助器件			
X000	复位按键	Y000	总台音响	M0	公共控制触点继电器	T1	应答时限定时器
X001	组 1 按键	Y001	组 1 指示灯	M1	应答时间辅助继电器	T2	答题时限定时器
X002	组 2 按键	Y002	组 2 指示灯	M2	抢答辅助继电器	T3	音响时限定时器
X003	组 3 按键	Y003	组 3 指示灯	M3	答题时间辅助继电器		
X004	组 4 按键	Y004	组 4 指示灯	M4	总台音响启动信号继电器		
X010	开始按键	Y010	总指示灯				

3. 控制任务三：十字路口交通信号灯控制设计

十字路口南北方向及东西方向各设有红、绿、黄三个交通信号灯，其时序图如图 7-16 所示。

交通信号灯各软元件表如表 7-3 所示。

为了实现交通信号灯的启动、停止的控制，在梯形图中加入主控环节（见图 7-17）。

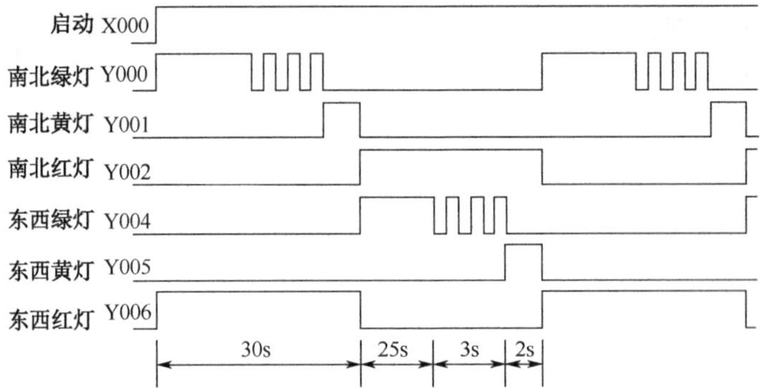

图 7-16　交通信号灯时序图

表 7-3　交通信号灯梯形图各软元件表

软元件	名称	软元件	名称
X000	启动按钮	T4	东西绿灯定时器
X001	停止按钮	T5、T6	构成东西绿灯 1s 振荡
T0	南北绿灯定时器	T7	东西黄灯 2s 定时器
T1、T2	组成南北绿灯 1s 振荡	C0	南北绿灯闪烁计数器
T3	南北黄灯 2s 定时器	C1	东西绿灯闪烁计数器

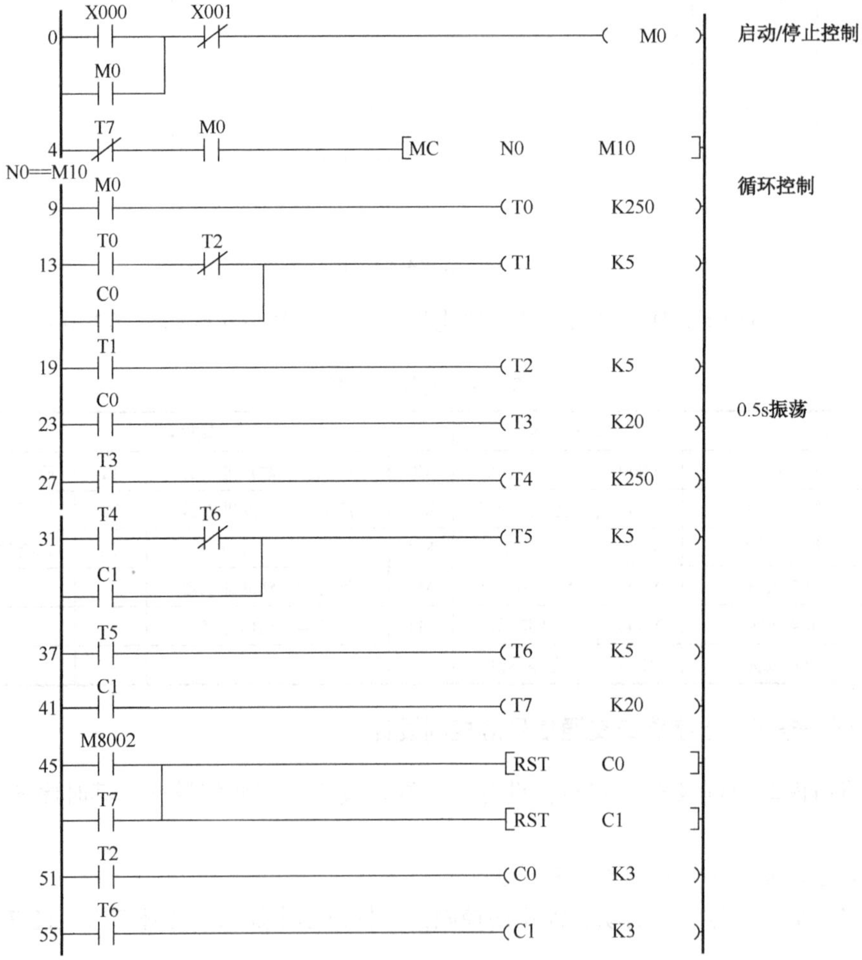

图 7-17　交通信号灯梯形图

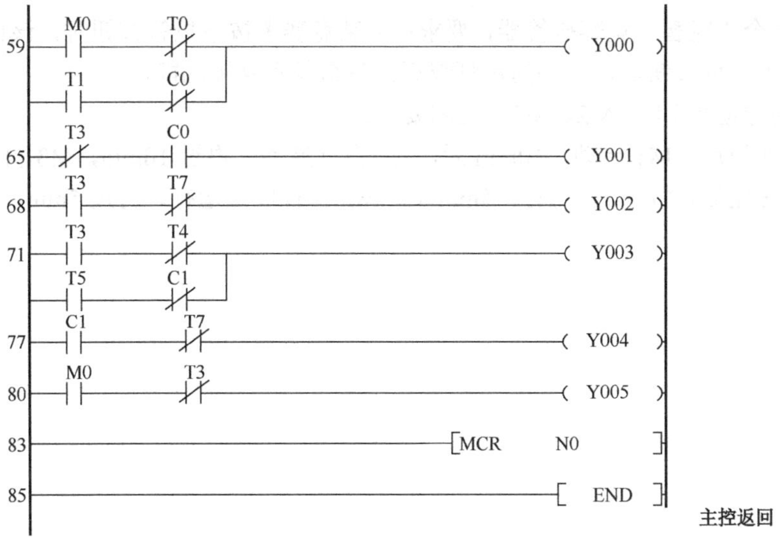

图 7-17　交通信号灯梯形图（续）

知识梳理与小结

PLC 在自动控制技术中占有重要的地位。本项目重点介绍了 PLC 的基本指令编程、实际应用、编程规则等内容。要重点掌握 FX3U 系列 PLC 的 29 条基本指令的应用，理解每一条基本指令的功能和用法。熟练掌握程序的外部电路接线，会将简单的继电器—接触器控制电路转化为梯形图，会根据要求利用基本指令进行程序设计。

练习与提高

1．写出第 1 题图对应的指令表。

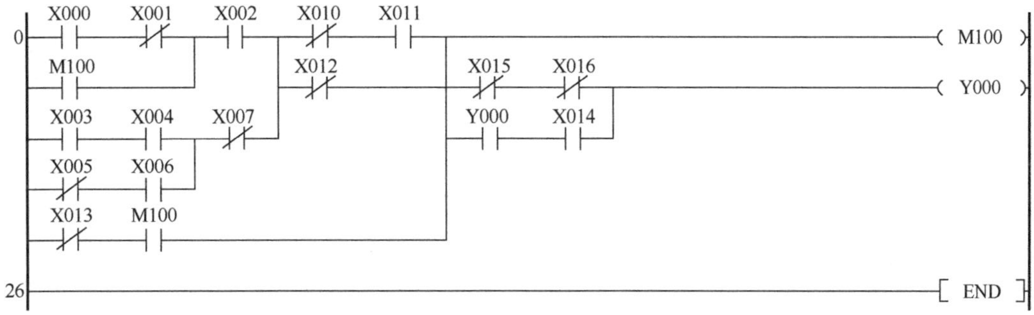

第 1 题图

2．若一段完整的程序结尾没有 END 指令，PLC 在执行时会出现什么现象？

3．设计一个指示灯，控制要求：按下启动按钮后，亮 5s，然后熄灭 5s，重复 5 次后停止工作。试设计该指示灯梯形图并写出指令表。

4．有两台电动机 M1 和 M2，要求：两台电动机可以分别启动和停止；两台电动机可以同时启动和停止。试设计程序实现要求的功能。

5．设计一个 3 组智力竞赛抢答器，要求：当某竞赛者按下抢答按钮时，该台抢答指示灯亮；主持人按下复位按钮后，抢答指示灯熄灭；各组具有互锁功能。

6．有三台电动机 M1、M2、M3，控制要求：

按下启动按钮后，M1 启动，10min 后，M2 自行启动，再过 10min，M3 自行启动。

按下停止按钮后，M3 停止运行，5min 后，M2 自行停止运行，再过 5min，M1 自行停止运行。

项目八　FX3U系列PLC的步进顺序控制指令及其应用

本项目以FX3U系列PLC对三台电动机的步进顺序控制、交通信号灯的步进顺序控制、送料小车的步进顺序控制等为例，系统地介绍了FX3U系列PLC的步进顺序控制指令及其应用。

对于复杂的控制系统，尤其是顺序控制系统，由于系统内部的互锁等关系非常复杂，因此系统的梯形图往往长达数百行甚至更长。另外，如果梯形图不加注释，可读性也会大大降低。鉴于上述原因，三菱PLC提供了两条步进顺序控制指令（STL指令，表示步进；RET指令，表示返回）用于复杂控制系统的编程，同时还提供了大量的状态元件，并使用步进顺序控制编程法编程，从而大大提高了PLC的实用价值和普及率。

教学导航及目标

知识重点	步进顺序控制指令的形式及其实现的功能； 利用步进顺序控制指令编写程序实现预定的控制功能
知识难点	对步进顺序控制指令的理解； 单流程控制程序、选择性分支程序、并行性分支程序的编程； 对预定功能的分析及利用步进顺序控制指令编程的思路
建议教学方式	建议通过引入应用实例来讲解步进顺序控制指令。在讲解过程中，通过将步进顺序控制指令编程和基本指令编程进行对比来加强学生的学习效果。动手操作是学习编程控制的一种重要手段，在教学中可以采用教、学、做一体化的教学方法
建议学时	8学时
知识目标	掌握步进顺序控制指令的基本格式和执行方式等； 掌握单流程控制、多流程控制的编程方法； 学会利用步进顺序控制指令解决实际问题，进一步熟悉GX Works2编程软件的使用，通过学习，提高编程技巧； 掌握顺序功能图的设计方法
技能目标	能熟练运用PLC的步进顺序控制指令编写PLC程序，并进行程序的调试运行，实现预定的控制功能； 能熟练运用步进顺序控制指令解决实际工程问题

任务引入

8.1　应用步进顺序控制指令实现控制任务

流程化作业的自动化控制系统一般都包含若干个状态（也就是工序），当条件满足时，系统能够从一种状态转移到另一种状态，这种控制称为步进顺序控制，也称顺序控制。在本项目中，主要学习步进顺序控制指令，并利用所学内容实现以下任务。

1. 控制任务一：三台电动机的步进顺序控制设计

有三台电动机 M1、M2、M3，按下启动按钮 SB1，电动机 M1 运行；延时 5s 后，电动机 M2 启动，此时，M1、M2 同时运行；再延时 15s，电动机 M3 启动，此时，三台电动机同时运行。本任务的具体内容在 8.2.2 节实施。

2. 控制任务二：十字路口交通信号灯的步进顺序控制设计

控制过程：南北信号灯和东西信号灯同时工作，在 0～50s 期间，南北信号绿灯亮，东西信号红灯亮；在 50～60s 期间，南北信号黄灯亮，东西信号红灯亮；在 60～110s 期间，南北信号红灯亮，东西信号绿灯亮；在 110～120s 期间，南北信号红灯亮，东西信号黄灯亮。本任务的具体内容在 8.2.2 节实施。

3. 控制任务三：送料小车的步进顺序控制设计

某一送料系统由一台小车送料，送料小车动作过程如图 8-1 所示。

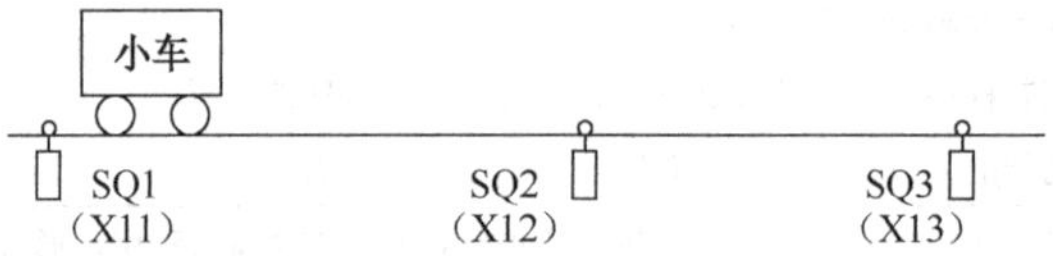

图 8-1　送料小车动作过程

当按下启动按钮 SB1（X1）时，小车从 A 点（SQ1）出发前进（前进距离为 Y1）到 B 点（SQ2），在 B 点停留 5s 后，后退（后退距离为 Y2）到 A 点停止；当按下启动按钮 SB2（X2）时，小车从 A 点出发前进到 C 点（SQ3），在 C 点停留 5s 后，后退到 A 点停止。本任务的具体内容在 8.2.2 节实施。

在下面的内容中，我们将通过学习步进顺序控制指令的相关内容，来逐步完成上述任务。

相关知识及实施

8.2　步进顺序控制指令简述

顺序控制也称步进顺序控制，对应的系统称为顺序控制系统或流程控制系统。在编写顺序控制系统程序时最好使用步进顺序控制编程法。

步进顺序控制编程法是编写 PLC 程序的重要方法。在利用步进顺序控制编程法编程时，将系统的工作过程分解成若干步（状态），并绘制顺序功能图，再依据顺序功能图绘制梯形图同时写出指令表。步进顺序控制编程法可以使程序设计思路清晰，不容易出现遗漏或冲突。在工业绘制领域，尤其是机械控制领域，几乎都采用顺序控制来实现程序的循环控制。

8.2.1　FX3U 系列 PLC 的步进顺序控制指令

1. 指令说明

步进顺序控制指令是专为顺序控制而设计的指令。在工业控制领域中，许多控制过程都可以用顺序控制来实现。使用步进顺序控制指令实现顺序控制既方便实现又便于阅读和修改。

FX3U 系列 PLC 有两条步进顺序控制指令：STL 指令（称为步进接点指令）和 RET 指令（称为步进返回指令）。

STL 指令和 RET 指令只有与状态继电器配合使用才能实现步进顺序控制功能。例如，STL S20 表示状态常开触点，称为 STL 触点，它在梯形图中的符号为

[STL　S0]

它没有常闭触点，用一个状态继电器记录一个工步。若 STL S20 有效（为 ON），则激活 S20 步并执行本步该做的工作，同时判断进入下一步的条件是否满足。一旦转移至下一步的步信号为 ON，则关断 S20 步并进入下一步（如 S21 步）。RET 指令是用来复位 STL 指令的。执行 RET 指令后，PLC 退出步进状态。

表示转移状态的软元件一般为状态继电器。状态继电器有如下 5 种类型。

- 初始状态继电器：S0～S9，共 10 点。
- 回零状态继电器：S10～S19，共 10 点。
- 通用状态继电器：S20～S499，共 480 点。
- 断电保持状态继电器：S500～S899，共 400 点。
- 报警状态继电器：S900～S999，共 100 点。

2. 顺序功能图

一个顺序控制过程可分为若干步（也称阶段或状态），每个步都有不同的动作。当相邻两步之间的转换条件满足时，就实现转换，即由上一个步转换到下一个步，顺序功能图用来描述这种步进顺序控制过程。顺序功能图（SFC）也称状态转移图或流程图，主要由步、动作、有向连线、转移条件组成。

步：步分为活动步（正在运行的步）和非活动步（没有运行的步）。

动作：步方框右边用线条连接的符号为本步的工作对象（驱动对象），称为动作。当状态继电器或辅助继电器接通时，工作对象通电动作。

有向连线：有向连线表示步的转移方向。在画顺序功能图时，将代表各步的方框按先后顺序排列，并用有向连线将它们连接起来。表示从上到下或从左到右这两个方向的有向连线的箭头可以省略。

转移条件：转移条件用与有向连线垂直的短画线来表示，将相邻两步隔开。转移条件标

注在与有向连线垂直的短画线的旁边。转移条件是与转移逻辑相关的触点，可以是常开触点、常闭触点或两者的串联和并联组合。

用状态继电器记录每个步，X 为转移条件。例如，当 X1 为 ON 时，则由 S20 步转换为 S21 步，如图 8-2 所示。

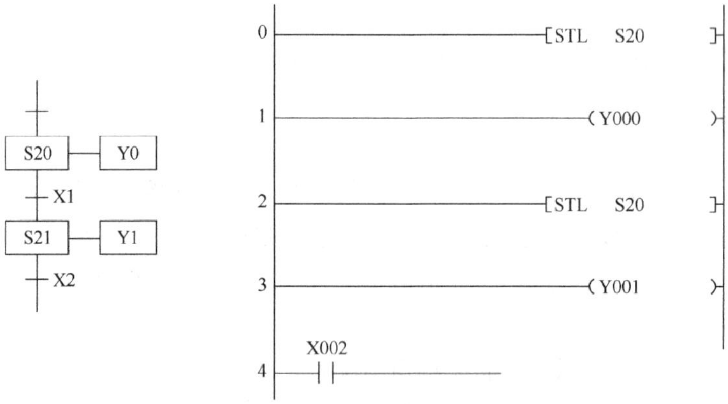

图 8-2　顺序功能图与梯形图

顺序功能图中的每一步包含 3 部分内容（称为 3 要素），即本步驱动的内容、转移条件及转移目标。例如，图 8-2 中的 S20 步驱动 Y0，当 X1 有效（为 ON）时，则由 S20 步转换为 S21 步，X1 为转移条件，转移目标为 S21 步。其中，转移目标和转移条件是必不可少的，而驱动动作则视具体情况而定，也可能没有实际的驱动动作。驱动与转移的关系：先进行驱动处理，然后进行转移处理，两者不能颠倒。

3. 步进顺序控制指令的使用注意事项

① 与 STL 触点相连的指令应为 LD 指令或 LDI 指令，只有执行完 RET 指令后才返回左侧母线。驱动动作由 OUT 指令实现，STL 触点可直接驱动或通过别的触点驱动输出继电器、辅助继电器、状态继电器、计时器等软元件的线圈。当同一负载需要连续多步驱动时可使用多重输出，也可使用 SET 指令将负载置位，当负载不需要驱动时再用 RST 指令将其复位。

② 由于 PLC 只执行活动步对应的电路块，所以在使用 STL 指令时允许双线圈输出。

③ STL 触点驱动的电路块中不能使用 MC 指令和 MCR 指令，但可以用 CJ 指令。在转移条件对应的电路中，不能使用 ANB 指令、ORB 指令、MPS 指令、MRD 指令、MPP 指令，可先将转移条件转化成驱动某一继电器，再将继电器相应触点作为转移条件。

④ 步与步之间的转换需要满足两个条件：前级步必须是活动步；对应的转移条件要成立。一旦后续步成为活动步，前级步就要复位，即成为非活动步。

⑤ 绘制顺序功能图注意事项：步与步之间必须用转移条件隔开；转移条件和转移条件之间必须用步隔开；步和转移条件之间用有向线段连接。正常绘制顺序功能图的方向是从上到下或从左到右；表示从上到下或从左到右这两个方向的有向连线的箭头可以省略；先进行驱动处理，后进行转移处理，二者不能颠倒。驱动处理就是当前步的输出处理，转移处理就是根据转移方向和转移条件实现向下一步的转移。

8.2.2　步进顺序控制指令的应用

按照流程是否有分支及分支情况，顺序功能图可分为如图 8-3 所示的 4 类。

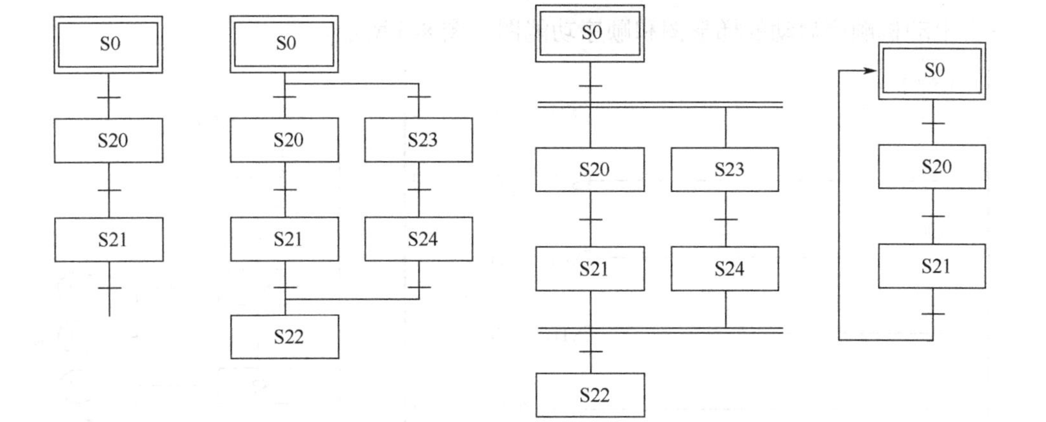

（a）单分支顺序功能图　（b）选择分支顺序功能图　（c）并行分支顺序功能图　（d）循环分支顺序功能图

图 8-3　顺序功能图的分类

1. 单分支步进顺序控制

有三台电动机 M1、M2、M3，按下启动按钮 SB1 后，电动机 M1 运行；延时 5s 后，电动机 M2 启动，此时 M1、M2 同时运行；再延时 15s，电动机 M3 启动，此时三台电动机同时运行。三台电动机顺序启动示意图如图 8-4 所示。三台电动机顺序启动接线图如图 8-5 所示。

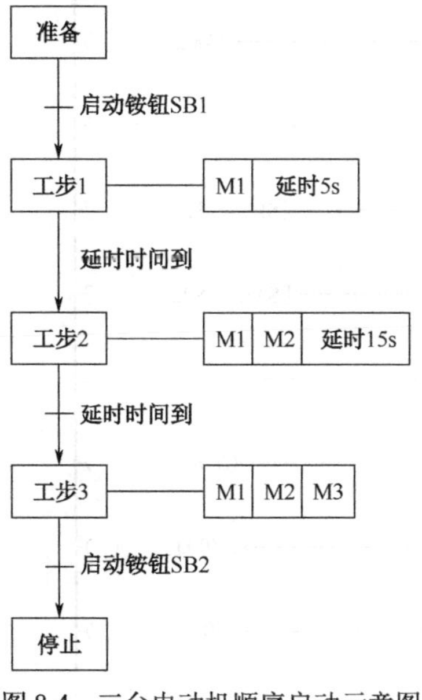

图 8-4　三台电动机顺序启动示意图

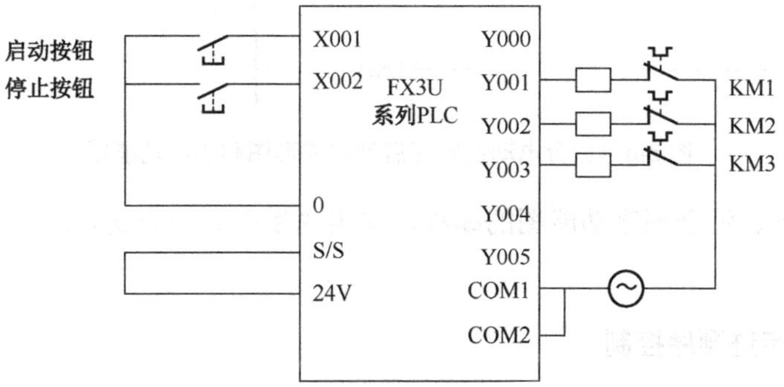

图 8-5　三台电动机顺序启动接线图

三台电动机顺序启动的梯形图和顺序功能图如图8-6所示。

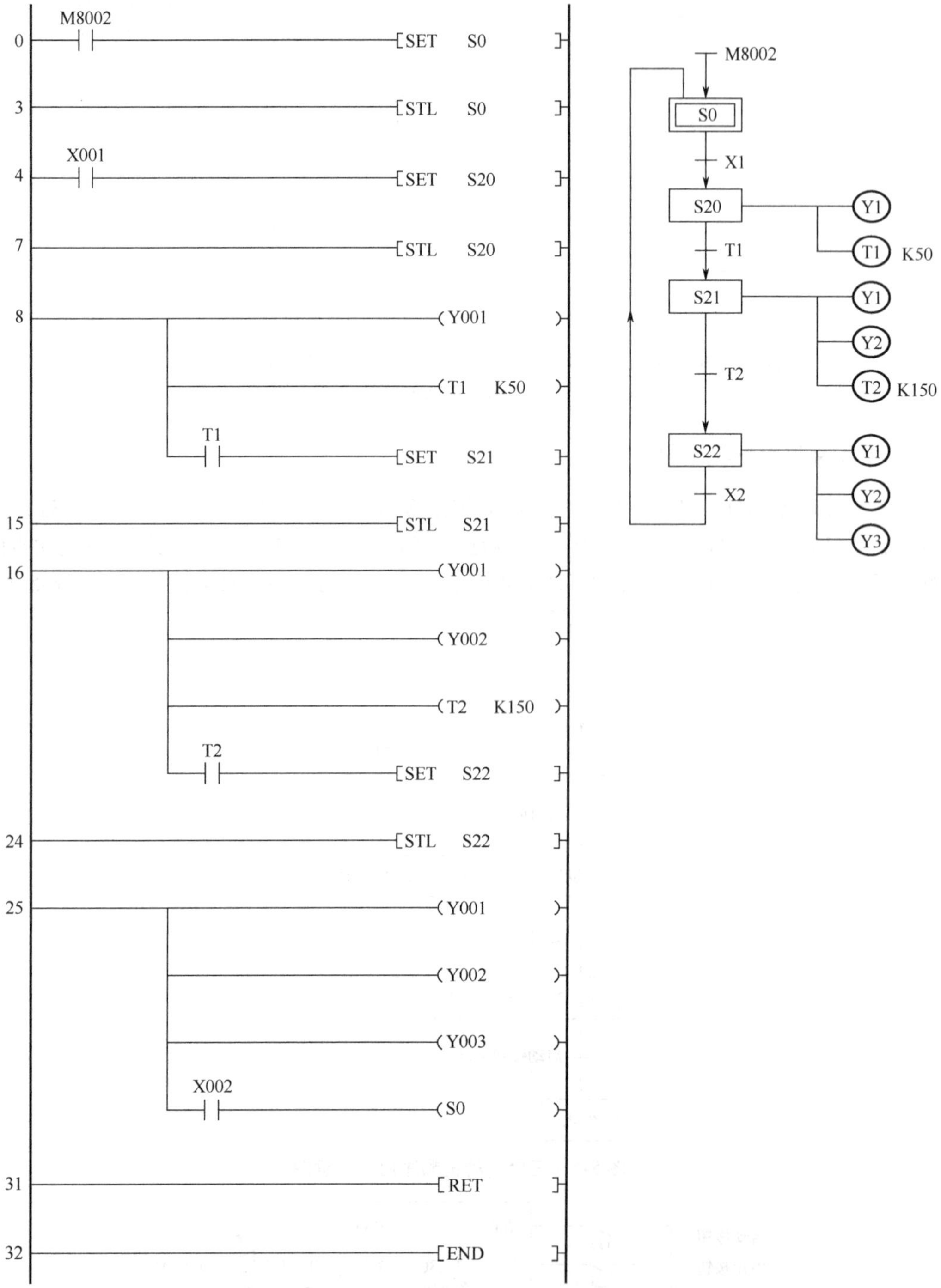

图8-6　三台电动机顺序启动的梯形图和顺序功能图

对于选择分支、汇合顺序功能图的编程，采用先集中处理分支状态，后集中处理汇合状态的原则。

2. 并行分支步进顺序控制

并行分支的特点是当转移条件满足时，同时执行几条分支，各分支结束后，才汇合向下一状态转移。

交通信号灯一个周期（120s）的时序图如图 8-7 所示。南北信号灯和东西信号灯同时工作，在 0～50s 期间，南北信号绿灯亮，东西信号红灯亮；在 50～60s 期间，南北信号黄灯亮，东西信号红灯亮；在 60～110s 期间，南北信号红灯亮，东西信号绿灯亮；在 110～120s 期间，南北信号红灯亮，东西信号黄灯亮。交通信号灯接线图如图 8-8 所示。

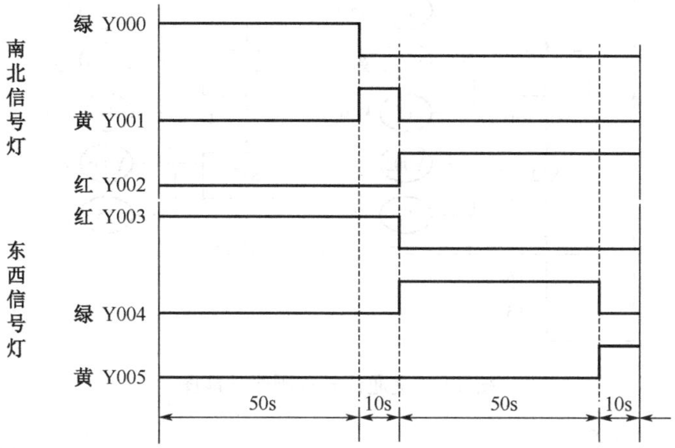

图 8-7　交通信号灯一个周期的时序图

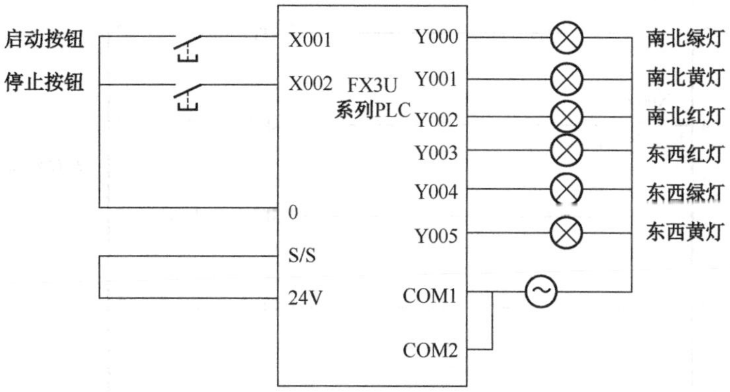

图 8-8　交通信号灯接线图

根据交通信号灯的时序图，可画出其顺序功能图，如图 8-9 所示，由于东西方向和南北方向的信号灯同时动作，故采用并行分支绘制。

当 S0 步为活动步时，若 X000 接通，则 S20 步和 S30 步同时动作，两个分支并行运行。当两个分支流程运行全部结束后，若满足汇合条件，即 T2 和 T5 为 ON，则汇合步转移至 S0 步，同时 S22 步和 S32 步复位。并联分支在汇合前，各步后面不能使用转移条件，即图 8-9 中的 X000 必须放在 S0 步后面，而不能放在 S20 步和 S30 步前面；在转移条件后不允许并行汇合，即图 8-9 中的 T2 和 T5 必须在汇合线之后，而不能直接放在 S22 步和 S32 步之后作为各自的转移条件。

根据交通信号灯的顺序功能图，绘制梯形图，如图 8-10 所示。

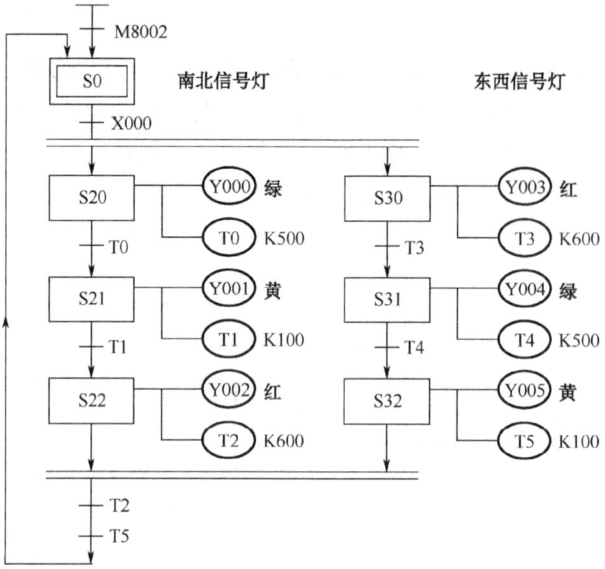

图 8-9　交通信号灯顺序功能图

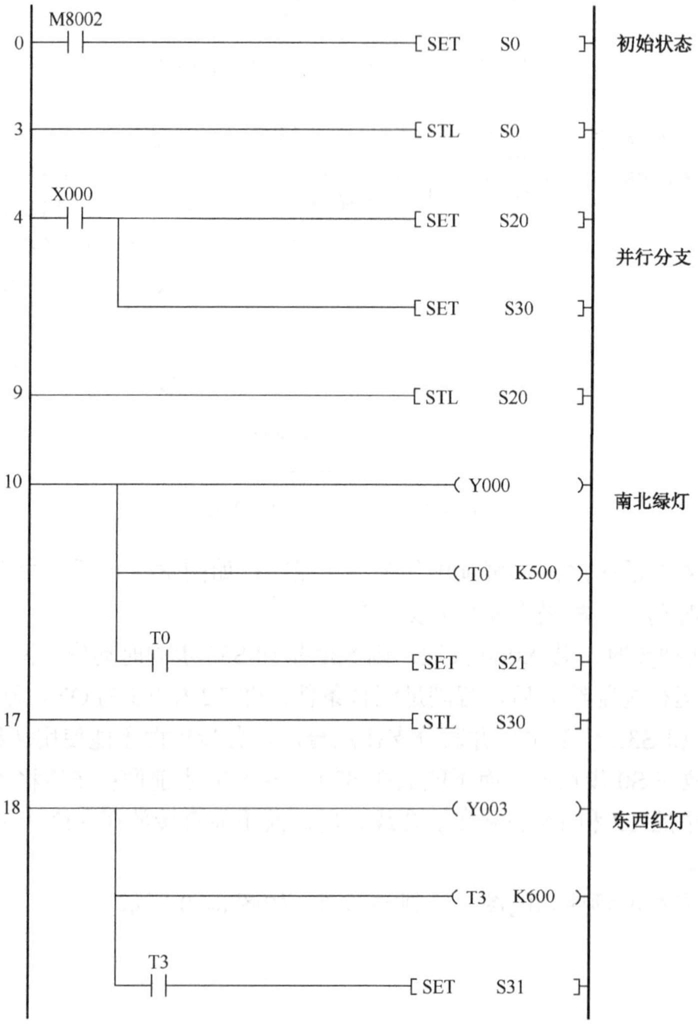

图 8-10　交通信号灯梯形图

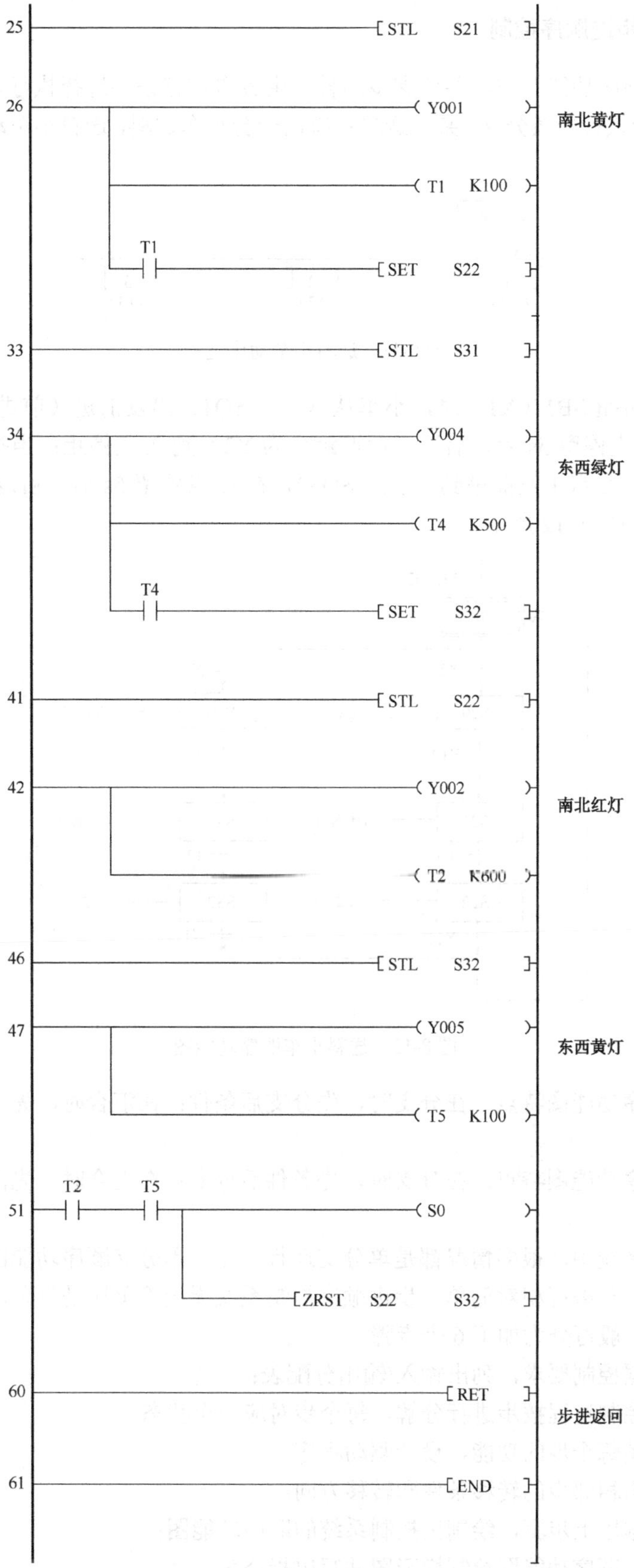

图 8-10　交通信号灯梯形图（续）

3. 选择分支步进顺序控制

在选择分支顺序功能图中，各分支步的转移由各自转移条件选择执行，不能同时进行多条分支，一次只能执行一条分支。某一送料系统由一台小车送料，送料小车动作过程如图8-11所示。

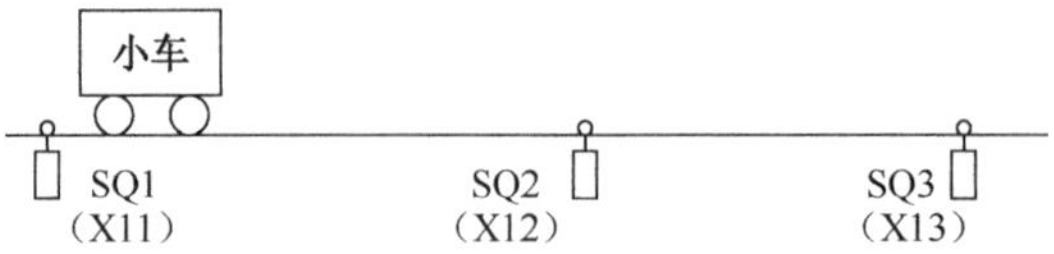

图8-11　送料小车动作过程

当按下启动按钮SB1（X1）时，小车从A点（SQ1）出发前进（前进距离为Y1）到B点（SQ2），在B点停留5s后，后退（后退距离为Y2）到A点停止；当按下启动按钮SB2（X2）时，小车从A点出发前进到C点（SQ3），在C点停留5s后，后退到A点停止。送料小车顺序功能图如8-12所示。

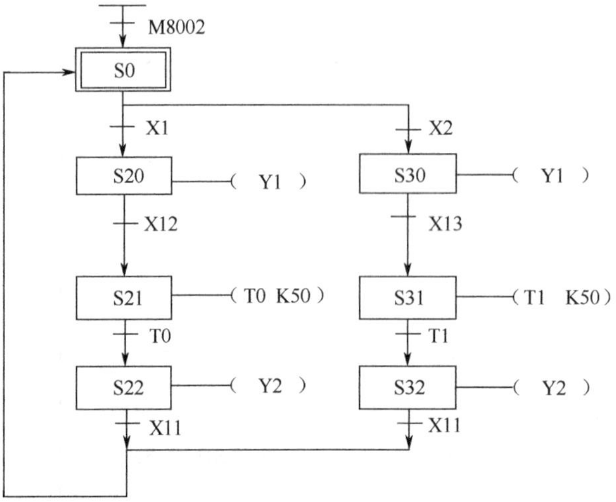

图8-12　送料小车顺序功能图

选择分支顺序功能图特点：在分支时，先分支后条件；在汇合时，先条件后汇合，各分支不能同时进行。

并行分支顺序功能图特点：在分支时，先条件后分支；在汇合时，先汇合后条件，各分支同时进行。

在自动控制系统中，很多情况都是单分支运行，由于单分支顺序功能图的步转移只有一个顺序，因此设计和编程相对简单。步进顺序控制系统无论简单还是复杂，其设计和编程的步骤基本相同，一般可分为如下6个步骤。

第1步：根据控制要求，列出输入/输出分配表；

第2步：对控制过程按步进行分解，每个步对应一个状态；

第3步：清楚每个步的功能，设计驱动程序；

第4步：找出相邻步的转移条件和转移方向；

第5步：根据以上步骤，绘制出控制系统的顺序功能图；

第6步：根据顺序功能图绘制梯形图并写出指令表。

8.2.3　顺序功能图的输入

下面以送料小车控制任务为例，介绍如何在软件中输入顺序功能图。

打开 GX Works2 编程软件，新建工程，如图 8-13 所示。在“程序语言”中选择 SFC 选项，然后单击“确定”按钮。

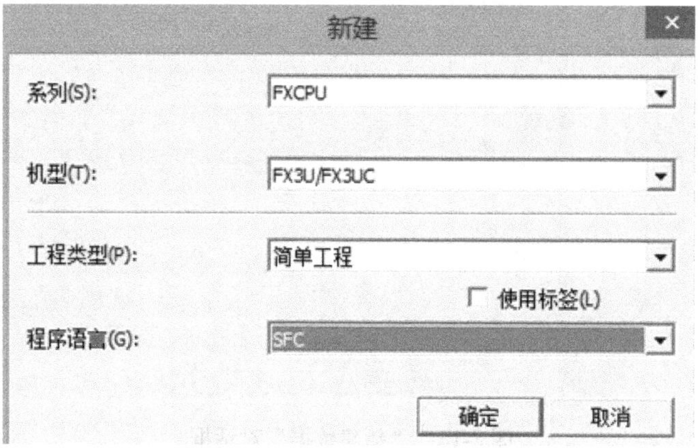

图 8-13　新建工程

弹出如图 8-14 所示的“块信息设置”窗口，在“标题”中输入“初始状态”“块类型”选择“梯形图块”，单击“执行”按钮。

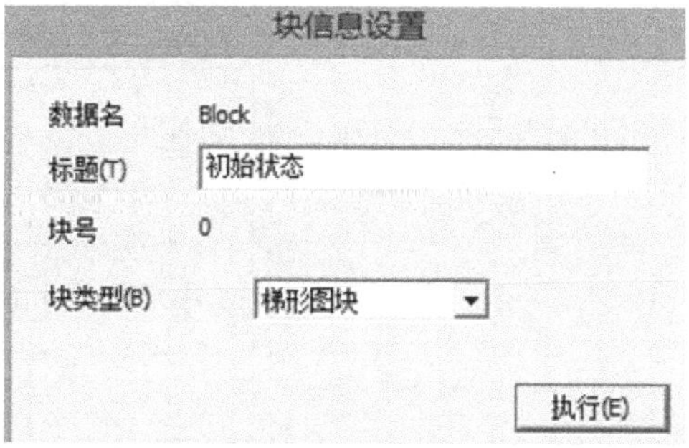

图 8-14　“块信息设置”窗口

在弹出的界面中输入 S0 状态的置位指令并转换，如图 8-15 所示。

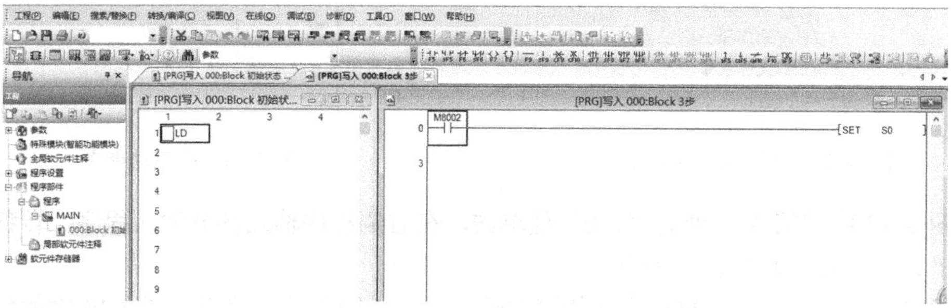

图 8-15　初始化

将光标放置在图 8-15 左侧“MAIN”处，右击弹出“新建数据”对话框，如图 8-16 所示。

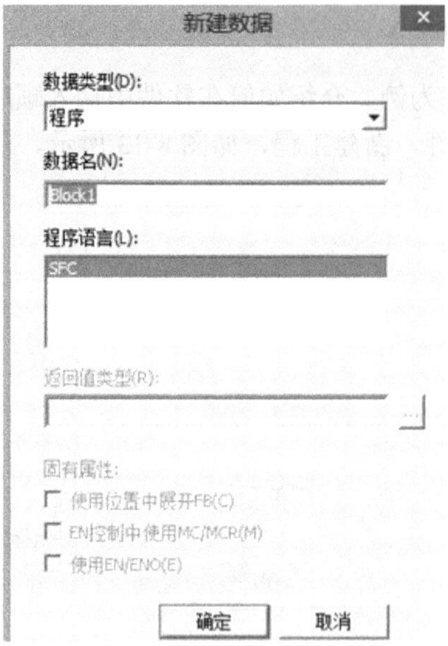

图 8-16　“新建数据”对话框

单击“确定”按钮后可以输入标题块名称，也可以采用默认的名称 Block1，如图 8-17 所示。

根据如图 8-12 所示的送料小车顺序功能图，在软件中输入如图 8-18 所示的顺序功能图。

图 8-17　输入标题块名称

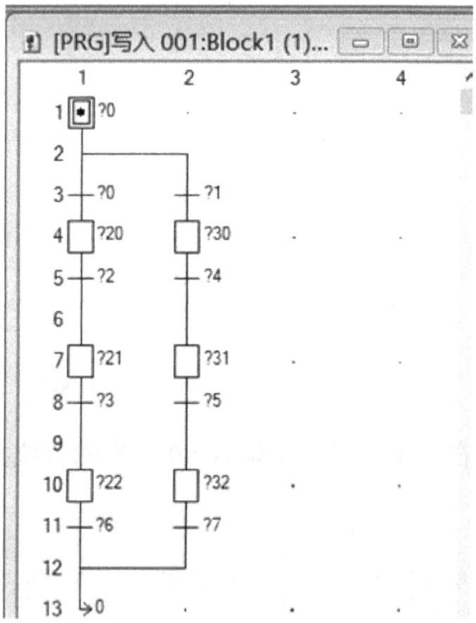

图 8-18　顺序功能图

在图 8-18 中的第 3 步处的“？0”处单击，在右侧程序输入部分输入程序。转移后发现此处的“？”消失，如图 8-19 所示。

采用以上方法，完成完整顺序功能图的输入。完成输入并转移后，图 8-19 中的问号将消失。下面，将顺序功能图转换为梯形图。依次单击“工程”→“工程类型更改”可以将顺序功能图转换为梯形图，如图 8-20 所示。

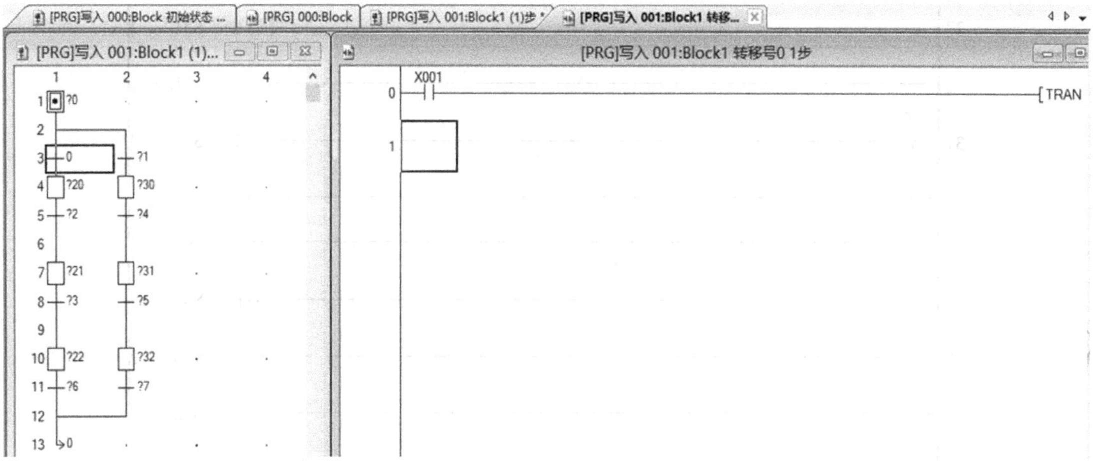

图 8-19　程序输入

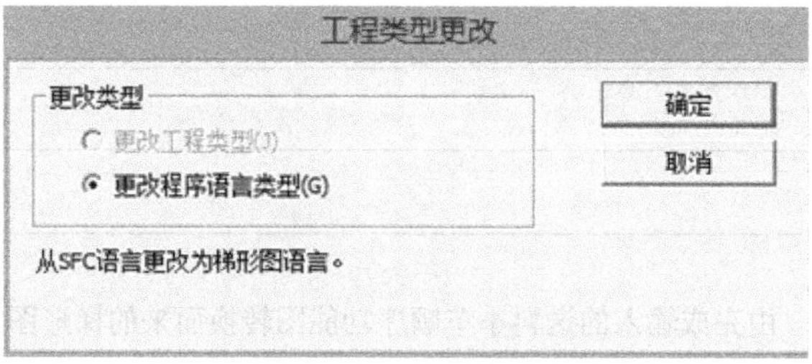

图 8-20　更改工程类型

由完成输入的送料小车顺序功能图转换而来的梯形图如图 8-21 所示。

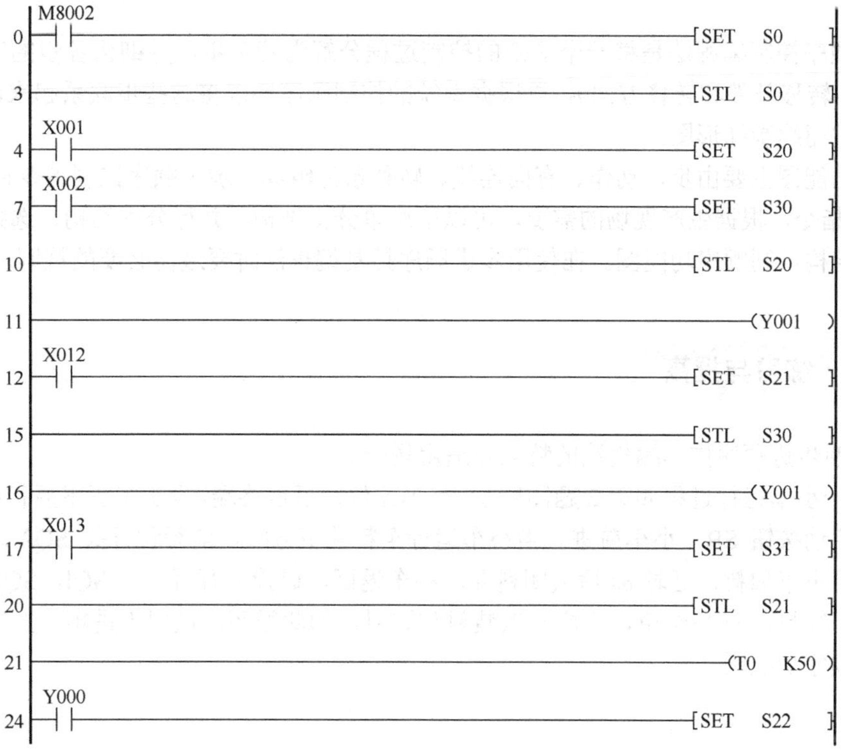

图 8-21　由完成输入的送料小车顺序功能图转换而来的梯形图

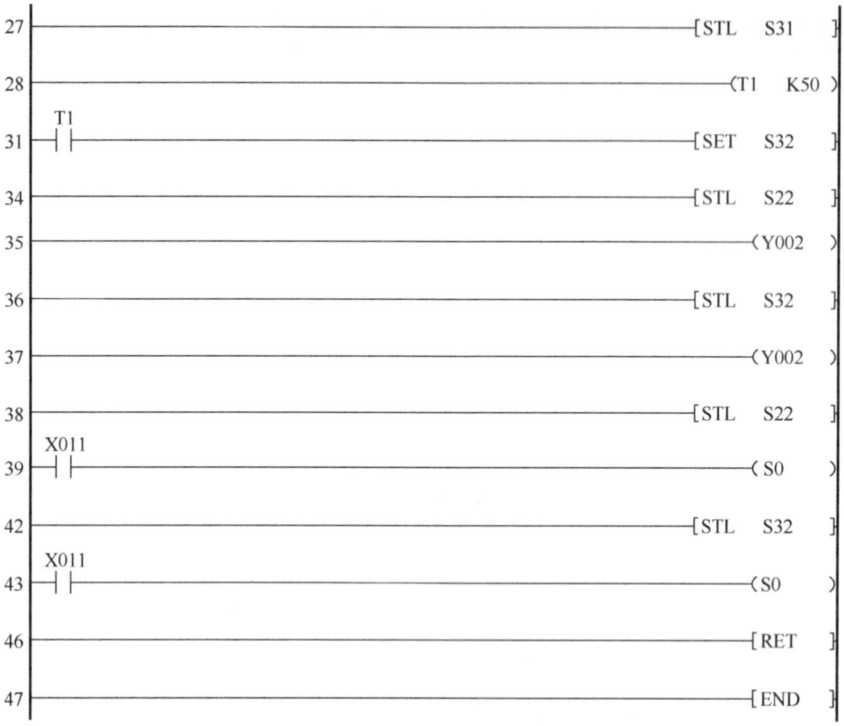

图 8-21　由完成输入的送料小车顺序功能图转换而来的梯形图（续）

知识梳理与小结

步进顺序控制编程法是将一个复杂的控制过程分解为若干步，并细化各步的工作（步驱动的内容、转移条件和转移方向），再根据系统的控制顺序要求将这些步联系起来，形成顺序功能图，进而编制梯形图。

顺序功能图主要由步、动作、有向连线、转移条件组成。步进顺序控制指令包括 STL 指令和 RET 指令。根据生产现场的需要，可以采用单分支结构、并行分支结构、选择分支结构循环分支结构绘制顺序功能图。在使用步进顺序控制编程法时要遵循必要的规则。

练习与提高

1. 说明步进顺序控制编程法的特点及适用场合。

2. 有一小车运行过程如第 2 题图所示。小车原位在后退终端，当小车压下后行程开关 SQl 时，按下启动按钮 SB，小车前进。当小车运行至料斗下方时，前行程开关 SQ2 动作，此时打开料斗给小车加料，延时 8s 后关闭料斗。小车返回，碰撞后行程开关 SQl，SQ1 动作，打开小车底门卸料，6s 后结束，完成一次装料和卸料，如此循环。试用步进顺序控制编程法设计该小车顺序功能图。

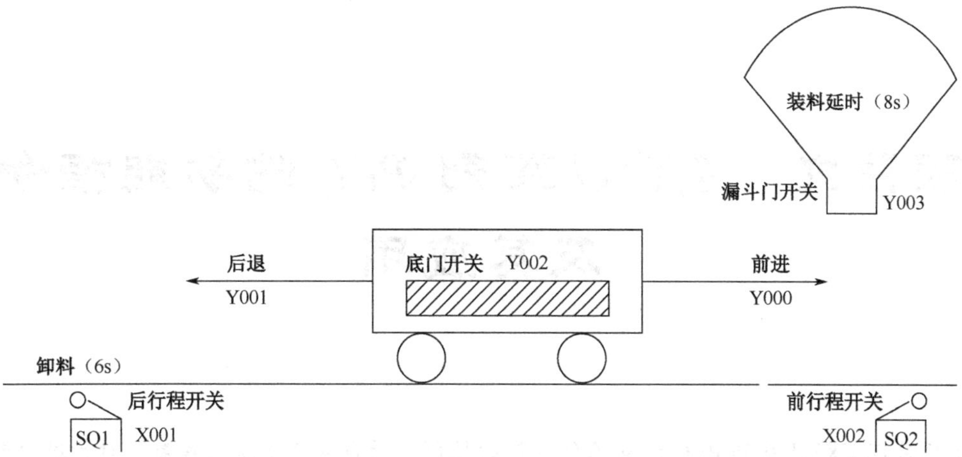

第 2 题图

3．试绘制第 3 题图对应的梯形图。

4．某冷加工自动生产线有一个钻孔动力头。钻孔动力头的加工过程如第 4 题图所示，试编写控制程序。

（1）动力头在原位，加上启动信号（SB）接通电磁阀 YV1，动力头快进；

（2）动力头碰到行程开关 SQ1 后，接通电磁阀 YV1、YV2，动力头由快进转为工进；

（3）动力头碰到行程开关 SQ2 后，开始延时，时间为 10s；

（4）当延时时间到达，接通电磁阀 YV3，动力头快退；

（5）动力头退回原位后，停止。

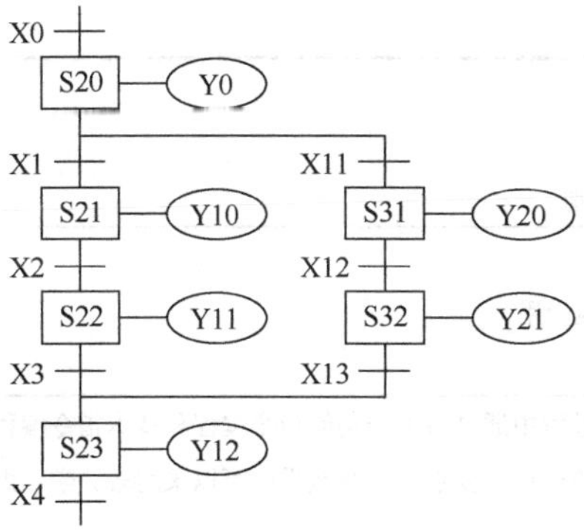

第 3 题图

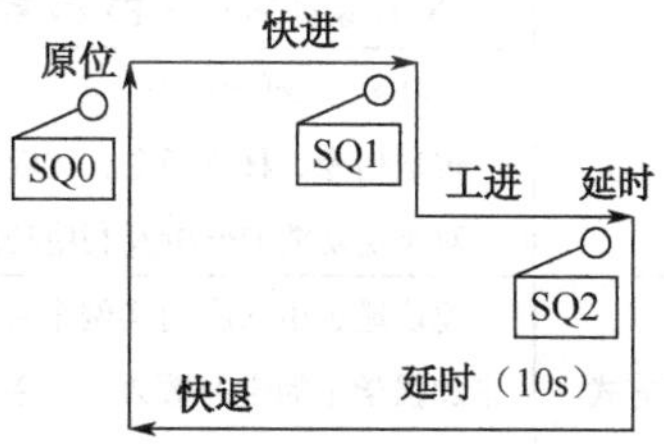

第 4 题图

项目九　FX3U 系列 PLC 的功能指令及其应用

本项目以 FX3U 系列 PLC 对交通信号灯的控制、对自动售货机的控制、对步进电动机的控制、对抢答器的控制等为例，系统地介绍了 FX3U PLC 的功能指令及应用。

功能指令是 PLC 应用中的一项重要内容，是 PLC 实现数据处理功能的重要标志。由于数据处理远比逻辑处理复杂，故功能指令无论在梯形图的表达形式上，还是在编程思路及信息的数量上都有一定的特殊性。现代工业控制在许多场合都需要进行数据处理，因而 PLC 制造商在 PLC 中引入功能指令，用于数据的传送、运算、变换及程序控制等，这使得 PLC 成了真正意义上的计算机。功能指令实际是许多应用完整的子程序，可以大大提高 PLC 的实用价值和普及率。

教学导航及目标

知识重点	常用功能指令的形式及其所实现的功能； 利用功能指令编写程序实现预定的控制功能； FX3U 系列 PLC 与 FX2N 系列 PLC 在使用时的区别
知识难点	对功能指令的理解； 传送指令、移位指令、比较指令等功能指令的编程应用； 对预定功能的分析及利用功能指令编程的思路
建议教学方式	建议通过引入应用实例来讲解功能指令。在讲解过程中通过将部分功能指令编程和基本指令编程进行对比来加强学生的学习效果。动手操作是学习编程控制的一种重要手段，在教学中可以采用教、学、做一体化的教学方法
建议学时	32 学时
知识目标	掌握功能指令的基本格式、表示方式、数据长度和执行方式等； 掌握传送指令、比较指令、移位指令等常用功能指令的使用方法； 学会利用功能指令解决实际问题的编程方法，进一步熟悉 GX Works2 编程软件的使用，通过学习，提高编程技巧。
技能目标	能熟练运用 PLC 的基本指令和功能指令编写 PLC 程序，并进行调试运行，实现预定功能； 能熟练运用功能指令解决实际工程问题

任务引入

9.1　应用功能指令实现控制任务

FX3U 系列 PLC 的功能指令非常多，功能指令的编号为 FNC00～FNC295。在本项目中，主要介绍功能指令，并利用功能指令实现以下控制任务。

1. 控制任务一：交通信号灯的控制设计

控制过程如下，南北方向的红灯亮 23s，然后黄灯亮 2s，然后绿灯亮 20s，然后绿灯闪烁 3s，然后黄灯亮 2s。同时东西方向的绿灯亮 20s，然后绿灯闪烁 3s，然后黄灯亮 3s，然后红灯亮 2s。本任务的具体内容在 9.3.3 节实施。交通信号灯的控制要求如表 9-1 所示。

表 9-1　交通信号灯的控制要求

<table>
<tr><td rowspan="2">东西方向</td><td>绿灯亮</td><td>绿灯闪烁</td><td>黄灯亮</td><td colspan="2">红灯亮</td><td>黄灯亮</td></tr>
<tr><td>20s</td><td>以 1s 频率闪烁 3s</td><td>2s</td><td colspan="2">23s</td><td>2s</td></tr>
<tr><td rowspan="2">南北方向</td><td colspan="2">红灯亮</td><td>黄灯亮</td><td>绿灯亮</td><td>绿灯闪烁</td><td>黄灯亮</td></tr>
<tr><td colspan="2">23s</td><td>2s</td><td>20s</td><td>以 1s 频率闪烁 3s</td><td>2s</td></tr>
</table>

2. 控制任务二：4 路抢答器的控制设计

设计一个用 7 段数码管显示的 4 路抢答器。有主持人总台及各个参赛队分台，总台设有总台开始按钮及总台复位按钮。分台设有分台指示灯、分台抢答按钮。系统初始上电后，主持人在总台上单击总台开始按钮后，允许各队人员开始抢答，即各分台抢答按钮有效。在抢答过程中，4 个队中的任何一队抢先按下各自的抢答按钮（S1、S2、S3、S4）后，该队所在分台的分台指示灯（L1、L2、L3、L4）点亮，同时 7 段数码管显示当前的队号，并互锁其他队的电路，使其他队继续抢答无效。主持人对抢答状态确认后，单击总台复位按钮后，清除显示数码，系统又继续允许各队人员开始抢答，直至又有一队抢先按下所在分台的分台抢答按钮。本任务的具体内容在 9.4.4 节实施。

3. 控制任务三：运料小车的控制设计

某生产线有一运料小车，生产线有 5 个站点，在任意站点呼叫小车时，小车能自动运行至该站点。本任务的具体内容在 9.4.4 节实施。

4. 控制任务四：自动售货机的控制设计

自动售货机的自动控制系统主要包括计币系统、比较系统、选择系统、饮料供应系统、退币系统和报警系统。本任务的具体内容在 9.5.2 节实施。

计币系统：当有顾客买饮料时，投入的钱币经过感应器，感应器记忆所投钱币的个数并将数据传送到检测系统（电子天平）和计币系统。叠加的钱币数据存放在数据寄存器中。

比较系统：钱币投入完毕后，系统会把数据寄存器内钱币数据和可以购买饮料的价格进行区间比较，当投入的钱币数额小于 2 元时，指示灯 EL1 亮，显示投入的钱币数额不足，此时可以选择继续投币或退币，当投入的钱币数额在2～3元之间时，汽水选择指示灯常亮；当投入的钱币数额大于3元时，汽水和咖啡的选择指示灯同时常亮，此时可以选择饮料或退币。

选择系统：比较完成后，选择电路指示灯常亮；当按下汽水或咖啡的选择按钮后，相应的选择指示灯转为以1s为周期的闪烁状态；当饮料供应完毕时，闪烁停止。

饮料供应系统：当按下选择按钮时，相应的电磁阀（YV1 或 YV2）和电动机（KM1、KM2）同时启动。在饮料输出的同时，减去购买饮料的钱币数额。当饮料输出达到8s时，电磁阀首先关断，电动机继续工作0.5s后停机。这里的电动机延长工作0.5s起到使电磁阀加压的作用，使电磁阀可以完好地关断。

退币系统：当顾客购买完饮料后，只要按下退币按钮就可以进行多余钱币的退币。在选择退币的同时，3个退币电动机启动，分别退币1元、5角、1角。相应的3个感应器开始计数，当感应器记录的个数等于数据寄存器退回的钱币个数时，电动机停止运行。

报警系统：如果汽水或咖啡数量不足时要有信号输出，同时停止服务，避免造成顾客的损失。

5. 控制任务五：三相步进电动机的控制设计

利用位移指令实现三相步进电动机的正反转和调速控制。本任务的具体内容在9.6.2节实施。

6. 控制任务六：单开关控制5台电动机的顺序控制设计

用一个开关实现5台电动机每隔6s顺序启动控制。本任务的具体内容在9.7.2节实施。

7. 控制任务七：用步进电动机进行定位控制设计

利用步进电动机的定位控制，将料箱里的物料通过料斗分装到3个不同的容器中。本任务的具体内容在9.9.2节实施。

相关知识及实施

在前面的项目中已经介绍了基本指令的应用方法，一条基本指令只完成一个特定的操作，如触点的接通、线圈的输出等。而一条功能指令能完成一系列的操作，如四则运算、移位显示等，相当于执行了一个子程序。功能指令用于运动控制、模拟量控制等场合时功能更强大、编程更精练。

在下面的内容中，我们将通过学习功能指令的相关内容，来逐步完成上述任务。

9.2　功能指令简述

在FX3U系列PLC中，不仅有数据传送指令、数据比较指令、四则运算指令、逻辑运算指令、移位指令等基本功能指令，还有输入/输出刷新指令、中断指令、高速计数器专用比较指令、高速脉冲输出指令等高速处理指令，同时还有在顺序控制中将机械控制的常规动作程序封装化的初始化状态指令等。

9.2.1　功能指令的通用格式

在三菱 PLC 中，功能指令也称应用指令。功能指令常用应用框表示。功能指令的基本表示形式如图 9-1 所示。

图 9-1　功能指令的基本表示形式

图 9-1 中的常开触点 X001 是功能指令的执行条件，其后的方框为应用框。用框分栏表示功能指令的名称、相关数据或数据的存储地址。在使用功能指令时，需要注意功能指令的基本格式及使用要素，相关使用要素如下。

（1）功能指令编号。每条功能指令都有对应的编号。在使用简易编程器的场合输入功能指令时，首先输入的是功能指令编号。图 9-1 中的 FNC12 的就是功能指令编号。

（2）助词符。MOV 是如图 9-1 所示功能指令的助词符。采用助词符方式容易了解功能指令的功能。

（3）数据类型。功能指令可以处理的数据的长度有 16 位指令和 32 位指令。其中，32 位指令用“D”表示，无“D”的为 16 位指令。

（4）执行形式。功能指令有脉冲执行型和连续执行型两种执行形式。功能指令中标有(P)的为脉冲执行型指令，脉冲执行型指令在执行条件满足时仅执行一个扫描周期，这对数据处理有很重要的意义。例如，在执行脉冲执行型加法运算指令时，若条件满足，只将加数和被加数进行一次加法处理。而连续执行型加法运算指令在执行条件满足时，每个扫描周期都要相加一次。

（5）操作数。操作数是功能指令涉及或产生的数据。操作数分为源操作数、目标操作数及其他操作数。源操作数是指令执行后不改变操作数内容的操作数，用[S]表示，如果源操作数不止一个，用[S1]、[S2]表示。目标操作数是指令执行后改变操作数内容的操作数，用[D]表示，如果目标操作数不止一个，用[D1]、[D2]表示。其他操作数用 m 与 n 表示。其他操作数常用来表示常数，或者对源操作数和目标操作数进行补充说明。其他操作数表示常数时，K 为十进制，H 为十六进制，如 K100，H11 等。

9.2.2　功能指令的数据结构

功能指令的操作数的数据长度有 16 位和 32 位两种。功能指令构成数据的方法如下。

（1）位元件与位元件的组合。

只处理 ON/OFF 状态的软元件称为位元件，如 X、Y、M、S。位元件的组合也可以作为数值数据进行处理。将位元件进行组合，以 KnP 的形式表示，每组由 4 个连续的位元件组成，P 表示位元件的首地址，n（n=1,2,3…8）表示组数。4 个单元（K4）组成 16 位操作数，如 K4M0 表示由 M0～M15 组成的 16 个位操作数，这样的操作数称为位组合元件。当一个 16 位数据传送到 K1M0、K2M0、K3M0 时，只传送相应的低位数据，高位数据溢出。在处理一个 16 位操作数时，参与操作的位元件由 K1～K4 指定，若仅由 K1～K3 指定，不足部分的高位补 0 处理，这意味着只能处理正数（符号位为 0）。参与组合的位元件的首地址（如 K4M0 中的 M0)可以是任意的，习惯上采用以 0 结尾的元件，如 M0，M100 等，即组合表示为 K1X10、K4Y0、K2M100 等。

（2）字元件。

处理数据的软元件称为字元件，如 D，以及 T 和 C 的设定值寄存器、当前值寄存器等。一个字由 16 个二进制位组成。在处理 32 位数据（双字）时，用符号 D 表示，如图 9-1 中的 [D]、DMOV、D0、D10。相邻的两个数据寄存器组成数据寄存器对，如图 9-1 中的指令将 D1 和 D0 中的 32 位数据传送到 D11 和 D10，D10 中为低 16 位数据，D11 中为高 16 位数据。为了避免出现错误，建议首地址统一用偶数编号。指令前面没有 D 时表示 16 位数据。32 位计数器 C200～C255 不能用作 16 位指令的操作数。

（3）BCD 码。

BCD 码：用四位二进制数代表十进制数。因为在现实生活中一般使用的都是十进制数据，而 PLC 使用的是二进制数据，所以在某些时候，为了使显示出来的数值更符合人们的生活习惯就需要使用 BCD 码。

例如，十进制数据 11 表示成二进制数为 1101；表示成十六进制数为 B；在 PLC 的寄存器中转换成 BCD 码时，则表示为 0001 0001。

例：(22)十进制＝(10110)二进制＝(16)十六进制＝(00100010)BCD。

二进制、十进制、十六进制和 BCD 码的对照表如表 9-2 所示。

表 9-2　二进制、十进制、十六进制和 BCD 码的对照表

十进制	二进制	十六进制	BCD 码	十进制	二进制	十六进制	BCD 码
0	0000	0	0000	8	1000	8	1000
1	0001	1	0001	9	1001	9	1001
2	0010	2	0010	10	1010	A	0001 0000
3	0011	3	0011	11	1011	B	0001 0001
4	0100	4	0100	12	1100	C	0001 0010
5	0101	5	0101	13	1101	D	0001 0011
6	0110	6	0110	14	1110	E	0001 0100
7	0111	7	0111	15	1111	F	0001 0101

下面以无符号数值为例介绍字节、字、双字的使用场合。一个字节的最大数值就是所有位的状态都是 1，即 8 个 1

1	1	1	1	1	1	1	1

换算成十进制为 255。也就是说，对于一字节的存储空间，如果是无符号数值，最大存储的数值为 255（如果是有符号数值，最高位为符号位，最高位为 0 表示正值，最高位为 1 表示负值，其余 7 位为数值的大小），如果存储大于 255 的数值，那就需要使用更大的存储空间，如字、双字。

一字节只能存储最大数值为 255 的十进制数（无符号），而字的数值存储范围为-32768～+32767。如果存储的数值大于一个字的数值存储范围，则要使用双字。

上述内容可总结如下。

- 位状态，即 M、X、Y、S、T、C 等的触点或线圈的输出状态。
- 字节的数值存储范围为-128～+127。
- 字的数值存储范围为-32768～+32767。
- 双字的数值存储范围为-2147483648～+2147483647。

一般三菱 PLC 里的数据寄存器几乎都是 16 位（字）的，如 D、T、C 等。

9.3　程序流程控制指令

PLC 的控制程序通常是顺序、逐条执行的，但在许多场合都会要求改变控制程序的执行流程，这时就可以采用程序流程控制指令来实现。程序流程控制指令可以影响程序执行的流向及内容，对合理安排程序的结构、有效提高程序的功能、实现某些技巧性运算有十分重要的意义。

FX3U 系列 PLC 程序流程控制指令共有 10 条，指令编号为 FNC00～FNC09，它们在程序中的条件执行和优先处理与顺序控程序的控制流程有关。

程序流程控制指令表如表 9-3 所示。

表 9-3　程序流控制指令表

指令编号	助记符	指令格式	功能
FNC00	CJ	C P*n*	条件跳转
FNC01	CALL	CALL P*n*	子程序调用
FNC02	SRET	SRET	子程序返回
FNC03	IRET	IRET	中断返回
FNC04	EI	EI	允许中断
FNC05	DI	DI	禁止中断
FNC06	FEND	FEND	主程序结束
FNC07	WDT	WDT	定时器监视
FNC08	FOR	FOR S	循环范围开始
FNC09	NEXT	NEXT	循环范围结束

9.3.1　条件跳转指令

条件跳转指令（CJ 指令）用于跳过顺序控制程序中的某一部分，以控制程序的流程。指针 P 用于指示分支和跳步程序。在梯形图中，指针放在左侧母线的左边。当跳转条件成立时，指针跳转至指令中所标明的标号处执行，即使输入元件状态发生改变，被跳过程序段中不执行指令的输出元件状态也不会发生不变。若跳转条件不成立，则按顺序执行。

1. 条件跳转指令的要素

条件跳转指令使用格式如图9-2所示。

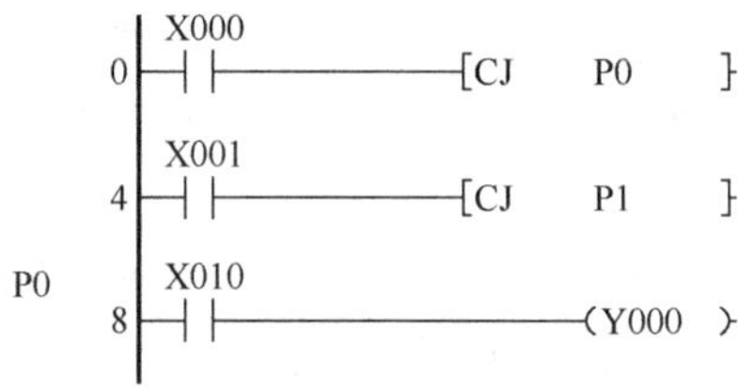


```
LD   X0
CJ   P0
LD   X1
CJ   P1
LD   X10
OUT  Y0
```

图9-2 条件跳转指令使用格式

条件跳转指令助记符为CJ，指令编号为FNC00。

对于FX2N系列PLC来说，其指针范围是P0～P127。对于FX3U系列PLC来说，其指针范围是P0～P4095。指针可以实现5级嵌套。

2. 条件跳转指令的使用说明

- 在图9-2中，当X000接通（为ON）时，执行CJ P0，然后程序跳转到指针P0处执行。如果X000不接通，则按正常顺序执行。
- 由于条件跳转指令具有选择程序段的功能，因此在同一程序中且位于因跳转而不会被同时执行程序段中的同一线圈不被视为双线圈。
- 多条条件跳转指令可以使用同一标号。
- 条件跳转指令的执行条件如果为M8000，则为无条件跳转，因为PLC在运行时，M8000一直为ON状态。
- 对于被跳过程序段中的 Y、M、S 等软元件，由于该段程序不再执行，因此即使梯形图中涉及的工作条件发生变化，它们仍将保持跳转发生前的工作状态。
- 指针P63比较特殊，该指针表示程序直接跳转到END。将指针P63作为标签编程时会出错，一定要注意。

3. 条件跳转指令的应用实例

工业控制中经常将条件跳转指令用于进行手动操作状态和自动操作状态的转换，有时也将条件跳转指令用于有选择地执行一定的程序段。例如，为了调试的需要及提高设备的可靠性，许多设备要建立手动控制和自动控制两种工作方式。这时就需要使用条件指令跳转在程序中编写两段子程序，一段用于手动控制，一段用于自动控制，然后再设立一个控制方式的转换开关，根据实际需要对程序段进行选择。

具体控制要求如下，一台设备具有手动操作和自动操作两种操作方式。SB1 是操作方式选择开关，当SB1处于断开状态时为手动操作方式；当SB1处于接通状态时为自动操作方式。当使用手动操作方式时，按启动按钮 SB（X002），电动机旋转；按停止按钮 SB3（X003），电动机停止旋转。当使用自动操作方式时，按启动按钮SB2，电动机连续运转1min后自动停止旋转；按停止按钮SB3，电动机立即停止旋转。

根据控制要求画出输入/输出接线图（见图9-3）。注意FX3U系列PLC的接线方式与FX2N等其他系列PLC的接线方式不同。

手动操作和自动操作转换程序如图9-4所示。

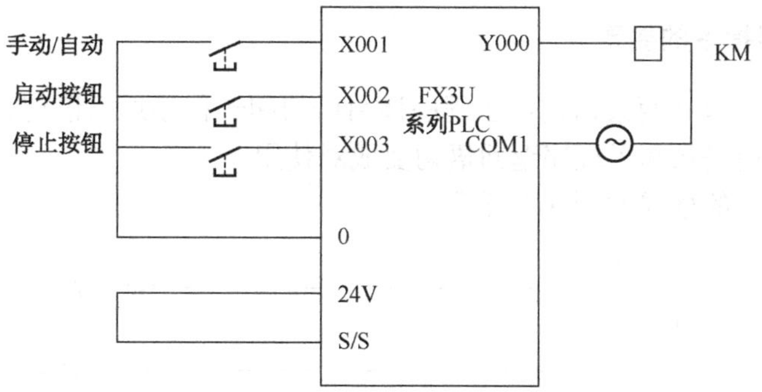

图 9-3　输入/输出接线图

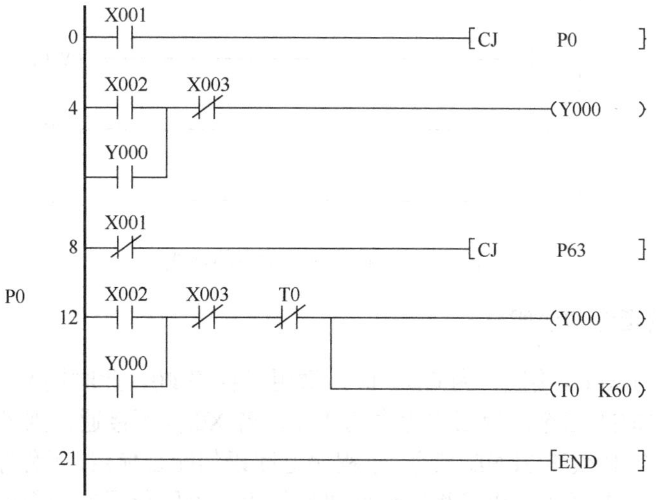

图 9-4　手动操作和自动操作转换程序

对图 9-4 中的程序分析如下。

手动操作方式。当 SB1 处于断开状态时，X001 的常开触点断开，不执行“CJ P0”指令，而顺序执行程序步 4～12 的手动操作程序段。执行完手动操作程序段后，因 X001 的常闭触点闭合，执行“CJ P63”指令，跳过自动操作程序段到结束指令语句。

自动操作方式。当 SB1 处于接通状态时，X001 的常开触点闭合，执行“CJ P0”指令，跳过程序步 4～12 的手动操作程序段，执行自动操作程序段，然后顺序执行结束指令。

由于手动操作程序段和自动操作程序段不会同时执行，所以程序中的线圈 Y000 不能视为双线圈。

程序中的指针 P63 可以使用其他标号，如 P10。但在使用其他标号时，在图 9-4 中的程序第 21 步中插入相应的指针。

9.3.2　子程序调用指令

自动控制系统可能由很多工序或很多功能组成，可以将这些工序或功能都打包设计成子程序，当条件满足时，再调用需要的子程序，这样程序在执行时就会比较方便快捷。子程序是为一些特定的控制要求编写的相对独立的程序。为了区别于主程序，规定在进行程序编写时，将主程序排在前边，将子程序排在后边，并用 FEND 指令（主程序结束指令）将这两部分分隔开。

1. 子程序调用指令的要素

子程序调用指令包括两条语句：子程序调用语句和子程序返回语句。子程序返回语句无操作数。子程序调用语句和子程序返回语句要成对使用。

子程序调用指令的格式如图 9-5 所示。

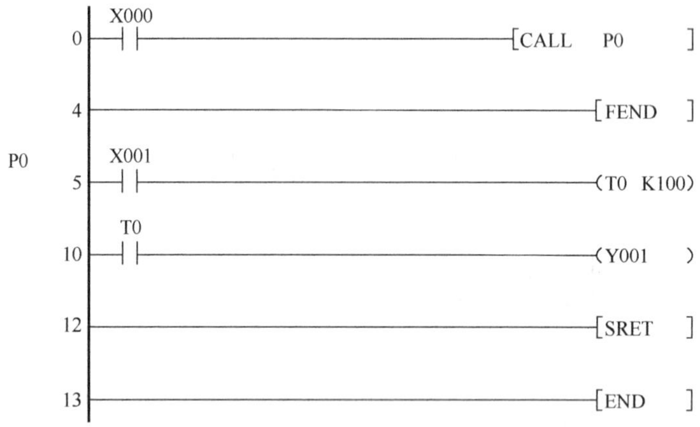

图 9-5　子程序调用指令的格式

2. 子程序调用指令的说明

在图 9-5 中，当 X000 接通（为 ON）时，调用子程序 P0，此时接通 X001，延时 10s 后，输出 Y001，执行 SRET 指令，返回主程序第 4 步，若 X000 不接通，则子程序 P0 不执行。

子程序调用语句必须和 FEND 指令、子程序返回语句配合使用。子程序排在主程序 FEND 指令的后面，以标号 P 开头，以子程序返回语句结束。不同位置的子程序调用语句可以调用相同标号的子程序，但同一标号的指针在一个程序中只能使用一次。在使用子程序时要注意，子程序可以反复被调用；子程序被调用完后，要立即停止调用。

9.3.3　程序流程控制指令的应用

在本项目 9.1 节中，引出了控制任务一（交通信号灯的控制设计），在这个任务中，东西方向和南北方向都有绿灯闪烁，绿灯闪烁属于共有的部分。这样可以将闪烁程序设置成子程序，每次绿灯要闪烁时，都调用子程序。

对控制任务一进行分析，根据任务的描述，画出交通信号灯的输入/输出接线图，如图 9-6 所示。

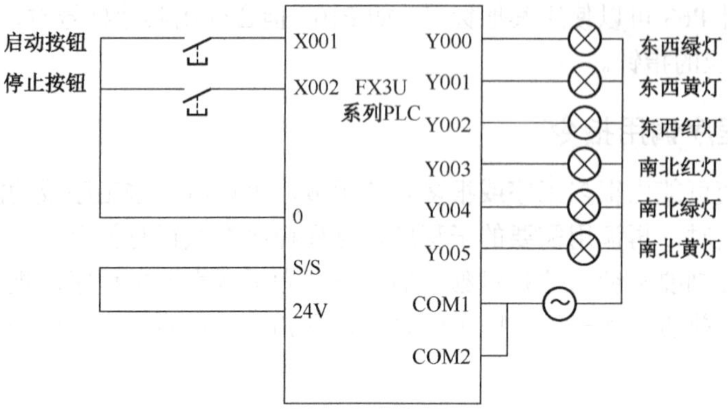

图 9-6　交通信号灯的输入/输出接线图

交通信号灯的梯形图如图 9-7 所示。

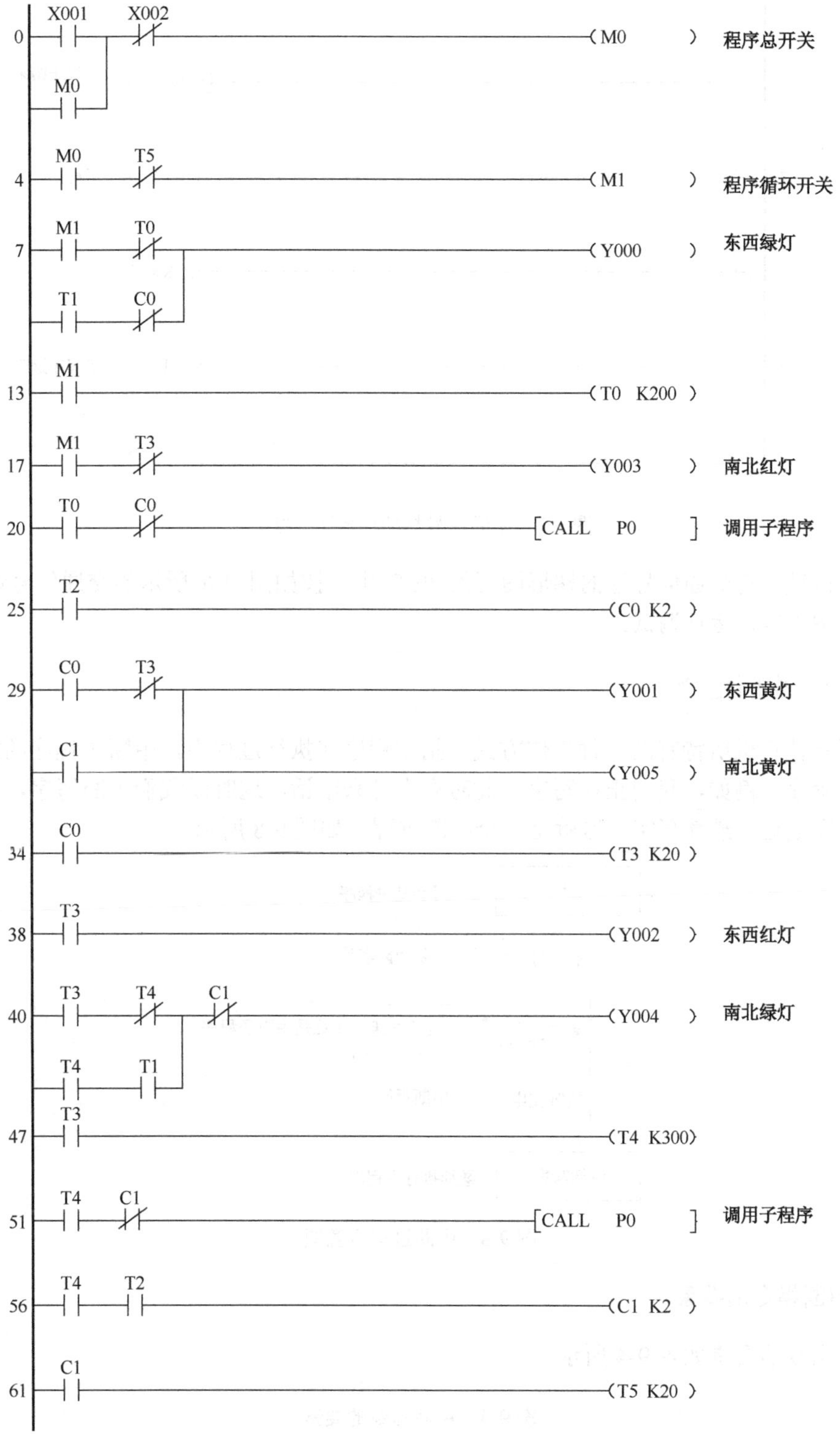

图 9-7　交通信号灯的梯形图

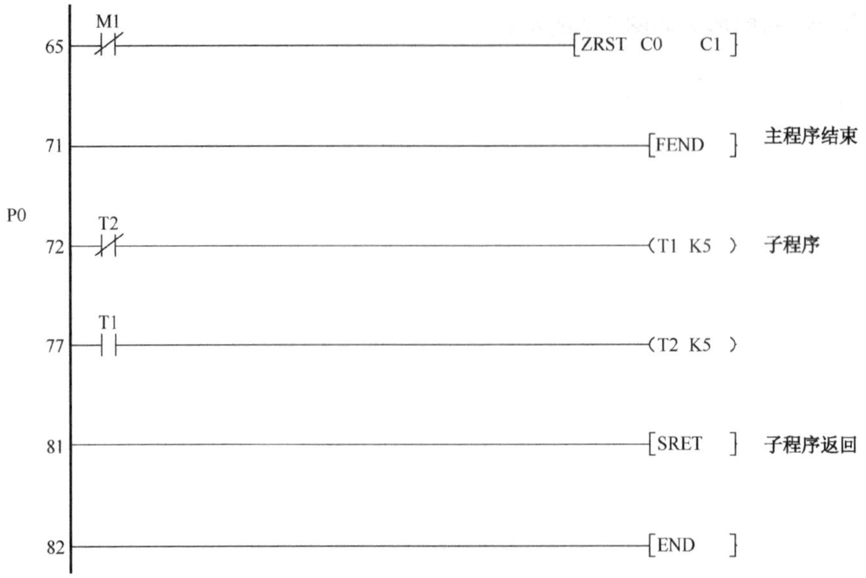

图9-7 交通信号灯的梯形图（续）

运行调试。将交通信号灯的梯形图写入PLC中，按如图9-6所示的交通信号灯的输入/输出接线图接线，运行调试。

9.3.4 中断指令

中断是计算机所特有的一种工作方式，指主程序在执行过程中，中断主程序的执行去执行中断子程序。例如，我们正在写字，此时有人打来电话，这时候我们中断写字，先接听电话，接听完电话，继续写字，这就是一个中断过程，如图9-8所示。

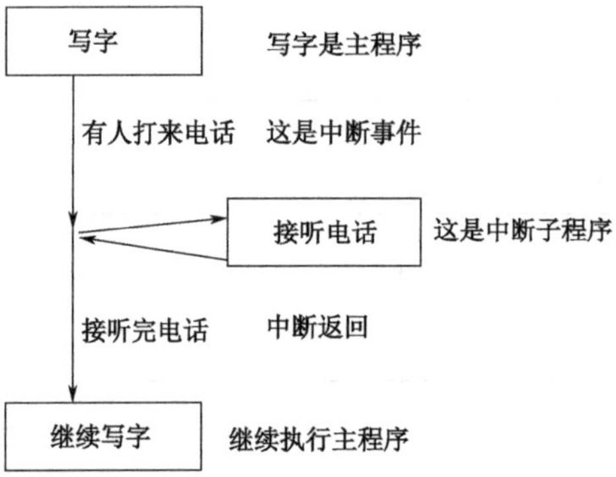

图9-8 中断过程示意图

1. 中断指令的要素

中断指令的要素如表9-4所示。

表9-4 中断指令的要素

指令名称	助记符	指令代码	操作数
中断允许指令	EI	FNC04	无
中断禁止指令	DI	FNC05	无
中断返回指令	IRET	FNC03	无

PLC 通常为禁止中断状态。使用中断允许指令可以使 PLC 变为允许中断状态。

2. 中断指令的说明

（1）中断信号的分类及编程步骤。

中断信号一般分为外部输入中断、内部定时器中断、高速计数器中断。

中断程序编写步骤：开放中断，使用中断允许指令；连接好中断指针和中断子程序；编写中断子程序；中断子程序返回。

特别要注意的是，中断子程序是由 PLC 自动调度的，不需要人为显式调用。我们需要做的仅仅是将一个特定事件连接到一个特定的中断子程序→开放中断→编写中断子程序的内容。

中断的处理过程如图 9-9 所示。

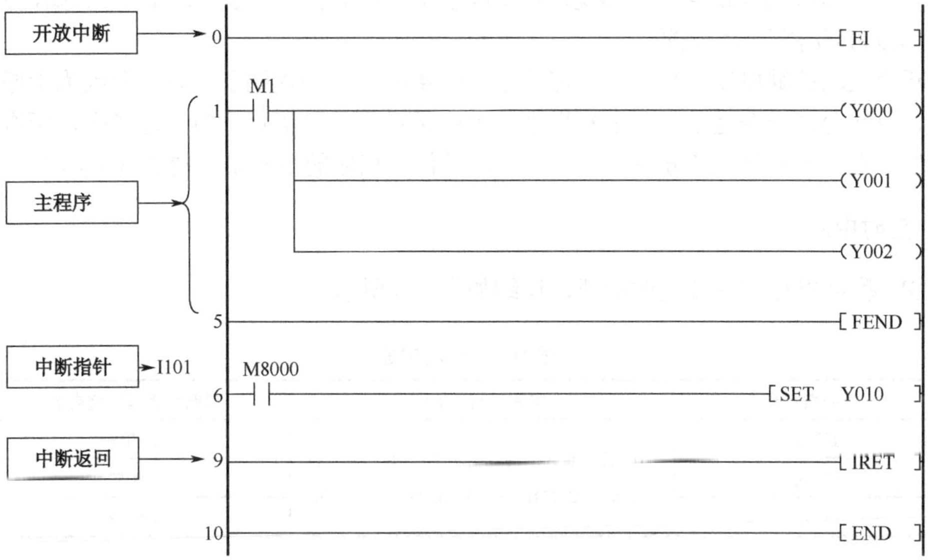

图 9-9　中断的处理过程

（2）外部输入中断。

FX 系列 PLC 有 6 个外部输入端子，总共可以产生 12 个中断信号，如表 9-5 所示。

表 9-5　外部输入端子、中断信号及对应中断禁止辅助继电器

外部输入端子	中断信号		中断禁止辅助继电器
	上升沿中断	下降沿中断	
X000	I001	I000	M8050
X100	I101	I100	M8051
X200	I201	I200	M8052
X300	I301	I300	M8053
X400	I401	I400	M8054
X500	I501	I500	M8055

例如，当 X001 输入端子有上升沿信号时，产生中断，置位输出 Y000，然后执行中断返回指令，返回主程序。外部输入端子中断程序如图 9-10 所示。

图 9-10　外部输入端子中断程序

中断禁止辅助继电器 M8050～M8055 主要用来控制对应的 X000～X005 输入端子中断信号的通断。当中断禁止辅助继电器状态为 1 时，禁止相应的输入端子中断信号。例如，当 M8050 ＝1 时，X000 的中断信号失效。

中断禁止辅助继电器一般用来关掉部分不使用中断的输入端子，以避免因为中断而产生误操作。中断允许指令是全局开中断指令，也就是说，一旦执行中断允许指令，所有的中断都会开放。当不需要某一部分中断信号时，可以使用相应的中断禁止辅助继电器来禁止。

3. 定时中断

FX3U 系列 PLC 有 3 个定时中断，详细如表 9-6 所示。

表 9-6　定时中断

中断指针号	中断时间（ms）	中断禁止辅助继电器
I6□□	在□□部分，输入整数 10～99，表示延时时间，如 I710 表示 10ms 执行一次中断	M8056
I7□□		M8057
I8□□		M8058

定时器是通过扫描的方式来实现定时的，而 PLC 的扫描是需要时间的，也就是说，定时器的定时时间并不是精准时间，而是存在误差（大约为一个扫描周期）的。当对时间要求很严格时就需要使用定时中断。

中断的程序段用中断允许指令来开中断，对不允许中断的程序段用中断禁止指令来禁止中断。程序中允许中断响应的区间应该由中断允许指令开始，由中断结束指令结束，在此区间外，即使有中断请求，CPU 也不会立即响应。通常在执行某个中断程序时，将禁止其他中断。

4. 中断指令的应用实例

实例一。图 9-11 为外部输入端子中断子程序。在主程序的执行过程中，当中断禁止辅助继电器 M8050 为 0 时，标号为 I001 的中断子程序允许执行，该中断子程序在输入口 X001 为上升沿信号时执行，输入口 X001 上升沿信号出现一次，该中断执行一次，执行完毕后返回主程序。标号为 I001 的中断子程序的内容为秒时钟脉冲继电器 M8013 驱动输出继电器 Y002 工作。作为执行结果的 Y002 的状态由 M8013 上升沿出现时的状态决定，即 M8013 置 1，Y002 也置 1；M8013 置 0，Y002 也置 0。

实例二。使用定时中断来实现精准的小灯亮、灭实验，当 PLC 运行时，Y000 以亮 80ms 灭 80ms 的周期闪烁（见图 9-12）。

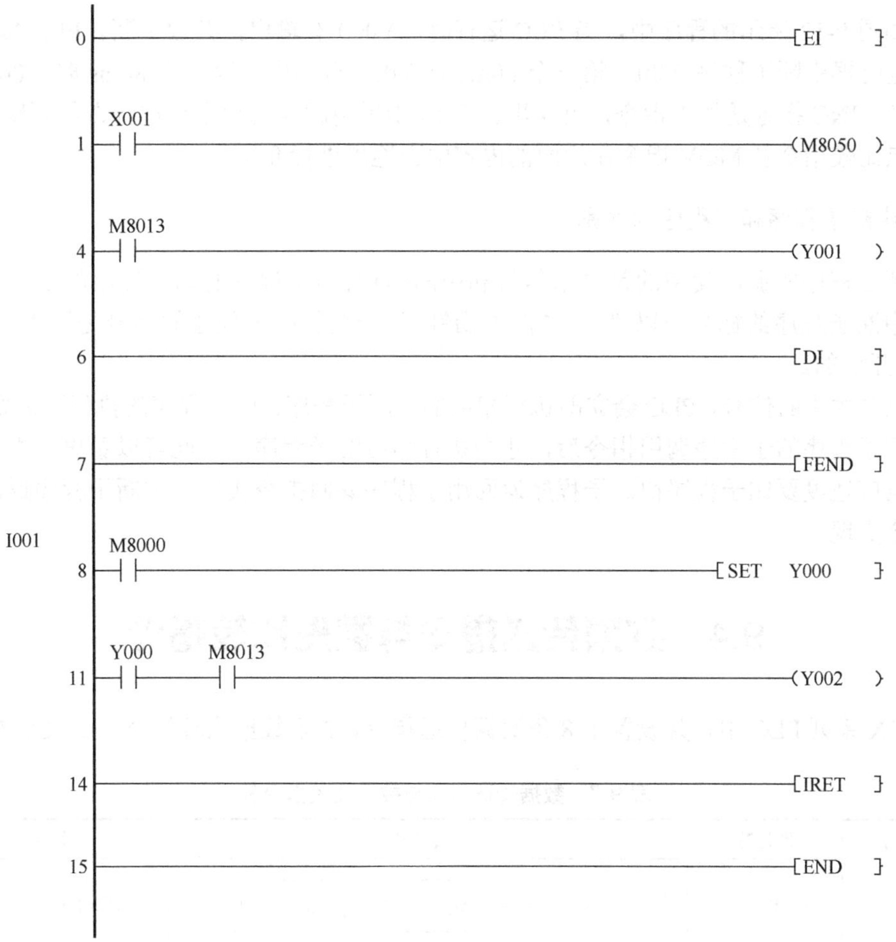

图 9-11　外部输入端子中断子程序

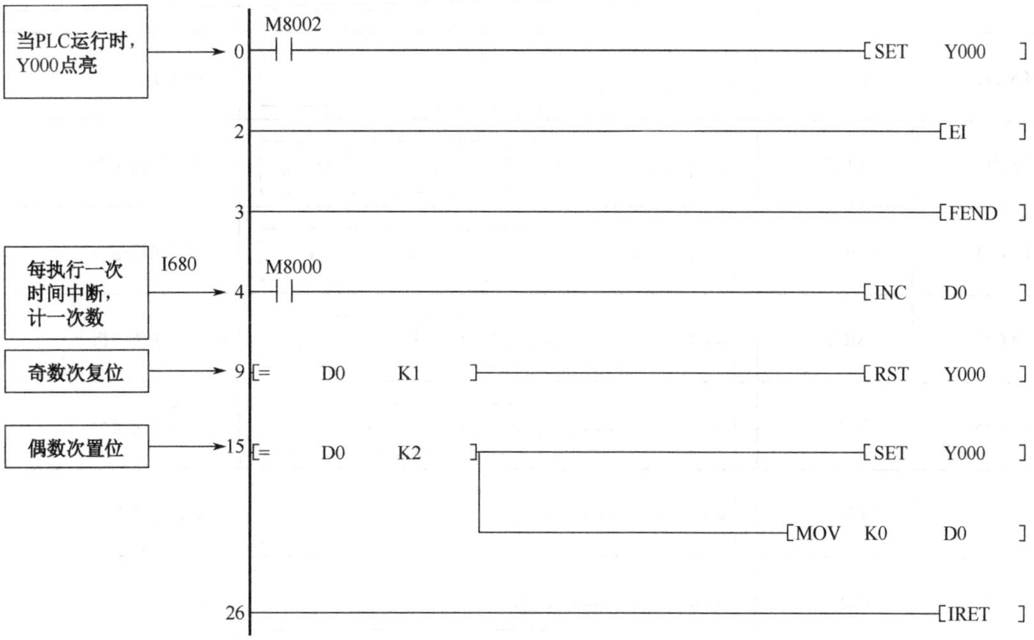

图 9-12　定时中断子程序

在如图 9-12 所示的程序中，当 PLC 运行时，Y000 有输出，开放中断。PLC 每 80ms 执行一次定时器中断子程序 I680，第一个 80ms 时 Y000 有输出，第二个 80ms 时 Y000 断开，如此循环。INC 指令是加 1 指令，第 9 步、第 15 步采用触点比较指令进行奇偶判别。INC 指令、触点比较指令及 MOV 指令在后面的内容中会逐步进行介绍。

5. 中断子程序和子程序的区别

中断子程序的调用使用的是中断信号和中断指针;而子程序的调用使用的是子程序调用指令。中断子程序的标号是以“I（也称 I 指针）”开头的；子程序的标号是以“P（又称 P 指针）”开头的。

一旦产生中断信号，PLC 会立即执行相应的中断子程序；而子程序的执行则需要 PLC 扫描至调用子程序的子程序调用指令后，才会执行相应的予程序。由此可以看出，中断子程序的实时响应速度要比子程序快。子程序返回用子程序返回指令实现；中断子程序返回用中断返回指令实现。

9.4 数据传送指令与数据比较指令

在 FX 系列 PLC 中，共设置了 8 条数据传送指令，2 条数据比较指令，如表 9-7 所示。

表 9-7　数据传送指令与数据比较指令表

指令编号	助记符	指令格式	指令名称
FNC10	CMP	CMP S1 S2 D	比较指令
FNC11	ZCP	ZCP S1 S2 S D	区间比较指令
FNC12	MOV	MOV S D	传送指令
FNC13	SMOV	SMOV S m_1 m_2 D n	移位传送指令
FNC14	CML	CML S D	取反传送指令
FNC15	BMOV	BMOV S D n	数据块传送指令
FNC16	FMOV	FMOV S D n	多点传送指令
FNC17	XCH	XCH D1 D2	数据交换指令
FNC18	BCD	BCD S D	BCD 码转换指令
FNC19	BIN	BIN S D	BIN 转换指令

9.4.1　数据传送指令

数据传送指令包括传送指令（MOV 指令）、移位传送指令（SMOV 指令）、取反传送指令（CML 指令）、数据块传送指令（BMOV 指令）、多点传送指令（FMOV 指令）、数据交换指令（XCH 指令）、BCD 码转换指令、BIN 转换指令等 8 条指令。

1. 传送指令（MOV 指令）

传送指令的编号为 FNC12，该指令的功能是将源数据传送到指定的目标。传送指令的使用如图 9-13 所示。当 X000 为 ON 时，则将[S.]中的数据 K100 传送到目标软元件[D.]（D10）中，在执行传送指令时，常数 K100 会自动转换成二进制数。当 X000 为 OFF 时，传送指令不执行，数据保持不变。

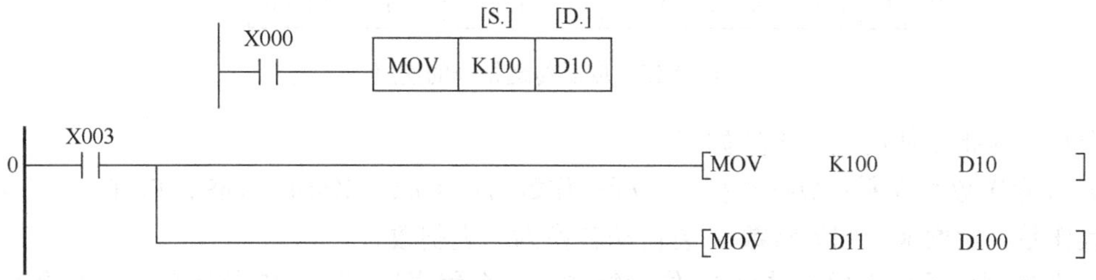

图 9-13　传送指令的使用

当 X003 接通时，执行 MOV K100 D10 的结果是 D10＝100。执行 M0V D11 D100 的结果是把 D11 里面的数值传送至 D100，如果 D11 的数值是 1，执行的结果就是 D100＝1。

传送指令使用注意事项如下。

- 源操作数可取所有数据类型，目标操作数可取 K*n*Y、K*n*M、K*n*S、T、C、D、V、Z。
- 在使用传送指令进行 16 位运算时占 5 个程序步，进行 32 位运算时则占 9 个程序步。

2. 移位传送指令（SMOV 指令）

移位传送指令的编号为 FNC13，该指令的功能是将源数据（二进制数）自动转换成 4 位 BCD 码，再进行移位传送，移位传送后的 BCD 码自动转换成二进制数。移位传送指令的使用如图 9-14 所示。当 X0 为 ON 时，将 D1 中右起第 4 位（m_1=4）开始的 2 位（m_2=2）BCD 码移到目标操作数 D2 的右起第 3 位（n=3）和第 2 位，然后 D2 中的 BCD 码会自动转换为二进制数，而 D2 中的第 1 位 BCD 码和第 4 位 BCD 码不变。

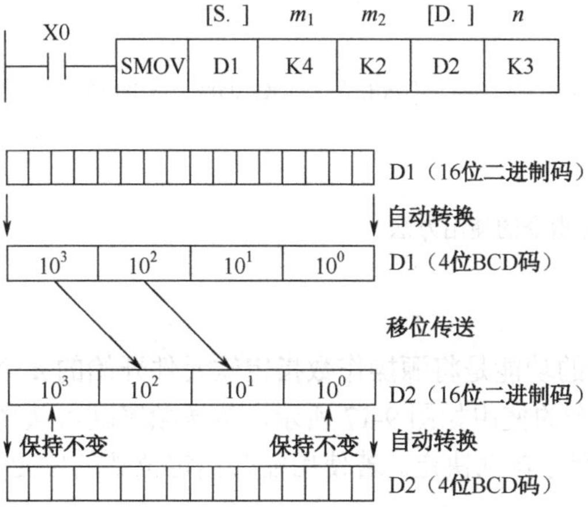

图 9-14　移位传送指令的使用

移位传送指令使用注意事项如下。

- 源操作数可取所有数据类型，目标操作数可取 K*n*Y、K*n*M、K*n*S、T、C、D、V、Z。
- 移位传送指令只有 16 位运算，占 11 个程序步。

3. 取反传送指令（CML 指令）

指令的编号为 FNC14，该指令的功能是将源操作数的数据逐位取反并传送到指定目标。取反传送指令的使用如图 9-15 所示，当 X000 为 ON 时，执行取反传送指令，将 D0 取反后传送到 D1 中。

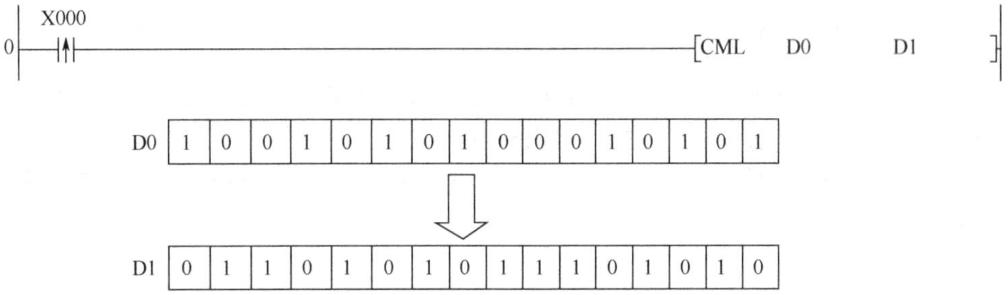

图 9-15　取反传送指令的使用

取反传送指令使用注意事项如下。

● 源操作数可取所有数据类型，目标操作数可取 K*n*Y、K*n*M、K*n*S、T、C、D、V、Z。若源操作数为常数 K，则该常数 K 会自动转换为二进制数。

● 在使用取反传送指令进行 16 位运算时占 5 个程序步，进行 32 位运算时占 9 个程序步。例如，图 9-16（a）中的程序可以用如图 9-16（b）所示的取反传送指令代替。

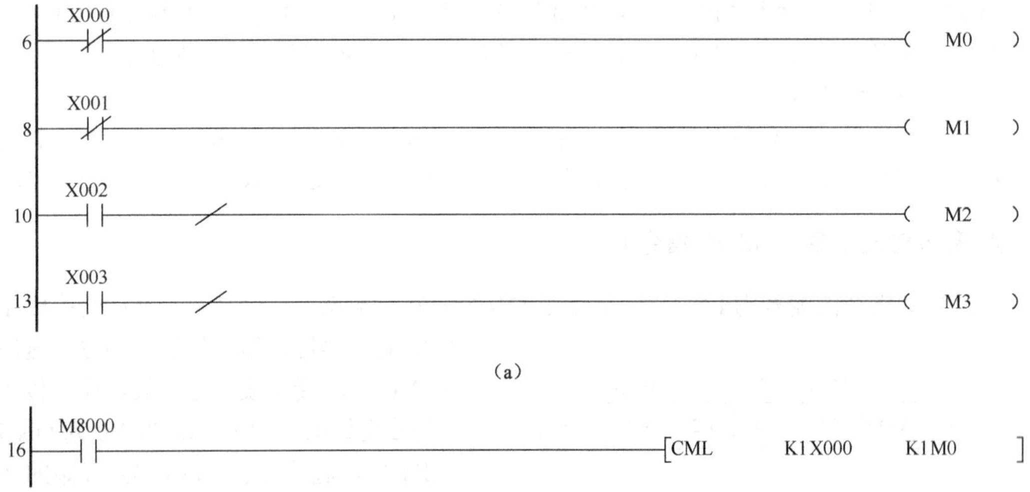

图 9-16　取反传送指令的使用方法

4. 数据块传送指令（BMOV 指令）

数据块传送指令的编号为 FNC15，该指令的功能是将源操作数指定软元件开始的 *n* 个数据组成数据块传送到指定目标。数据块传送指令的使用如图 9-17 所示。传送顺序既可从高元件号开始，也可从低元件号开始，传送顺序由程序自动决定。若使用需要指定位数的位元件，则源操作数和目标操作数的指定位数应相同。

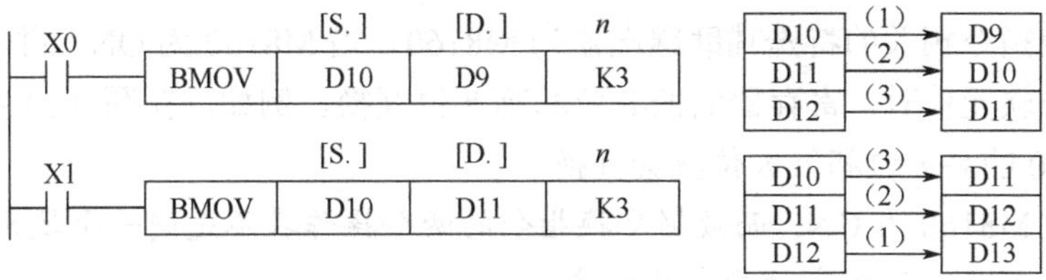

图 9-17　数据块传送指令的使用

数据块传送指令使用注意事项如下。

- 源操作数可取 K*n*X、K*n*Y、K*n*M、K*n*S、T、C、D 和文件寄存器，目标操作数可取 K*n*T、K*n*M、K*n*S、T、C 和 D。
- 数据块传送指令只有 16 位运算，占 7 个程序步。
- 如果元件号超出允许范围，则数据仅传送到允许范围内的元件中。

5. 多点传送指令（FMOV 指令）

多点传送指令的编号为 FNC16，该指令的功能是将源元件中的数据传送到指定目标开始的 *n* 个软元件中，传送完成后，*n* 个软元件中的数据完全相同。多点传送指令的使用如图 9-18 所示。当 X0 为 ON 时，把 K0 传送到 D0～D9 中。

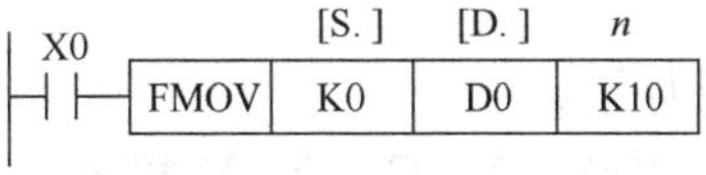

图 9-18　多点传送指令的使用

例如，执行如图 9-19 所示的程序，X000 接通执行的结果是，D0～D9 中的数值全都为 1。

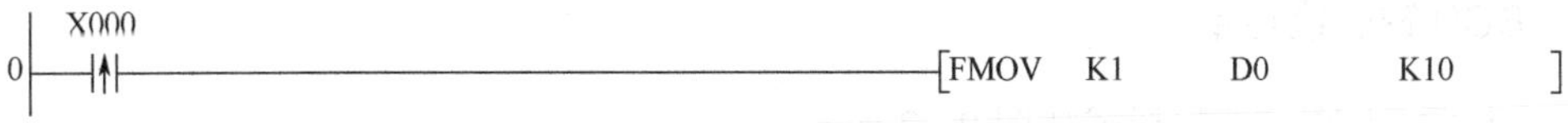

图 9-19　多点传送指令的应用

多点传送指令使用注意事项如下。

- 源操作数可取所有数据类型，目标操作数可取 K*n*X、K*n*M、K*n*S、T、C、和 D，*n* 小于或等于 512。
- 在使用多点传送指令进行 16 位运算时占 7 个程序步，进行 32 位运算时占 13 个程序步。
- 如果元件号超出允许范围，则数据仅送到允许范围内的元件中。

6. 数据交换指令（XCH 指令）

数据交换指令的编号为 FNC17，该指令的功能是将数据在指定的目标软元件之间交换。数据交换指令的使用如图 9-20 所示。当 X0 为 ON 时，将 D1 和 D19 中的数据相互交换。如果不使用脉冲执行型指令，PLC 在每一个扫描周期都会执行一次交换，一定要注意。

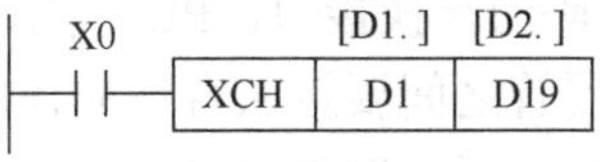

图 9-20　数据交换指令的使用

与数据交换指令相关的特殊辅助继电器为M8160。当M8160为ON，并且操作数1和操作数2是同一个软元件时，寄存器的低8位和高8位互换。例如，在图9-21中，执行一次数据交换指令，D0的高8位和低8位就会互换。

注意：如果M8160为ON，而数据交换指令的两个操作数不是同一个软元件，则会出错，出错时，M8067置位，数据交换指令就无法执行。

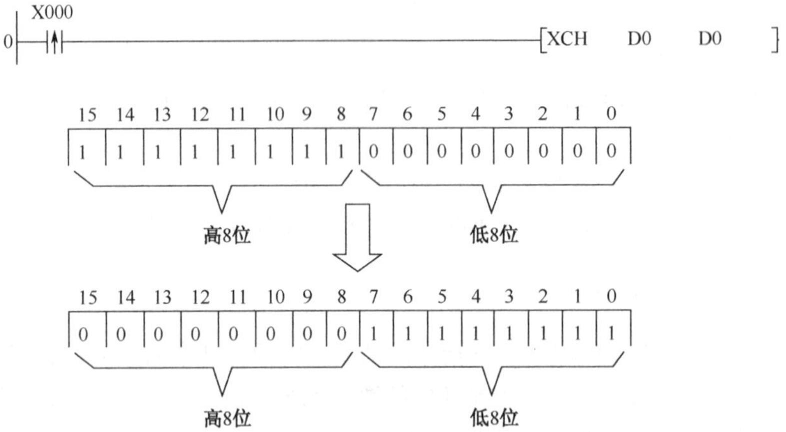

图9-21　低8位和高8位互换

数据交换指令使用注意事项如下。

- 操作数可取K*n*Y、K*n*M、K*n*S、T、C、D、V和Z。
- 数据交换指令一般采用脉冲执行方式，否则在每一次扫描周期，数据都要交换一次。
- 在使用数据交换指令进行16位运算时占5个程序步，进行32位运算时占9个程序步。

7．BCD码转换指令

十进制数21的二进制形式如图9-22所示。

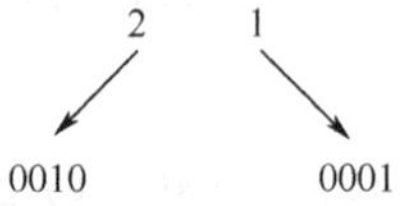

图9-22　十进制数21的二进制形式

这种用二进制形式反映十进制进位关系的代码称为BCD码。常用的BCD码是8421BCD码，它是用4位二进制数来表示1位十进制数的。

BCD码转换指令的编号为FNC18，该指令功能是将源元件中的二进制数转换成BCD码送到目标元件中，BCD码转换指令的使用如图9-23所示。

在使用BCD码转换指令进行16位运算时，执行结果超出0～9999将会出错；在使用BCD码转换指令进行32位运算时，执行结果超过0～99999999将会出错。PLC内部的运算为二进制运算，可用BCD码转换指令将二进制数变换为BCD码输出到7段数码管。如果7段数码管已经提供了BCD码转换7段数码的转换接口，PLC输出BCD码，7段数码管即可正确显示数字。否则，在PLC和7段数码管之间要接入合适的译码器。

在图9-23中，当X0为ON时，源元件D10中的二进制数转换成BCD码送到目标元件Y0～Y07中，用来驱动7段数码管。

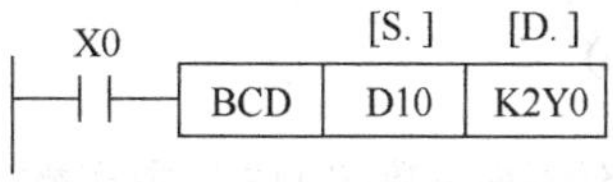

图 9-23　BCD 码转换指令的使用

8. BIN 转换指令

BIN 转换指令的编号为 FNC19，该指令的功能是将源元件中的 BCD 码转换成二进制数送到目标软元件中。BIN 转换指令的使用如图 9-24 所示。常数 K 不能作为 BIN 转换指令的操作数，因为在任何处理之前，常数 K 都会被转换成二进制数。

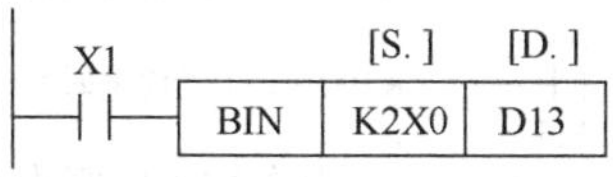

图 9-24　BIN 转换指令的使用

BCD 码转换指令和 BIN 转换指令使用注意事项如下。

- 源操作数可取 K*n*X、K*n*Y、K*n*M、K*n*S、T、C、D、V 和 Z。目标操作数可取 K*n*Y、K*n*M、K*n*S、T、C、D、V 和 Z。
- 在使用 BIN 转换指令进行 16 位运算时占 5 个程序步，进行 32 位运算时占 9 个程序步。

9.4.2　数据比较指令

数据比较指令包括比较指令（CMP 指令）和区间比较指令（ZCP 指令）。

1. 比较指令（CMP 指令）

比较指令的源操作数用［S1.］和［S2.］表示，源操作数可取 K、H、K*n*X、K*n*Y、K*n*M、K*n*S、T、C、D、V、Z。比较指令的目标操作数是［D.］，目标操作数可取 Y、M、S。

16 位比较指令在程序中占 7 步，32 位比较指令在程序中占 13 步。

比较指令的使用如图 9-25 所示。当 X0 为 ON 时，执行比较指令，将两个源操作数［S1.］和［S2.］中存放的数据进行比较，并用比较结果改变目标操作数［D.］中 3 个位元件的状态。

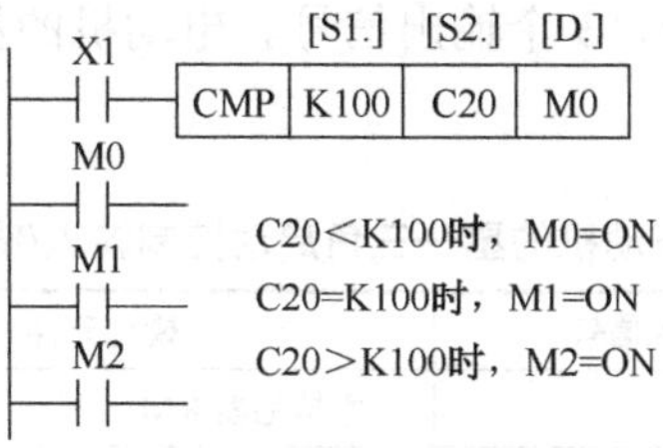

图 9-25　比较指令的使用

可见，在执行比较指令后，目标操作数［D.］中存放的 3 个位元件 M0、M1、M2 当中，必有一个位元件被置 1，其余两个位元件置 0。

当 X0 为 OFF 时，不执行比较指令，M0、M1、M2 保持 X0 断开之前的状态。如果要清除比较结果，需要采用 RST 指令或 ZRST 指令（区间复位指令）。比较指令在进行 32 位运算时，使用前缀(D)；比较指令在进行脉冲操作时，使用后缀(P)。比较指令只在满足驱动条件时执行，且只执行一次。

2. 区间比较指令（ZCP 指令）

在执行区间比较指令时，会将源操作数[S.]与源操作数[S1.]和[S2.]的内容进行比较，并将比较结果送到目标操作数[D.]中。区间比较指令的使用如图 9-26 所示。当 X0 为 ON 时，将 C30 当前值与 K100 和 K120 进行比较，并将结果送至 M3、M4、M5 中。若 X0 为 OFF，则区间比较指令不执行，M3、M4、M5 不变。

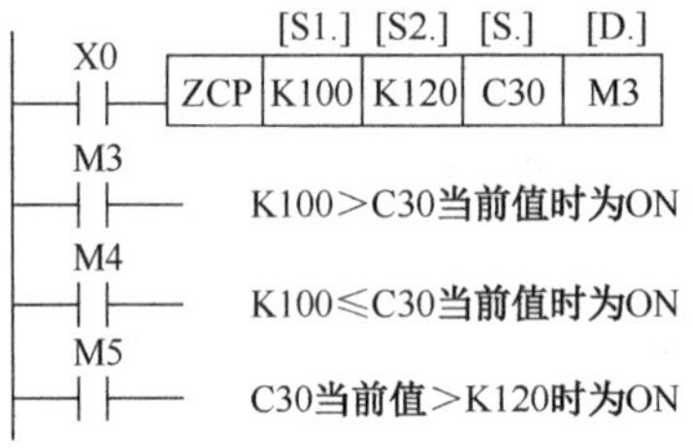

图 9-26　区间比较指令的使用

比较指令和区间比较指令使用注意事项如下。

- [S1.]、[S2.]可取 K、D、C 等任意数据寄存器，目标操作数[D.]可取 Y、M 和 S。
- 在使用区间比较指令时，[S2.]的数值不能小于[S1.]。
- 所有的源操作数都作为二进制数进行处理。

9.4.3 数据传送指令与数据比较指令的应用实例

1. 电动机的星—三角启动控制

设置启动按钮为 X000、停止按钮为 X001；电路主（电源）接触器 KM1 接于输出口 Y000，电动机星形接法接触器 KM2 接于输出口 Y001，电动机三角形接法接触器 KM3 接于输出口 Y002。电动机星—三角启动控制要求：通电时，Y000、Y001 应为 ON（传送常数为 1+2＝3），电动机定子绕组接成星形启动，当转速上升到一定值时，断开 Y000、Y001 接通 Y002（传送常数为 4）；然后接通 Y000、Y002（传送常数为 1+4＝5），电动机定子绕组接成三角形运行，停止时，传送常数应为 0。另外，电动机启动过程中的每个状态之间应有时间间隔。

在本例中，有 3 个输入信号，3 个输出信号。电动机的星—三角启动控制输入/输出分配表如表 9-8 所示。

表 9-8　电动机的星—三角启动控制输入/输出分配表

输入元件	输入信号	输出元件	输出信号
启动按钮	X000	主接触器 KM1	Y000
停止按钮	X001	电动机星形接法接触器 KM2	Y001
过载保护	X002	电动机三角形接法接触器 KM3	Y002

电动机的星—三角启动控制梯形图如图 9-27 所示。

2. 7 段数码管的显示控制

在本例中，要求 10 个按钮控制一个 7 段数码管显示数字的变化，分别是按钮 SB0 控制数字 0 的显示，按钮 SB1 控制数字 1 的显示，依次类推，按钮 SB9 控制数字 9 的显示。

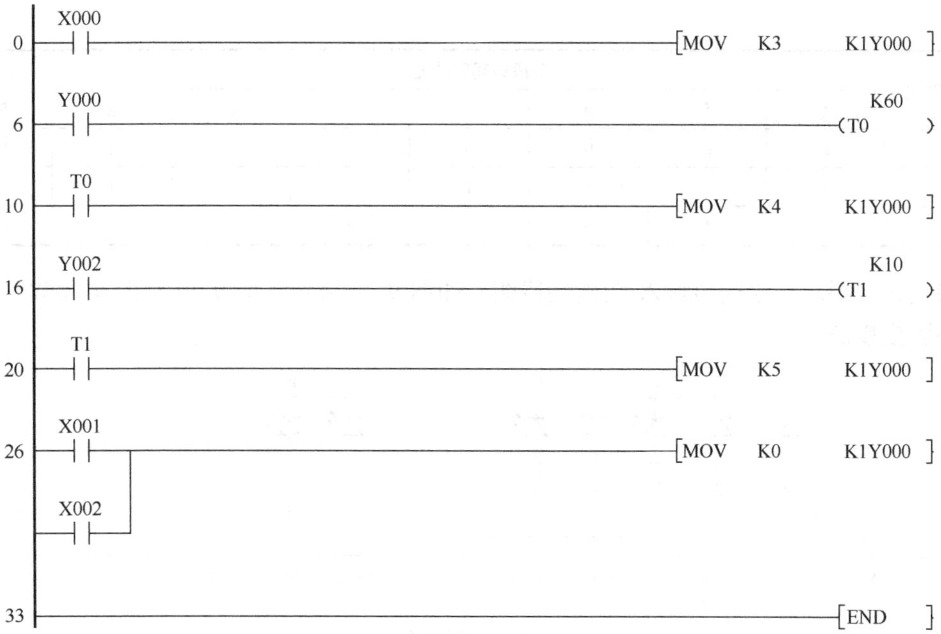

图 9-27　电动机的星—三角启动控制梯形图

7 段数码管有共阴极和共阳极两种。图 9-28 为共阳极和共阴极接法的 7 段数码管。

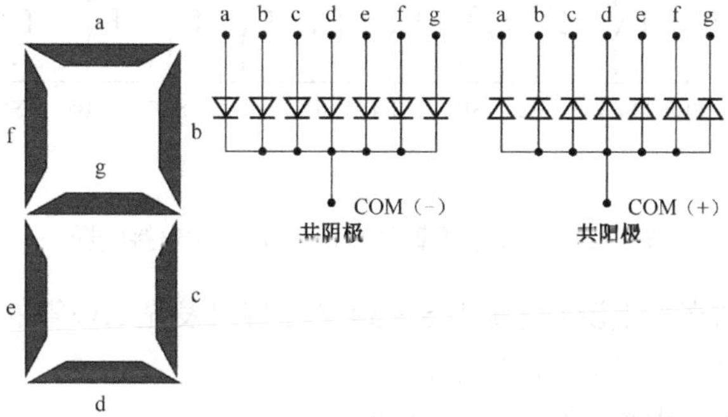

图 9-28　共阳极和共阴极接法的 7 段数码管

一个 7 段数码管由 7 个发光二极管组成，每一个发光二极管由一个输出继电器驱动。程序根据要显示的数字驱动不同的发光二极管发光，这样就可以显示不同的数字。

十进制数、十六进制数与 7 段数码管的显示对应关系如表 9-9 所示。

表 9-9　十进制数、十六进制数与数码管的显示对应关系

十进制数	7 段数码管的显示							十六进制数
	g	f	e	d	c	b	a	
0	0	1	1	1	1	1	1	H3F
1	0	0	0	0	1	1	0	H06
2	1	0	1	1	0	1	1	H5B
3	1	0	0	1	1	1	1	H4F
4	1	1	0	0	1	1	0	H66
5	1	1	0	1	1	0	1	H6D
6	1	1	1	1	1	0	1	H7D

续表

十进制数	7 段数码管的显示							十六进制数
	g	f	e	d	c	b	a	
7	0	0	0	0	1	1	1	H07
8	1	1	1	1	1	1	1	H7F
9	1	1	0	1	1	1	1	H6F

根据设计要求，绘制出输入/输出接线图，如图 9-29 所示。图 9-29 中的 7 段数码管采用的是共阴极接法。

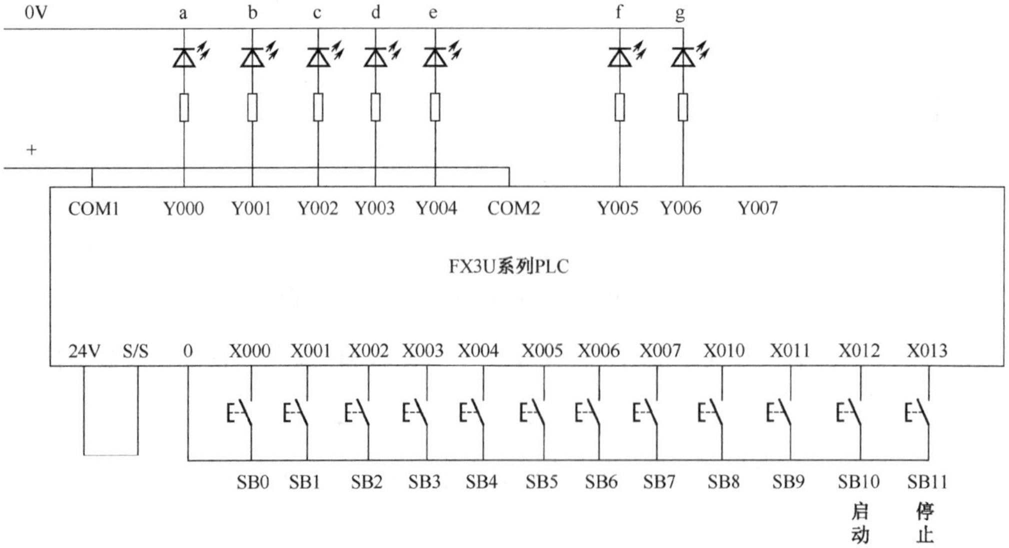

图 9-29　7 段数码管显示控制输入/输出接线图

PLC 输出端接外部直流电源（电压为 5～30 V）。每段发光二极管的电流通常为几十毫安，应根据直流电压数值确定限流电阻的阻值。

7 段数码管的显示控制梯形图如图 9-30 所示。

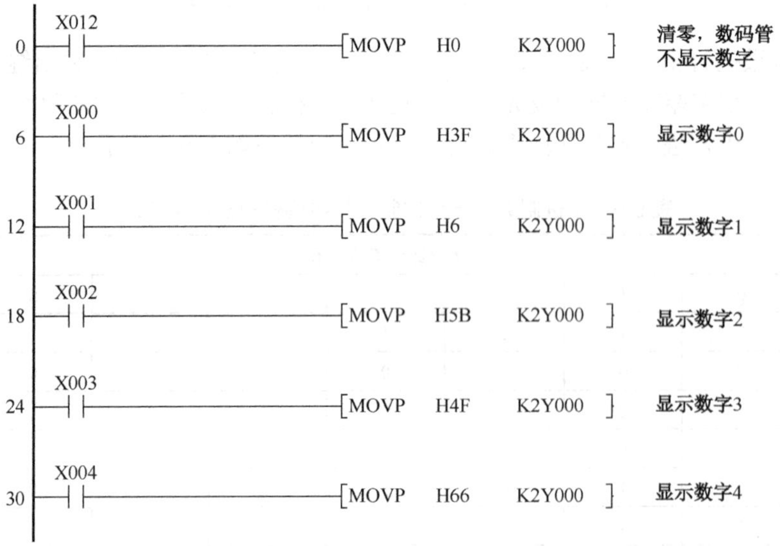

图 9-30　7 段数码管的显示控制梯形图

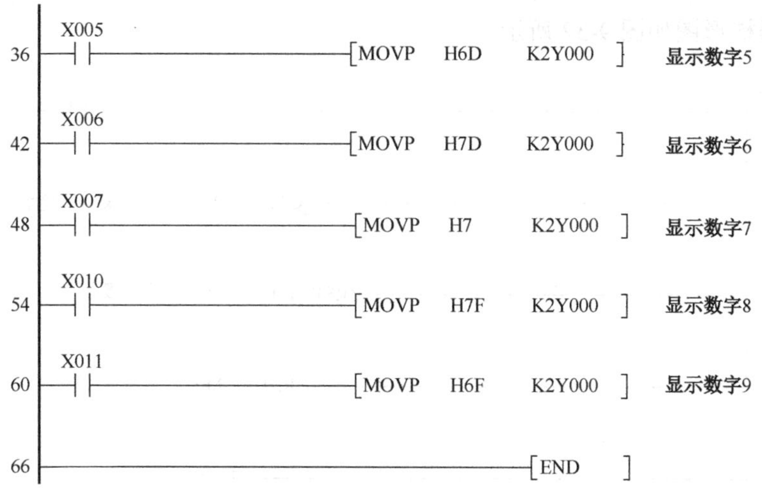

图 9-30　7 段数码管的显示控制梯形图（续）

调试运行，用 GX Works2 编程软件编写程序，将程序写入 PLC，并按 7 段数码管显示控制输入/输出接线图进行接线。分别按下按键 X000～X013，观察运行情况是否符合设计要求。

3. 4 路抢答器的控制设计（控制任务二）

对控制任务二进行分析，4 路抢答器需要 6 个输入端口、11 个输出端口。4 路抢答器输入/输出分配表如表 9-10 所示。

表 9-10　4 路抢答器输入/输出分配表

输入			输出	
输入继电器	元件	功能	输出继电器	元件
X000	总台开始按钮	主持人开始	Y000～Y006	7 段数码管
X001	总台复位按钮	主持人复位	Y010、Y011、Y012、Y013	分台指示灯
X002～X005	分台抢答按钮	1～4 台抢答		

4 路抢答器输入/输出接线图如图 9-31 所示。

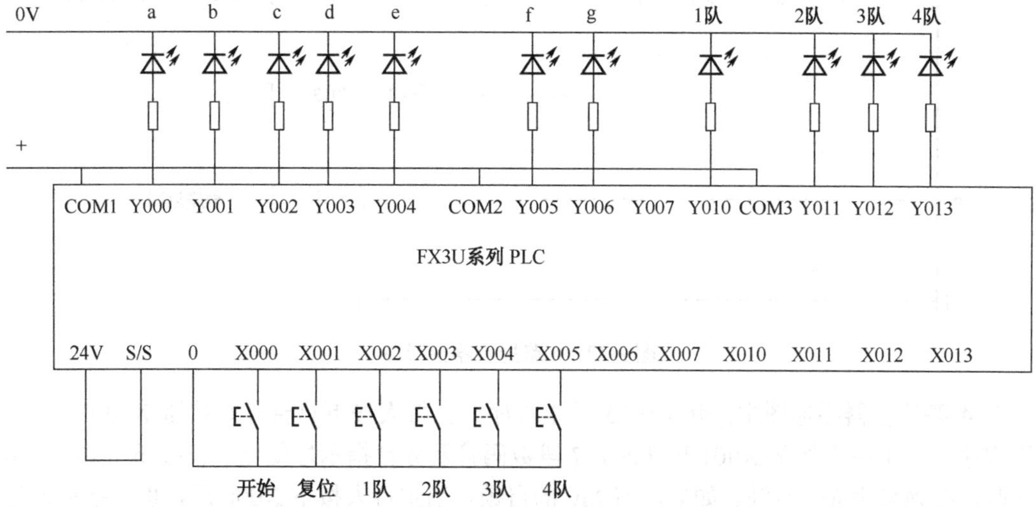

图 9-31　4 路抢答器输入/输出接线图

4 路抢答器梯形图如图 9-32 所示。

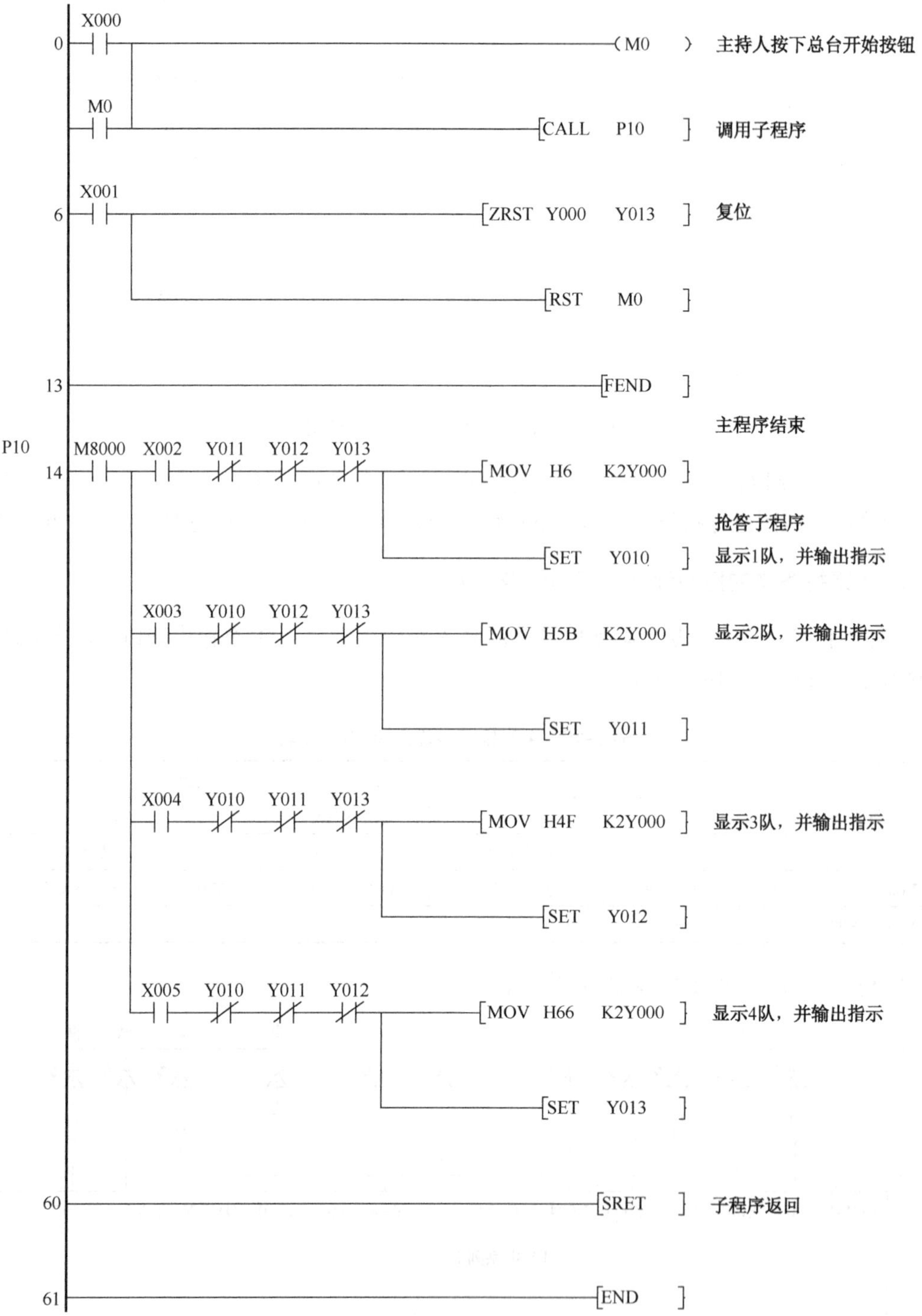

图 9-32　4 路抢答器梯形图

在 4 路抢答器梯形图中，步 0～13 是主程序。主持人按下总台开始按钮 X000 便调用抢答子程序。当主持人按下 X001 按钮时，7 段数码管及分台指示灯复位。在按下 X000 调用子程序时，必须采用 M0 自锁。如果没有 M0 的自锁，当主持人按下 X000 后，程序指针便进入抢答子程序。程序执行到抢答子程序的第 60 步时，SRET 指令使程序指针返回主程序段，执行 CALL 指令的下一条指令，这样就不能再执行抢答子程序。

在 4 路抢答器梯形图中，步 14～60 是抢答子程序。在抢答子程序的设计中，用 7 段数码管显示各队的队号。用 PLC 控制 7 段数码管显示数字有两种方法：一种方法是输出 4 位 BCD 码给 7 段数码管以进行显示（如用 BCD 码转换指令显示）；另一种方法是由 PLC 编制程序来控制 7 段数码管显示 a～g 段。假如参赛选手 1 先抢答，需要将 7 段数码管的 b～c 段点亮，其对应的数字编码如表 9-9 所示。显示数字“1”对应的编码应该是十六进制数 H06 或十进制数 K3，这里采用十六进制数更为方便。采用 MOV 指令将 H06 送到 K2 Y000 中，驱动 7 段数码管相应段，显示对应数字，其余参赛选手的队号显示与此类似。用 SET 指令对各分台指示灯置位。由于 4 路抢答器要求一旦一人抢答，其余人再抢答无效，所以在步 14 的每个梯级中都串入其他 3 个队的输出常闭触点，以实现互锁。

调试运行，用 GX Works2 编程软件编写程序，将程序写入 PLC，并按 4 路抢答器输入/输出接线图进行接线。分别按下 X000～X005 按钮，观察运行情况是否符合设计要求。

4. 炉温控制系统

设允许炉温的下限值放在 D0 中，允许炉温的上限值放在 D2 中，实测炉温放在 D1 中。按下启动按钮，系统开始工作。当实测炉温低于允许炉温下限值时，加热器工作、恒温器停止工作；当实测炉温高于允许炉温上限值时，加热器、恒温器停止工作；当实测炉温在允许炉温上、下限值之间维持时，恒温器工作。按下停止按钮，系统停止工作。

经过分析，炉温控制系统梯形图如图 9-33 所示。在炉温控制系统梯形图中采用 ZCP 指令进行温度的比较。

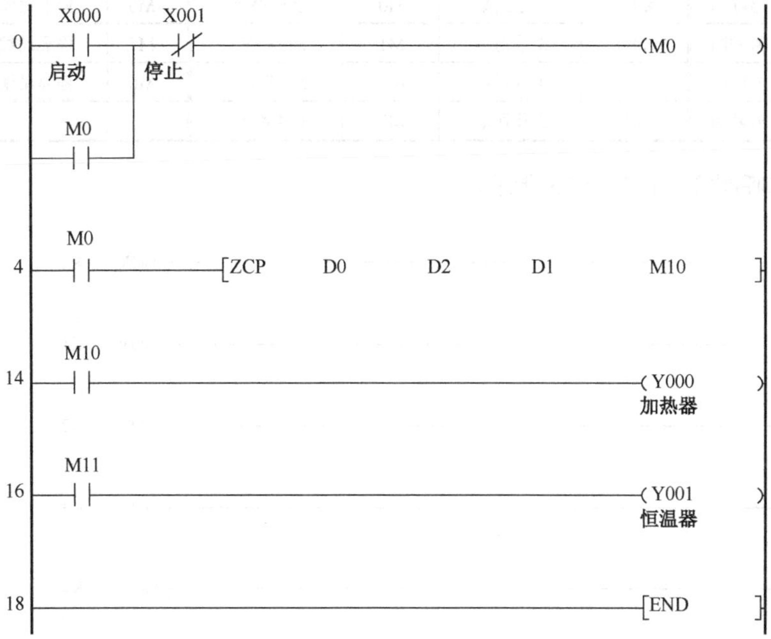

图 9-33　炉温控制系统梯形图

5. 运料小车的控制设计（控制任务三）

某自动生产线的运料小车运行图如图 9-34 所示。运料小车由一台三相交流异步电动机拖动，电动机正转时，小车右行；电动机反转时，小车左行。自动生产线有 5 个编码分别为 1、

2、3、4、5 的站点供运料小车停靠。每个站点装有一个行程开关，以检测运料小车是否到达该站点。对运料小车的控制除了设有启动按钮和停止按钮，还设有 5 个呼叫按钮 HJ1～HJ5，分别与 5 个站点相对应。

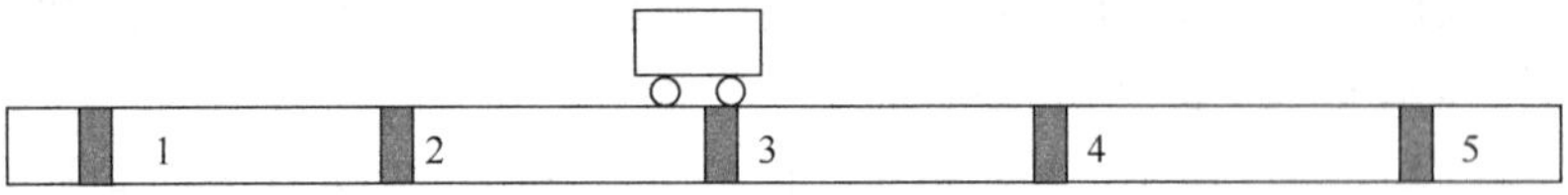

图 9-34　某自动生产线的运料小车运行图

按下启动按钮，系统开始工作；按下停止按钮，系统停止工作。

当运料小车当前所处站点的编码小于呼叫按钮 HJ 的编码时，运料小车右行，运行到呼叫按钮 HJ 所对应的站点时停止。

当运料小车当前所处站点的编码大于呼叫按钮 HJ 的编码时，运料小车左行，运行到呼叫按钮 HJ 所对应的站点时停止。

当运料小车当前所处站点的编码等于呼叫按钮 HJ 的编码时，运料小车状态保持不变。

呼叫按钮 HJ1～HJ5 应有互锁功能，先按下者优先呼叫运料小车。

运料小车呼叫输入/输出分配表如表 9-11 所示。

表 9-11　运料小车呼叫输入/输出分配表

输入	功能	输入	功能	输出	功能	输出	功能
X000	启动按钮	X006	5 号呼叫	Y000	电动机反转	M4	4 号呼叫
X001	停止按钮	X007	1 号到站	Y001	电动机正转	M5	5 号呼叫
X002	1 号呼叫	X010	2 号到站	M0	小车停止	M6	停靠站编码>呼叫站编码
X003	2 号呼叫	X011	3 号到站	M1	1 号呼叫	M7	停靠站编码=呼叫站编码
X004	3 号呼叫	X012	4 号到站	M2	2 号呼叫	M8	停靠站编码<呼叫站编码
X005	4 号呼叫	X013	5 号到站	M3	3 号呼叫		

运料小车呼叫梯形图如 9-35 所示。

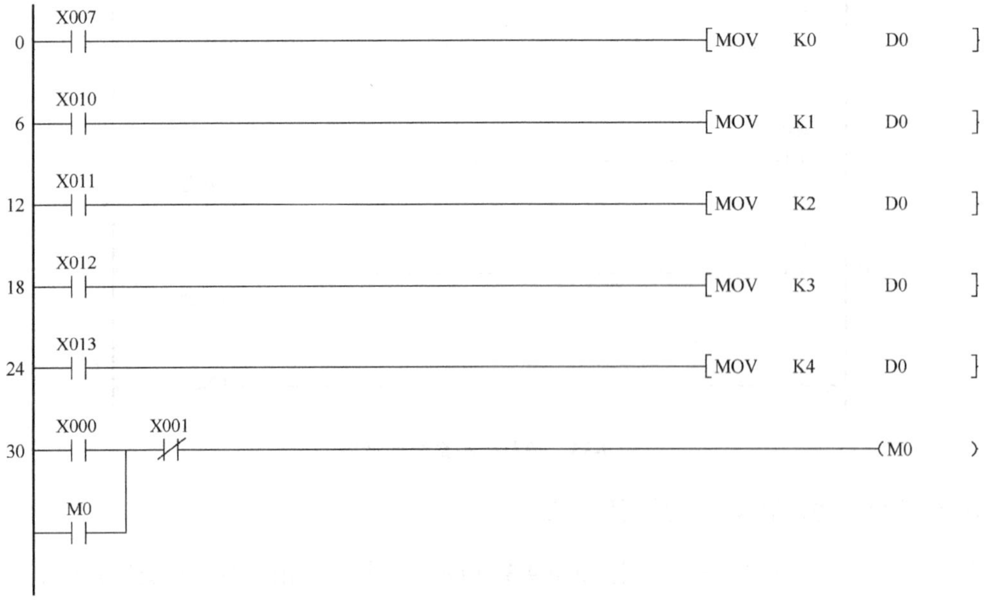

图 9-35　运料小车呼叫梯形图

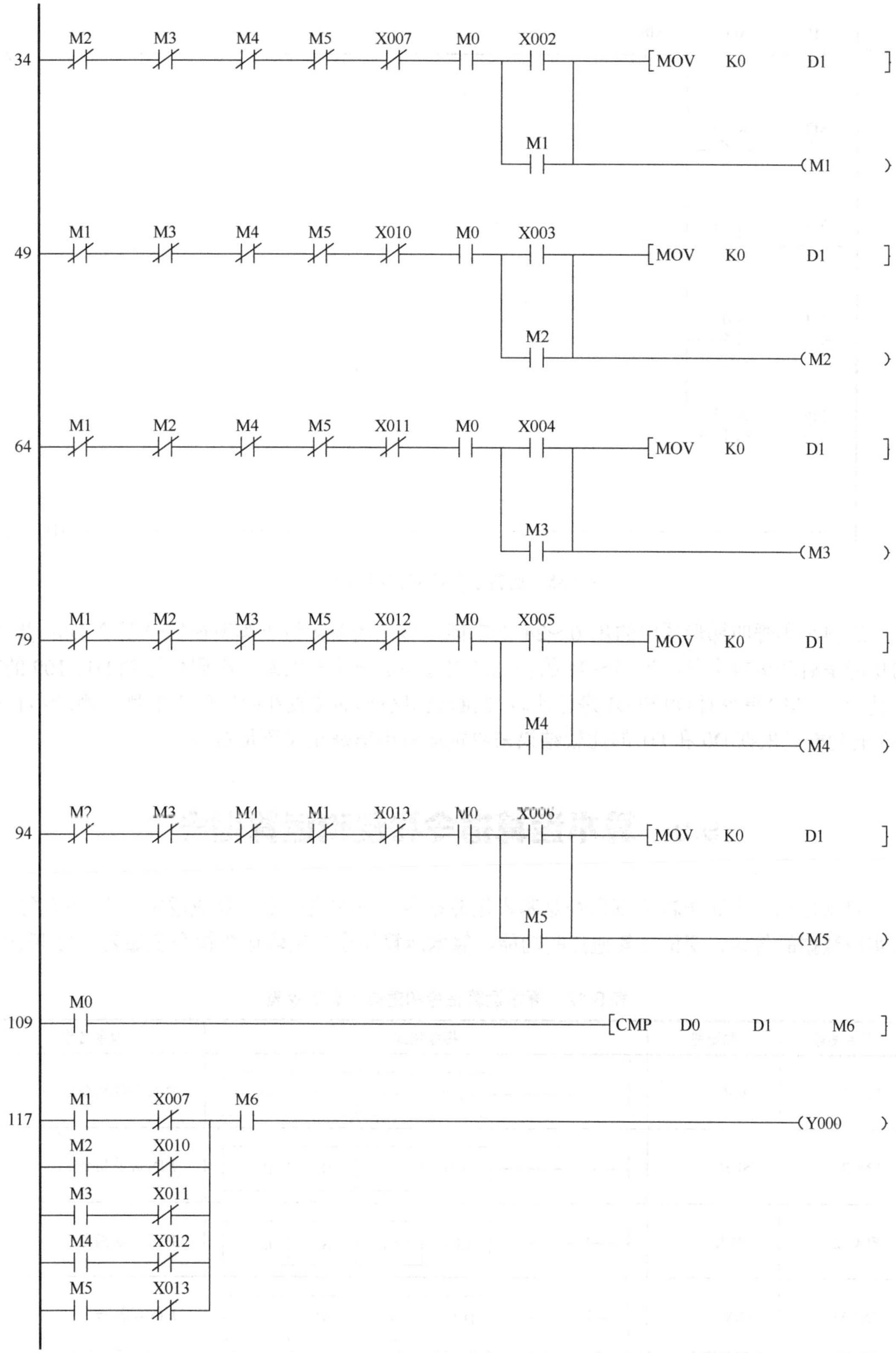

图 9-35　运料小车呼叫梯形图（续）

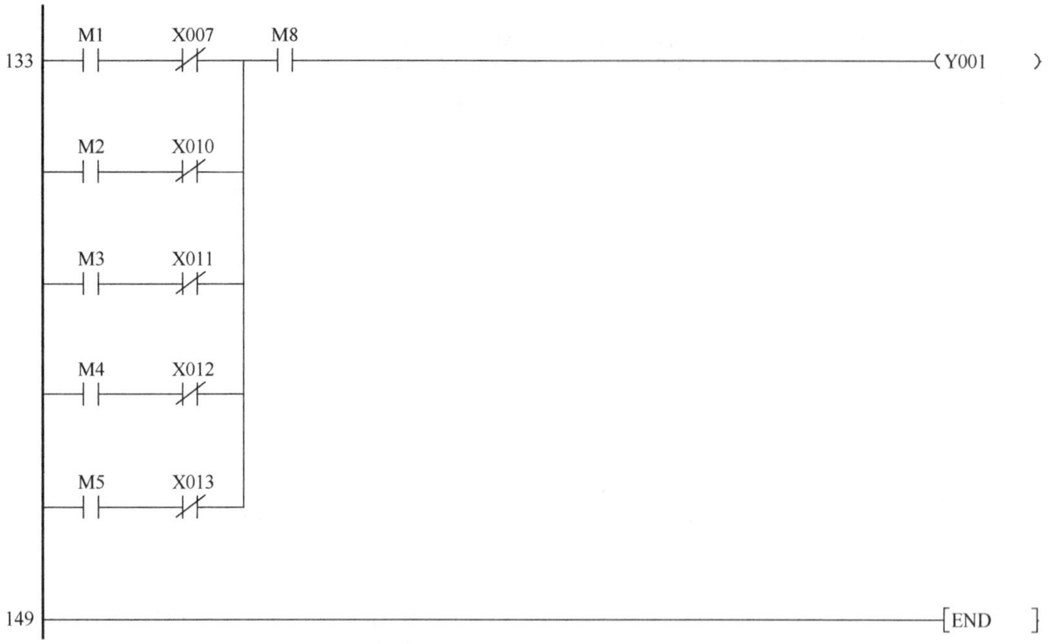

图 9-35　运料小车呼叫梯形图（续）

运料小车呼叫梯形图中的步 0～24 的功能是传送当前运料小车所在的位置给 D0；步 30 的功能是启动运料小车；步 34～94 的功能是将呼叫运料小车的站点编码传送到 D1；109 的功能是利用 CMP 指令对 D0 和 D1 进行比较，判断运料小车的位置在呼叫站点的哪一侧；步 117～133 的功能是根据 D0 和 D1 的比较结果来决定运料小车是左移还是右移。

9.5　算术运算指令和逻辑运算指令

算术运算指令和逻辑运算指令是基本运算指令，可完成四则运算或逻辑运算，可通过运算实现数据的传送、变位及其他控制功能。算术运算指令和逻辑运算指令表如表 9-12 所示。

表 9-12　算术运算指令和逻辑运算指令表

指令编号	助记符	指令格式	指令名称
FNC20	ADD	ADD S1 S2 D	BIN 加法指令
FNC21	SUB	SUB S1 S2 D	BIN 减法指令
FNC22	MUL	MUL S1 S2 D	BIN 乘法指令
FNC23	DIV	DIV S1 S2 D	BIN 除法指令
FNC24	INC	INC D	加 1 指令

续表

指令编号	助记符	指令格式	指令名称
FNC25	DEC	DEC D	减 1 指令
FNC26	WAND	WAND S1 S2 D	逻辑与指令
FNC27	WOR	WOR S1 S2 D	逻辑或指令
FNC28	WXOR	WXOR S1 S2 D	逻辑异或指令
FNC29	NEG	NEC D	求补码指令

9.5.1　算术运算指令和逻辑运算指令的详细介绍

1. BIN 加法指令（ADD 指令）

BIN 加法指令的编号为 FNC20，其功能是将指定的源元件中的二进制数相加结果送到指定的目标软元件中。BIN 加法指令的使用如图 9-36 所示，当 X000 为 ON 时，执行（D0）+（D1）→（D2）。在使用连续 BIN 加法指令时，每个扫描周期都执行一次加法运算。

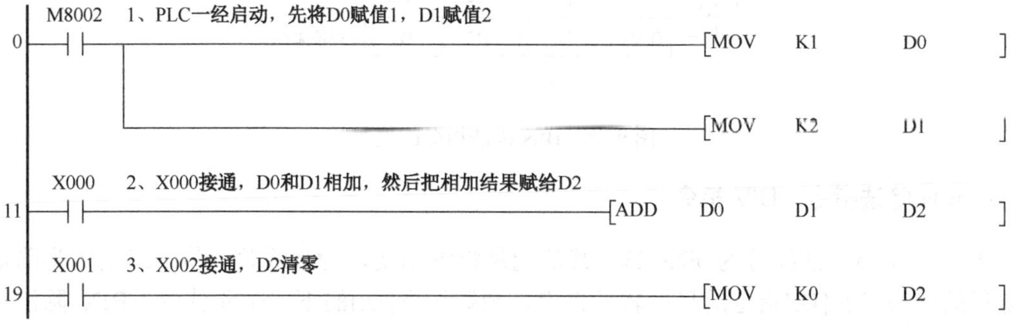

图 9-36　BIN 加法指令的使用

2. BIN 减法指令（SUB 指令）

BIN 减法指令的编号为 FNC21，其功能是将指定软元件中的内容以二进制形式减去指定软元件的内容，相减结果存入由源元件指定的软元件中。BIN 减法指令的使用如图 9-37 所示，当 X0 为 ON 时，执行（D10）-（D12）→（D14）。

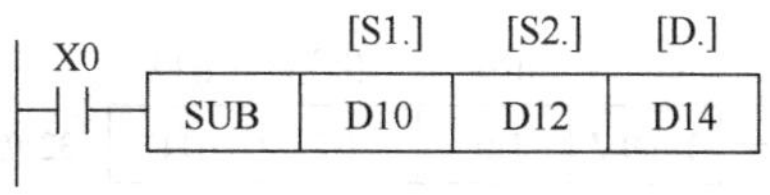

图 9-37　BIN 减法指令的使用

BIN 加法指令和 BIN 减法指令使用注意事项如下。

● 源操作数可取所有数据类型，目标操作数可取 K*n*Y、K*n*M、K*n*S、T、C、D、V 和 Z。源元件号和目标元件号可以使用相同的元件号。当源元件号和目标元件号相同而采用连续执行的加法指令和减法指令时，运算结果在每个扫描周期都会改变。

- 在使用 BIN 加法指令或 BIN 减法指令进行 16 位运算时占 7 个程序步，进行 32 位运算时占 13 个程序步。在 32 位运算中，被指定的起始字元件是低 16 位字元件，而下一个字元件则为高 16 位字元件。
- 运算数据为有符号二进制数，最高位为符号位（0 表示正，1 表示负）。
- BIN 加法指令有 3 个标志：零标志（M8020）、借位标志（M8021）和进位标志（M8022）。当运算结果超过 32767（16 位运算）或 2147483647（32 位运算）时，进位标志置 1；当运算结果小于-32767（16 位运算）或-2147483647（32 位运算）时，借位标志置 1。

3. BIN 乘法指令（MUL 指令）

BIN 乘法指令的编号为 FNC22，其运算数据均为有符号二进制数。BIN 乘法指令的使用如图 9-38 所示。在图 9-38（a）中，当 X0 为 ON 时，将二进制 16 位数[S1.]、[S2.]相乘，相乘结果送到[D.]中。D 表示 32 位，即（D0）×（D2）→（D5，D4）（16 位乘法），结果为 32 位数。在图 9-38（b）中，当 X1 为 ON 时，（D1，D0）×（D3，D2）→（D7，D6，D5，D4）（32 位乘法），相乘结果为 64 位数。

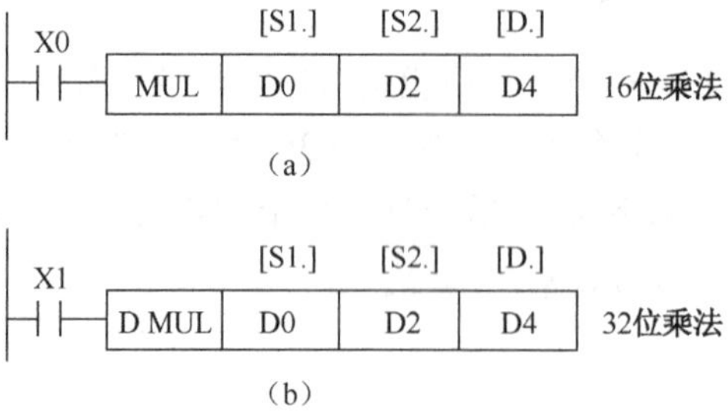

图 9-38　BIN 乘法指令的使用

4. BIN 除法指令（DIV 指令）

BIN 除法指令的编号为 FNC23，其功能是将[S1.]指定为被除数、将[S2.]指定为除数，将除得的结果送到[D.]指定的目标软元件中，余数送到[D.]的下一个元件中。BIN 除法指令的使用如图 9-39 所示。在图 9-39（a）中，当 X0 为 ON 时，（D0）÷（D2）→（D4）（为商），（D5）为余数（16 位除法）。在图 9-39（b）中，当 X1 为 ON 时，（D1,D0）÷（D3,D2）→（D5,D4）（为商），（D7,D6）（为余数）（32 位除法）。

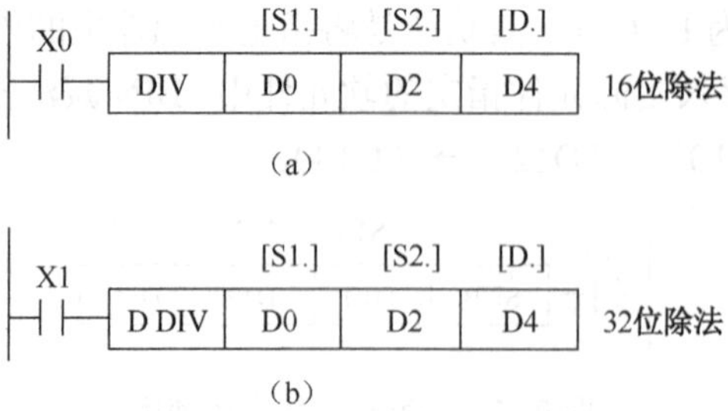

图 9-39　BIN 除法指令的使用

BIN 乘法和 BIN 除法指令使用注意事项如下。

- 源操作数可取所有数据类型，目标操作数可取 K*n*Y、K*n*M、K*n*S、T、C、D、V 和 Z，

Z 只有进行 16 位乘法运算时可用，进行 32 位乘法运算时不可用。

● 在使用 BIN 乘法指令或 BIN 除法指令进行 16 位运算时占 7 个程序步，进行 32 位运算时占 13 个程序步。

● 积、商和余数的最高位为符号位。

5. 加 1 指令（INC 指令）和减 1 指令（DEC 指令）

加 1 指令的编号为 FNC24，减 1 指令的编号为 FNC25。加 1 指令的功能是将指定软元件的内容加 1，减 1 指令的功能是将指定软元件的内容减 1。加 1 指令和减 1 指令的使用如图 9-40 所示，当 X0 为 ON 时，（D10）＋1→（D10）；当 X1 为 ON 时，（D11）－1→（D11）。若指令是连续指令，则每个扫描周期均进行一次加 1 运算或减 1 运算。

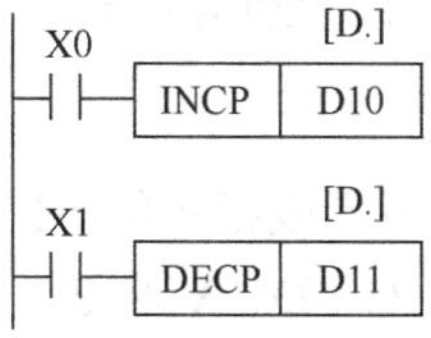

图 9-40　加 1 指令和减 1 指令的使用

加 1 指令和减 1 指令使用注意事项如下。

● 加 1 指令和减 1 指令的操作数可取 K*n*Y、K*n*M、K*n*S、T、C、D、V、Z。

● 在使用加 1 指令或减 1 指令进行 16 位运算时占 3 个程序步，进行 32 位运算时占 5 个程序步。

● 在进行加 1 运算时，若为 16 位数据，则 32767 加 1 变为-32768，但标志不置位；若为 32 位数据，2147483647 加 1 变为-2147483648，标志也不置位。

● 在进行减 1 运算时，若数据为 16 位，-32768 减 1 变为 32767，且标志不置位；若数据为 32 位，-2147483648 减 1 变为 2147483647，标志也不置位。

6. 逻辑运算指令

逻辑与指令（WAND 指令）。逻辑与指令的编号为 FNC26，其功能是将两个源操作数按位进行与运算，结果送到指定软元件。

逻辑或指令（WOR 指令）。逻辑或指令的编号为 FNC27，其功能是对两个源操作数按位进行或运算，结果送到指定元件。

逻辑异或指令（WXOR 指令）。逻辑异或指令的编号为 FNC28，其功能是对源操作数位进行逻辑异或运算。

求补指令（NEG 指令）。求补指令的编号为 FNC29，其功能是将[D.]指定的软元件内容的各位先取反再加 1，再将结果存入原来的软元件中。

逻辑运算指令的使用如图 9-41 所示。

在图 9-41 中，当 X0→ON 时，执行［D10］和［D20］的逻辑“与”运算，假设［D10］中的 16 位数据是 0000000011111111，［D20］中的 16 位数据是 1111111100000000，它们相“与”后（与逻辑功能：有 0 出 0、全 1 出 1）的结果 0000000000000000 送到［D30］中。当 X1 为 ON 时，执行［D10］和［D20］的逻辑“或”运算，它们相“或”后（或逻辑功能：有 1 出 1、全 0 出 0）的结果 1111111111111111 送到［D30］中。当 X2 为 ON 时，执行［D10］和［D20］的逻辑“异或”运算，它们相“异或”后（相同出 0、相异出 1）的结果 1111111111111111 送到［D30］中。当 X3 为 ON 时，执行求补指令，D10 的结果为 0000000011111111。

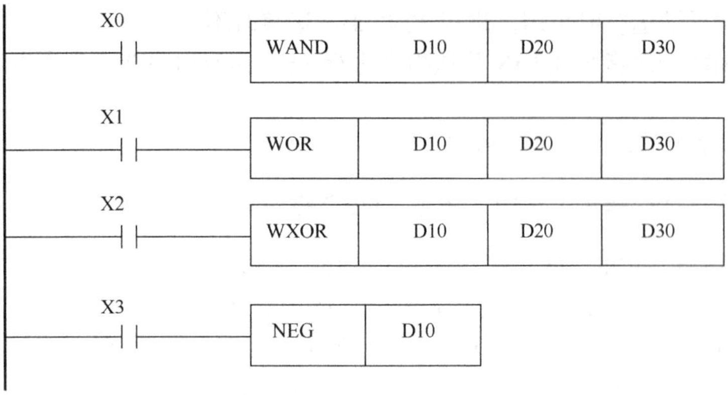

图 9-41　逻辑运算指令的使用

逻辑运算指令使用注意事项如下。

- 逻辑与指令、逻辑或指令和逻辑异或指令的[S1.]和[S2.]均可取所有的数据类型，而目标操作数可取 K*n*Y、K*n*M、K*n*S、T、C、D、V 和 Z。
- 求补指令只有目标操作数，可取 K*n*Y、K*n*M、K*n*S、T、C、D、V 和 Z。
- 逻辑与指令、逻辑或指令、逻辑异或指令在进行 16 位运算时占 7 个程序步，在进行 32 运算时占为 13 个程序步。求补指令在进行 16 位运算时占 3 个程序步，在进行 32 位运算时占 5 个程序步。

9.5.2　算术运算指令的应用

编写自动售货机自动控制系统程序（控制任务四），根据 9.1 节控制任务四的要求，分析如下。

在计币系统中，叠加的钱币数据存放在数据寄存器 D2 中。退币时系统首先将 D2 内的钱币数除以 10 得到整数部分，该整数部分的数值是 1 元钱需要退回的数量，存放在 D10 里，余数存放在 D11 里；再将 D11 内的余数除以 5 得到整数部分，该整数部分的数值是 5 角钱需要退回的数量，存放在 D12 里，余数存放在 D13 里；D13 里面的数值是 1 角钱需要退回的数量。在本例中，输入量和输出量较多，自动售货机输入/输出分配表如表 9-13 所示。

表 9-13　自动售货机输入/输出分配表

名称	符号	输入编号	名称	符号	输出编号
1 角入口		X000	钱币不足	EL1	Y000
5 角入口		X001	汽水选择灯	EL2	Y001
1 元入口		X002	咖啡选择灯	EL3	Y002
汽水选择	SB2	X003	汽水电动机	KM1	Y003
咖啡选择	SB3	X004	汽水电磁阀	YV1	Y004
1 元退币		X005	咖啡电动机	KM2	Y005
5 角退币		X006	咖啡电磁阀	YV2	Y006
1 角退币		X007	无币报警	EL	Y007
退币	SB4	X010	无汽水报警	EL4	Y011
汽水不足		X011	无咖啡报警	EL5	Y012
咖啡不足		X012	退 1 元电动机	KM3	Y013
1 元不足		X013	退 5 角电动机	KM4	Y014

续表

名称	符号	输入编号	名称	符号	输出编号
5 角不足		X014	退 1 角电动机	KM5	Y015
1 角不足		X015			
启动	SB0	X016			
停止	SB1	X017			

自动售货机自动控制系统梯形图如图 9-42 所示。

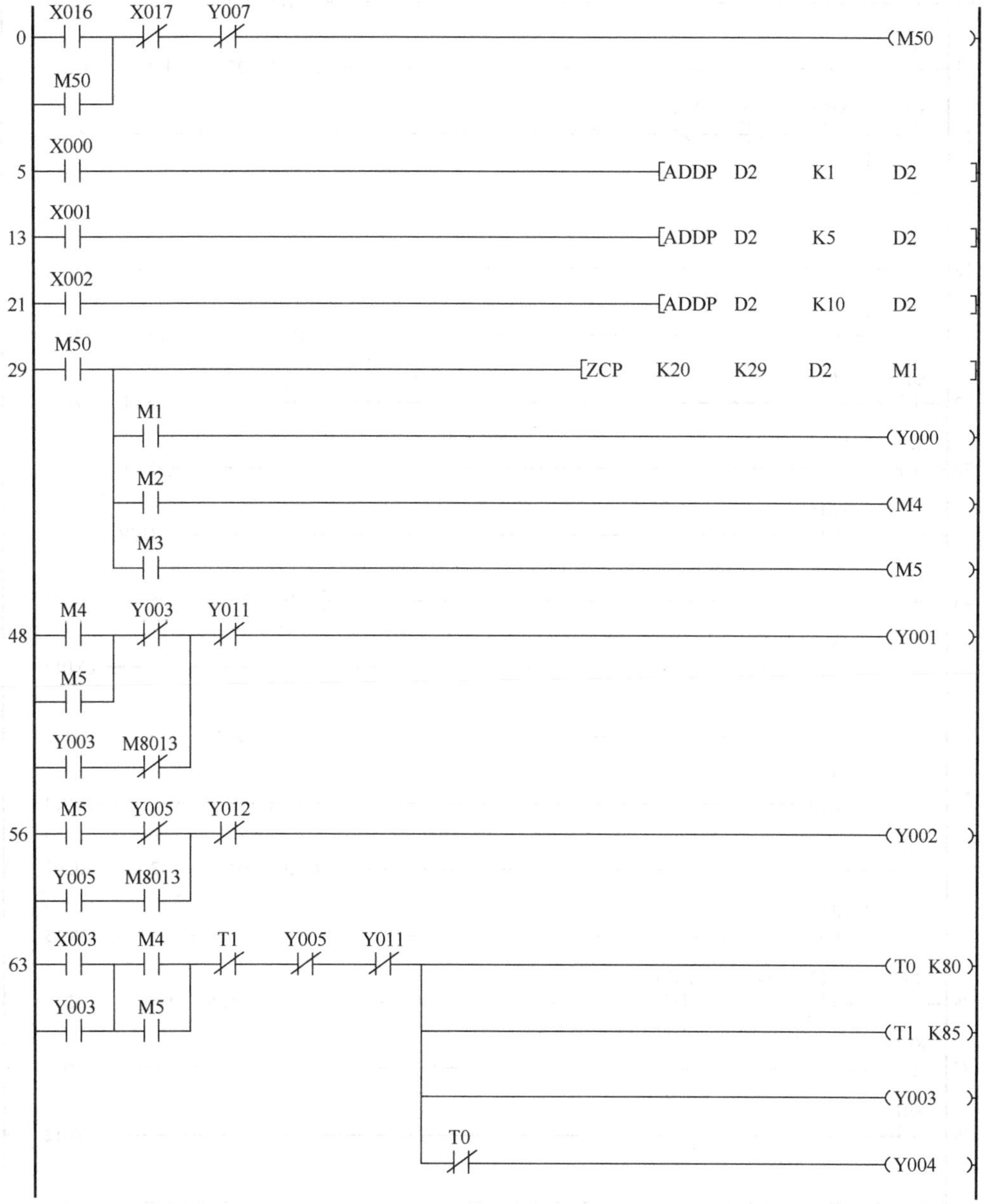

图 9-42　自动售货机自动控制系统梯形图

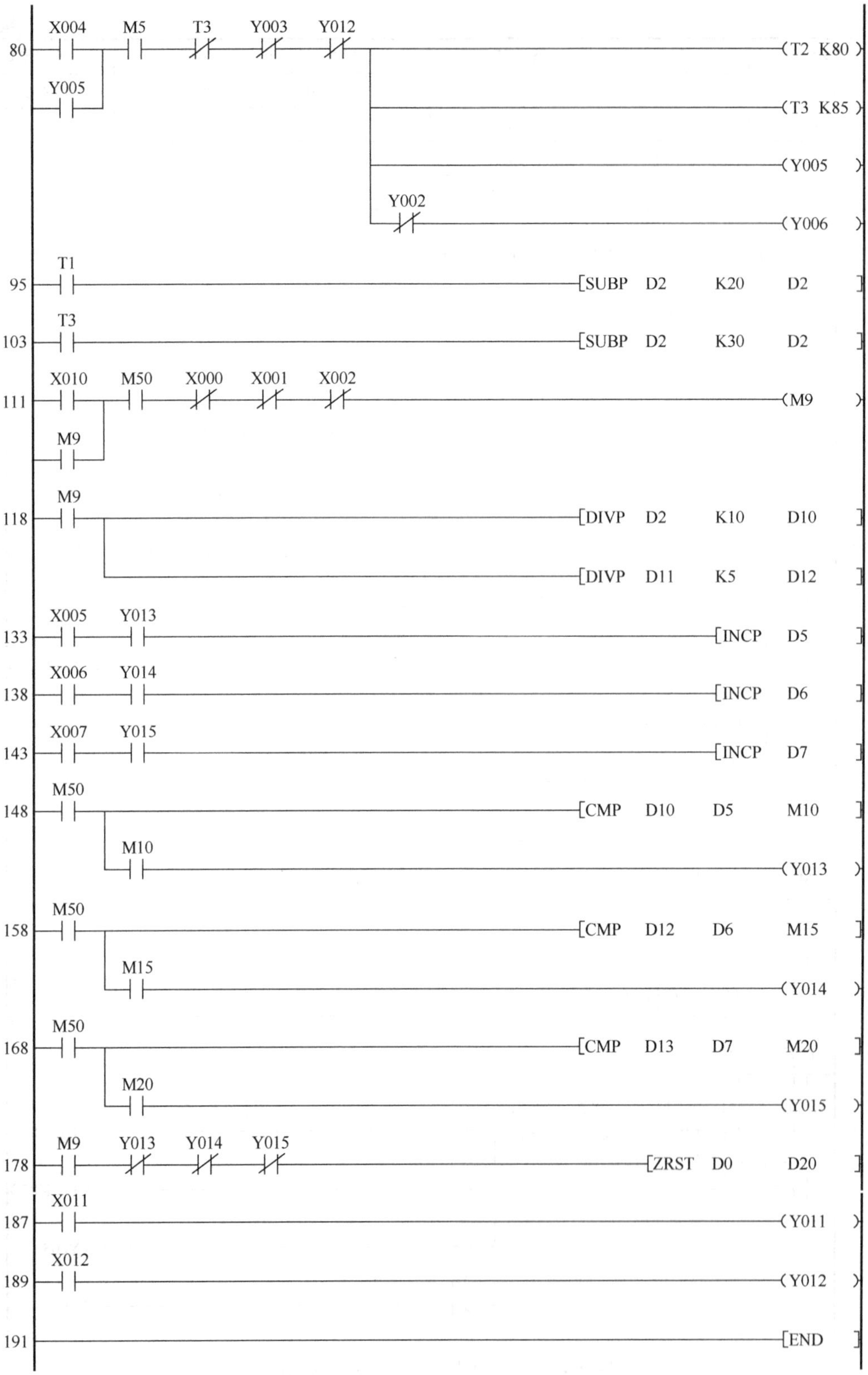

图 9-42　自动售货机自动控制系统梯形图（续）

在图 9-42 中，步 5～21 为计币系统，统计投币数量。步 29 将投币数量与 K20 和 K29 进行比较，判断能购买哪种货物。步 48 选择购买汽水，步 56 选择购买咖啡。步 63 为汽水电动机，用于供应汽水；步 80 为咖啡电动机，用于供应咖啡。步 95 和步 103 为投币值减去商品价值后的剩余钱币。步 111 启动退币。步 118 采用运算指令计算退币系统可退多少个 1 元硬币、多少个 5 角硬币和多少个 1 角硬币。步 133 进行 1 元退币，步 138 进行 5 角退币，步 143 进行 1 角退币。步 148、步 158、步 168 分别比较 1 元、5 角、1 角是否退币完毕。步 187、步 189 用于在自动售货机缺货时输出报警信息。

9.6　移位指令

FX3U 系列 PLC 中设置了 10 条移位指令，能够轻松实现数据的循环移位、位移位及先进先出等功能。

9.6.1　移位指令的简介

1. 循环左移指令和循环右移指令

循环左移指令和循环右移指令的格式如图 9-43 所示。

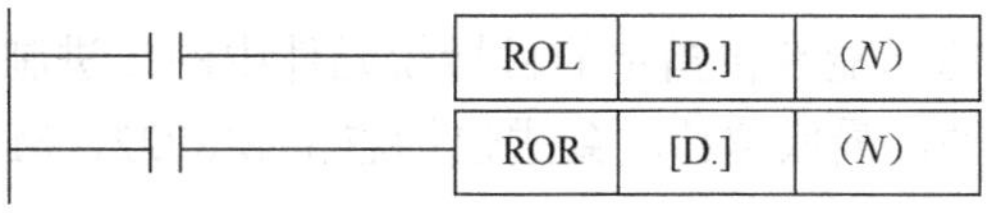

图 9-43　循环左移指令和循环右移指令的格式

图 9-43 中的各符号含义如下。

D：源操作数。

N：执行一次移位的次数。

循环左移（右移）指令的功能是把源操作数的各位向左（向右）移动 *N* 位。

例如，ROL　D0　K1，即执行该指令后，D0 寄存器的各位左移 1 位。

循环左移指令的应用如图 9-44 所示。执行前 D0 的状态：D0＝H4001

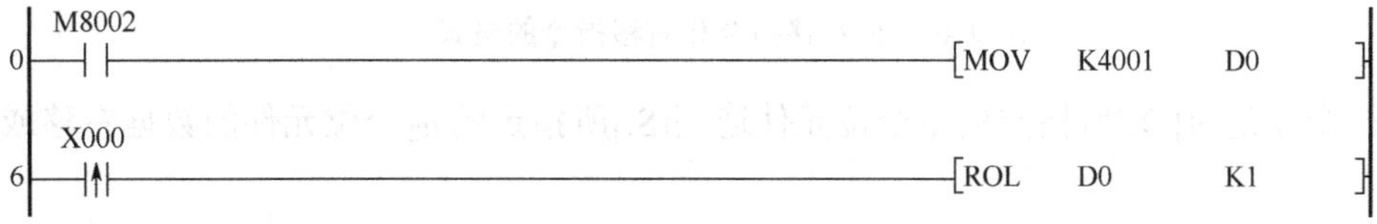

15	14	13	12	11	10	9	8	7	6	5	4	3	2	1	0
0	1	0	0	0	0	0	0	0	0	0	0	0	0	0	1
1	0	0	0	0	0	0	0	0	0	0	0	0	0	1	0

图 9-44　循环左移指令的应用

图 9-44 中的循环左移指令执行过程如下。

第一步，左移。

第二步，把移出去的高位补上低位。

执行结果：D0＝H8002。

循环左移指令和循环右移指令使用注意事项如下。

● 助记符加前缀(D)为32位，否则为16位。助记符加后缀(P)时为脉冲执行型，否则为连续执行型。

● 循环左移指令和循环右移指令的目标操作数[D.]可取K*n*Y、K*n*M、K*n*S、T、C、D、V、Z。循环移位的位数用*N*表示，*N*用十进制数K或十六进制数H表示。

● 当目标元件指定为位元件组合时，只能是K4指定的16位或K8指定的32位。

2. 带进位循环右移指令和带进位循环左移指令

带进位循环右移指令和带进位循环左移指令的格式如图9-45所示。

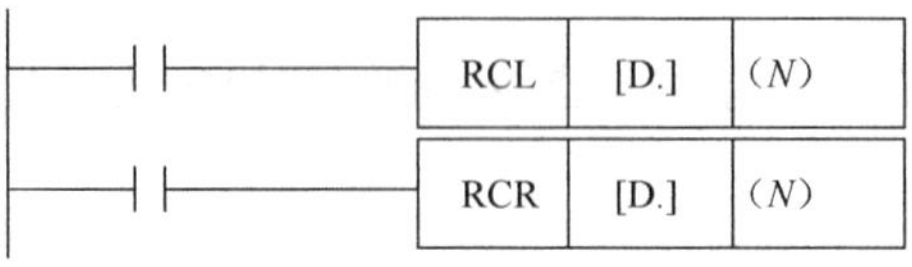

图9-45　带进位循环右移指令和带进位循环左移指令的格式

图9-45中的各符号含义如下。

D：操作数。

N：执行一次移位的次数。

带进位循环移位指令的功能是将指定的目标软元件中的二进制数按照指令规定的每次移动的位数由高位向低位移动，最低位移动到进位标志位M8022，M8022中的内容则移动到最高位。

在使用带进位循环移位指令时的注意事项同循环移位指令。

3. 位左移指令和位右移指令

位左移指令和位右移指令格式如图9-46所示。

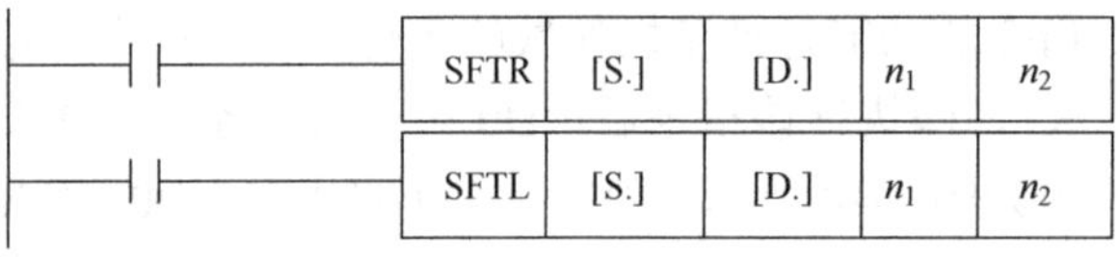

图9-46　位左移指令和右移指令的格式

位移位指令是对[D.]所指定的n_1个位元件连同[S.]所指定的n_2个位元件的数据右移或左移n_2位。

位移位指令的应用如图9-47所示。

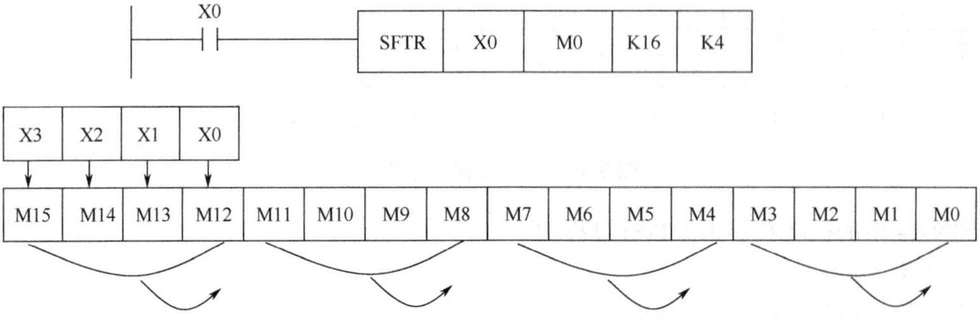

（a）位右移指令的应用

图9-47　位移位指令的应用

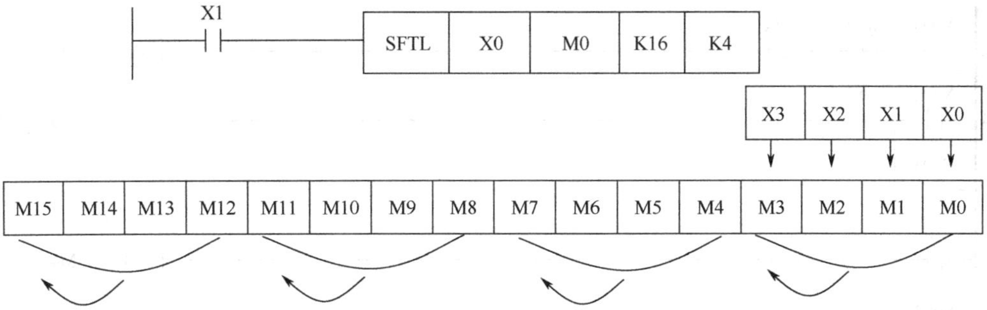

（b）位左移指令的应用

图 9-47　位移位指令的应用（续）

对于图 9-47（a）的位右移指令的梯形图，当 X0 由 OFF 变为 ON 时，[D.]内（M0～M15）16 位数据连同[S.]内（X0～X3）4 位软元件的数据向右移 4 位，4 位软元件的数据（X0～X3）从[D.]的高位移入，而[D.]的低位数据 M0～M3 移出（溢出）。若图中 n_2=K1，则每次只移位 1 位。图 9-47（b）的位左移指令的梯形图移位原理与图 9-47（a）的位右移指令的梯形图移位原理相同。

9.6.2　移位指令的应用实例

利用移位指令实现三相步进电动机的正反转控制和调速控制（控制任务五）。

三相步进电动机脉冲列由晶体管输出的 Y000～Y002 送出，作为三相步进电动机驱动电源功放电路的输入。将积算定时器 T246 作为脉冲发生器，设定值为 K2～K500，定时为 2～500ms，则三相步进电动机可获得 2 步/s 到 500 步/s 的变速范围。当 X000 为 OFF 时，三相步进电动机正转；当 X000 为 ON 时，三相步进电动机反转。X001 为启动按钮，X002 为减速按钮，X003 为增速按钮。用移位指令控制三相步进电动机的梯形图如图 9-48 所示。

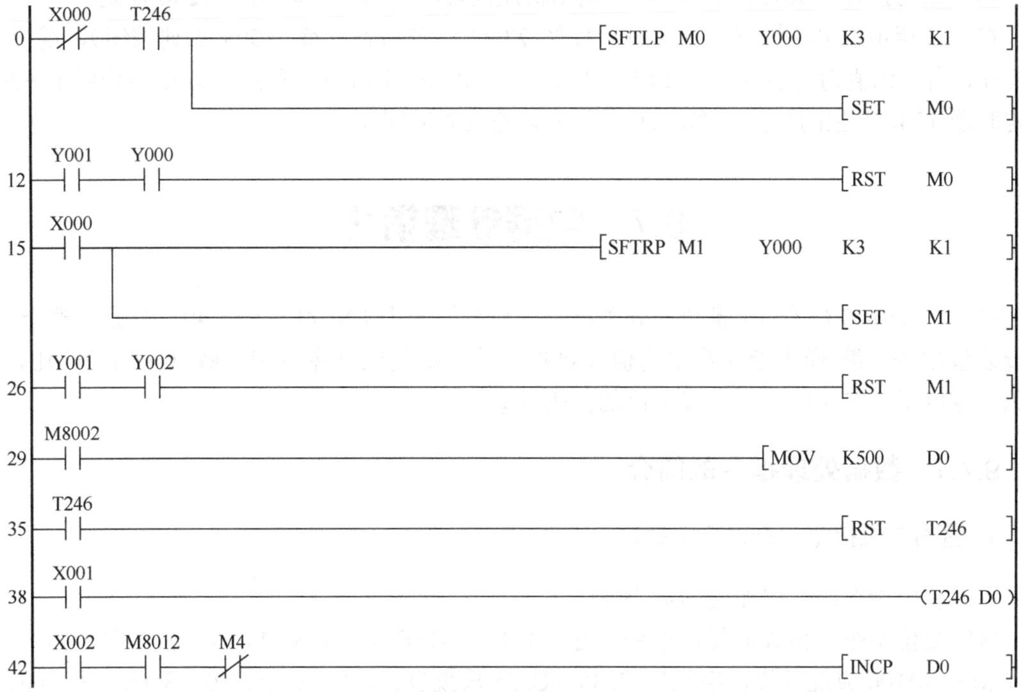

图 9-48　用移位指令控制三相步进电动机的梯形图

图 9-48　用移位指令控制三相步进电动机的梯形图（续）

对于图 9-48 中的梯形图，当 PLC 上电（M8002 接通一个扫描周期）后，M0=0，K500 被传送到 D0 中，脉冲序列形成。当 X001 为 ON 时，三相步进电动机启动，积算定时器 T246 开始工作，0.5s 定时时间到，T246 常开触点闭合，X000 为 OFF，三相步进电动机正转并执行 SFTL 指令。由 n_1=3 可知，目标位元件有 Y002、Y001、Y000；由 n_1=1 可知，这几个位元件在沿电动机正转方向移动时仅由一个源元件 M0 的数据内容控制它们的置“1”或置“0”；由传送脉冲频率可知，三相步进电动机每 0.5s 沿正序方向进 1 步，在 T246 的作用下，最终形成 001、011 和 110、101 的三拍循环。

在三相步进电动机动作过程中，T246 是移位脉冲产生环节，INC 指令及 DEC 指令用于调整 T246 产生的脉冲频率，T0 用来控制频率调整的时间长度。

当转动切换开关 X000 为 ON 时，电动机反向转动，每 1 步时间由 T246 控制。

在对三相步进电动机进行调速时，按住 X002 减速按钮（或 X003 加速按钮），观察 D0 的变化，当变化值为所需要的速度时，释放按钮。程序中的 INC 指令和 DEC 指令用于调整积算定时器 T246 产生的脉冲频率。T0 是频率调整的时间限制。

9.7　数据处理指令

FX3U 系列 PLC 有 10 条数据处理指令，指令编号为 FNC40～FNC49。数据处理指令包含批复位指令、编/译码指令及平均值计算指令等。批复位指令可用于数据区的初始化，编/译码指令可用于字元件中某一置 1 位的位码的编译。

9.7.1　数据处理指令的简介

1. 区间复位指令（ZRST 指令）

区间复位指令的使用如图 9-49 所示。

区间复位指令也称成批复位指令。当 M8002 由 OFF 变为 ON 时，执行区间复位指令。位元件 M0～M100 成批复位、字元件 C235～C255 成批复位、状态元件 S0～S100 成批复位。

图 9-49　区间复位指令的使用

两个目标操作数指定的软元件应为同类元件，第一个目标操作数指定的元件号应小于或等于第二个目标操作数指定的元件号。若[D1]的元件号大于[D2]的软元件号，则只有[D1]指定的软元件被复位。区间复位指令的操作数可取 Y、M、S、T、C、D。

区间复位指令为 16 位运算指令，但是可在[D1][D2]中指定 32 位计数器。

2. 解码指令（DECO 指令）

解码指令的使用如图 9-50 所示。

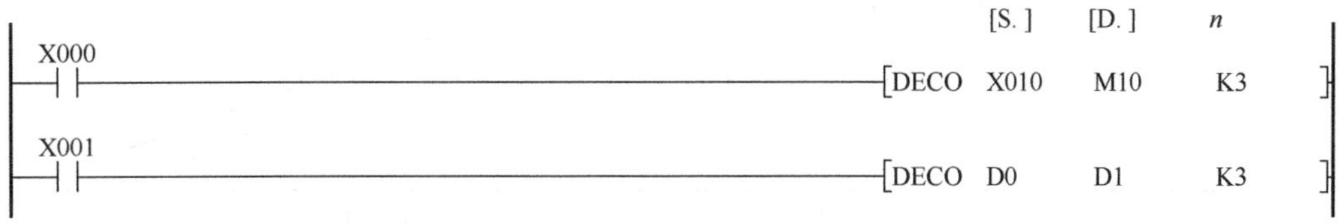

X12	X11	X10
0	1	1

$2^0+2^1=3$

b7	b6	b5	b4	b3	b2	b1	b0
M17	M16	M15	M14	M13	M12	M11	M10
0	0	0	0	0	1	0	0

n

D0	0	1	1	0	0	0	0	1	1	1	1	0	0	0	1	1
D1	0	0	0	0	0	0	0	0	0	0	0	0	1	0	0	0

2^n

图 9-50　解码指令的使用

解码指令使用注意事项如下。

- 解码指令的源操作数[S.]可取 K、H、X、Y、M、S、T、C、D、V、Z。解码指令的目标操作数[D.]可取 Y、M、S、T、C、D。
- 当[D.]是位元件时，以源操作数[S.]为首地址的 n 位连续的位元件所表示的十进制数 Q，解码指令将以[D.]为首地址目标软元件的第 Q 位（不含目标软元件位本身）置 1，将其他位置 0。例如，在图 9-50 中，源数据 Q＝1+2＝3，因此从 M10 开始的第 3 位 M13 为 1。当源数据 Q 为 0 时，则第 0 位（M10）为 1。

当 n＝0 时，程序不执行；当 $n\neq$（0、1、2…8）时，出现运算错误。当 n＝8 时，[D.]位数为 256。当驱动输入 OFF 时，不执行指令，上一次解码输出置 1 的位保持不变。

需要注意的是，若指令是连续执行型指令，则在各个扫描周期都执行。

● 当[D.]是字元件时，由源操作数[S.]指定字元件的低 *n* 位所表示的十进制码 Q，解码指令将由[D.]指定的目标字元件的第 Q 位（不含最低位）置 1，将其他位置 0。例如，在图 9-50 中，因为源数据 Q=3，所以 D1 的第 3 位为 1；当源数据为 0 时，第 0 位为 1。

当 *n*=0 时，程序不执行；当 *n*≠（0、1、2、3、4）时，运算出现错误。当 *n*=4 时，[D.]位数为 16 位。当驱动输入 OFF 时，不执行指令，上一次解码输出置 1 的位保持不变。

n 在 K1～K8 之间变化，可以与 0～255 的数值对应。

3. 编码指令（ENCO 指令）

编码指令的基本格式与应用如图 9-51 所示。

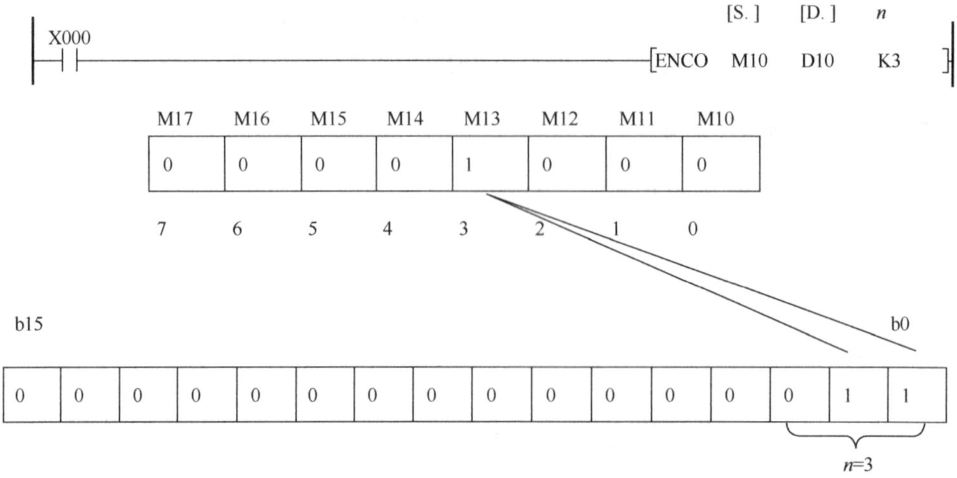

图 9-51　编码指令的基本格式与应用

编码指令的功能：当 X000 为 ON 时，对 M17～M10 所代表的 8 个十进制数进行编码，置 1 的最高位是 M13，M13 对应的十进制数是 3，3 对应的 K3 位二进制数的编码是 011，把这个编码结果存放到 D10 的低 3 位中。

编码指令的源操作数[S.]可取：X、Y、M、S、T、C、D、V、Z。编码指令的目标操作数[D.]可取 T、C、D、V、Z。*n* 中的 K 值表示源元件的数量为 2*n* 个；16 位编码指令在程序中占 7 个程序步。

4. 平均值指令（MEAN 指令）

平均值指令的基本格式如图 9-52 所示。

图 9-52　平均值指令的基本格式

平均值指令的功能：当 X001 为 ON 时，执行平均值指令，将 D0 中的连续 3 个（*n*=K3）数据寄存器中的内容取出，求出它们的算术平均值后将该平均值送入 D10 中。

平均值指令的源操作数[S.]可取 K*n*X、K*n*Y、K*n*M、K*n*S、T、C 和 D。平均值指令的目标操作数[D.]可取 K*n*Y、K*n*M、K*n*S、T、C、D、V 和 Z。

5. 求 ON 位总和指令（SUM 指令）

求 ON 位总和指令的基本格式如图 9-53 所示。

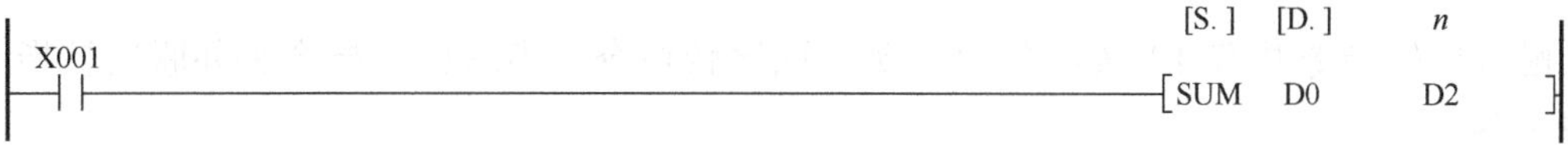

图 9-53　求 ON 位总和指令的基本格式

求 ON 位总和指令的功能：当 X001 为 ON 时，执行求 ON 位总和指令，图 9-53 中源元件 D0 的 16 个位中有 9 个位为 1（如 0010111111110000），当 X001 为 ON 时，将 D0 中置 1 的位数和存入目标软元件 D2 中。若 D0 中所有位都为 0，则 0 标志位 M8020 动作。

求 ON 位总和指令的源操作数[S.]可取所有数据类型，目标操作数[D.]可取 K*n*Y、K*n*M、K*n*S、T、C、D、V 和 Z。

9.7.2　数据处理指令的应用实例

用一个开关实现 5 台电动机（M1～M5）每隔 6s 顺序启动的控制。控制要求：合上开关时，M1～M5 按顺序间隔 6s 启动运行；断开开关时，M1～M5 同时停止工作。由控制要求可知，该系统输入信号只有一个 X000；输出信号是控制 5 台电动机运行的 Y000～Y004。

用解码指令实现上述控制要求。1 个开关控制 5 台电动机顺序启动梯形图如图 9-54 所示，在该梯形图中，解码指令用来译码，M1～M5 依次为 1。

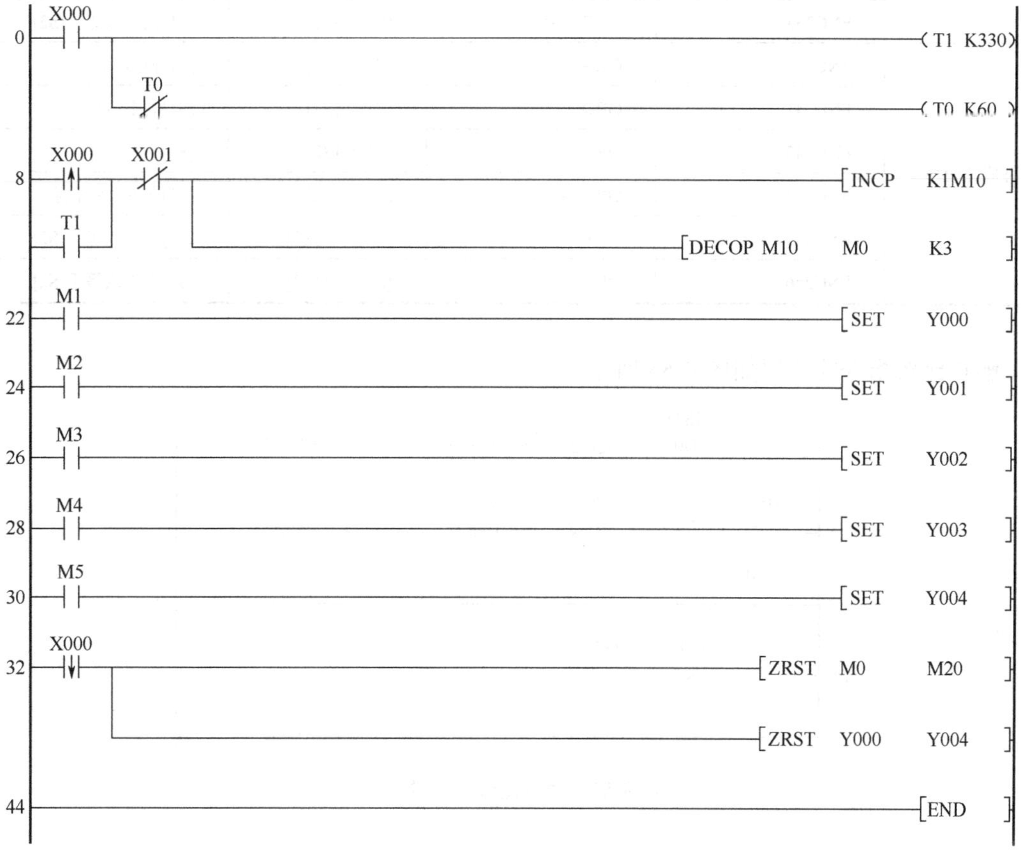

图 9-54　1 个开关控制 5 台电动机顺序启动梯形图

9.8　触点比较指令

触点比较指令共有 18 条，分为 3 类：取比较指令、串联比较指令和并联比较指令，如表 9-14 所示。

表 9-14　触点比较指令表

	指令编号	助记符	比较条件	功能
取比较指令	FNC224	LD＝	[S1]＝[S2]	[S1]和[S2]相等
	FNC225	LD＞	[S1]＞[S2]	[S1]大于[S2]
	FNC226	LD＜	[S1]＜[S2]	[S1]小于[S2]
	FNC228	LD＜＞	[S1]≠[S2]	[S1]和[S2]不相等
	FNC229	LD＜＝	[S1]＜＝[S2]	[S1]小于或等于[S2]
	FNC230	LD＞＝	[S1]＞＝[S2]	[S1]大于或等于[S2]
串联比较指令	FNC232	AND＝	[S1]＝[S2]	[S1]和[S2]相等
	FNC233	AND＞	[S1]＞[S2]	[S1]大于[S2]
	FNC234	AND＜	[S1]＜[S2]	[S1]小于[S2]
	FNC236	AND＜＞	[S1]≠[S2]	[S1]和[S2]不相等
	FNC237	AND＜＝	[S1]＜＝[S2]	[S1]小于或等于[S2]
	FNC238	AND＞＝	[S1]＞＝[S2]	[S1]大于或等于[S2]
并联比较指令	FNC240	OR＝	[S1]＝[S2]	[S1]和[S2]相等
	FNC241	OR＞	[S1]＞[S2]	[S1]大于[S2]
	FNC242	OR＜	[S1]＜[S2]	[S1]小于[S2]
	FNC244	OR＜＞	[S1]≠[S2]	[S1]和[S2]不相等
	FNC245	OR＜＝	[S1]＜＝[S2]	[S1]小于或等于[S2]
	FNC246	OR＞＝	[S1]＞＝[S2]	[S1]大于或等于[S2]

触点比较指令的应用如图 9-55 所示。

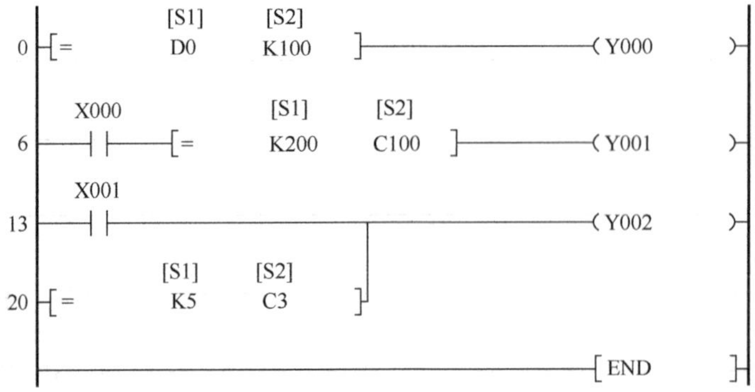

图 9-55　触点比较指令的应用

9.9　高速脉冲输出指令及步进电动机的定位控制

9.9.1　高速脉冲输出指令的介绍

1. 高速脉冲输出指令（PLSY 指令）

高度脉冲输出指令的基本格式如图 9-56 所示。

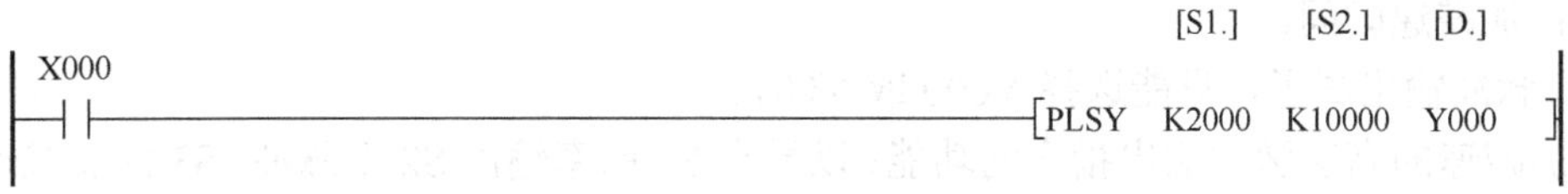

图 9-56　高速脉冲输出指令的基本格式

图 9-56 中的各符号含义如下。

S1：脉冲输出频率。

S2：输出脉冲总量。当输出脉冲总量＝K000 时为连续输出。

D：脉冲输出端子，一般只能选择 Y000 或 Y001，FX3U 系列 PLC 可以选择 Y002、Y003（需要加 2 台高速适配器方可使用）。

高速脉冲输出指令的功能：以 S1 频率输出 S2 个脉冲，D 为脉冲输出端子（Y000 或 Y001）。

高速脉冲输出指令使用注意事项如下。

- 该指令为连续接通类型指令，也就是说，若要将脉冲完全输出，必须连续接通该指令至输出完毕；脉冲输出完毕，接通 M8029。
- PLC 的输出类型要选择晶体管输出。
- 频率设定不能超过 PLC 的允许范围，FX2N 系列 PLC 的允许范围为 20000；FX1S、FX1N、FX3U 等系列 PLC 的允许范围为 100000。
- FX3U 系列 PLC 中储存当前脉冲的寄存器分别为 Y000 对应的为 D8340（D8341）、Y100 对应的为 D8350（D8351）、Y002 对应的为 D8360（D8361）、Y003 对应的为 D8370（D8371）。

在图 9-57 中，按下 X000，接通 M0，Y000 输出端子以每秒输出 1000 个脉冲的速度输出 3000 个脉冲，脉冲输出完毕后接通 M8029，复位 M0，等待下一次启动信号。

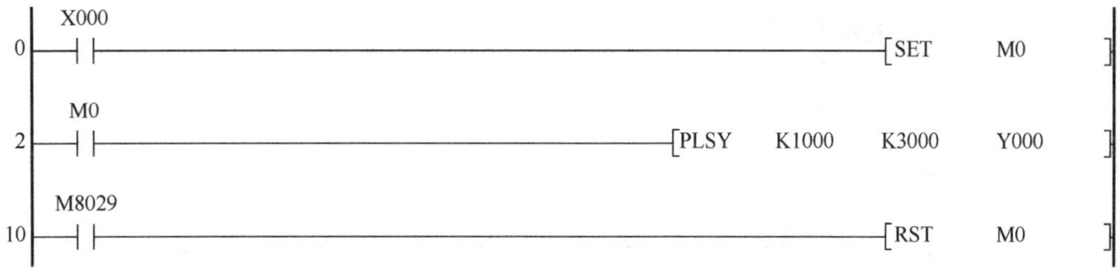

图 9-57　高速脉冲输出指令运行过程

2. 带加减速的高速脉冲输出指令（PLSR 指令）

带加减速的高速脉冲输出指令和高速脉冲输出指令类似，只是多了脉冲输出的加减速时间。带加减速的高速脉冲输出指令的基本格式如图 9-58 所示。

图 9-58　带加减速的高速脉冲输出指令的基本格式

图 9-58 中的各符号含义如下。

S1：最高输出频率。

S2：输出脉冲总量。最低输出脉冲总量不能低于 110。

S3：加减速时间。

D：脉冲输出端子，只能选择 Y000 或 Y001。

带加减速的高速脉冲输出指令的功能：以最高 S1 频率输出 S2 个脉冲，S3 为加减速时间，D 为脉冲输出端子（Y000、Y001）。

带加减速的高速脉冲输出指令运行过程和高速脉冲输出指令运行过程一样，只是带加减速的高速脉冲输出指令并不是一旦开始执行就以每秒输出 1000 个脉冲的速度发出脉冲的，而是从最低的频率逐渐增加至最高频率的，加速时间为 100ms。带加减速的高速脉冲输出指令运行过程如图 9-59 所示。

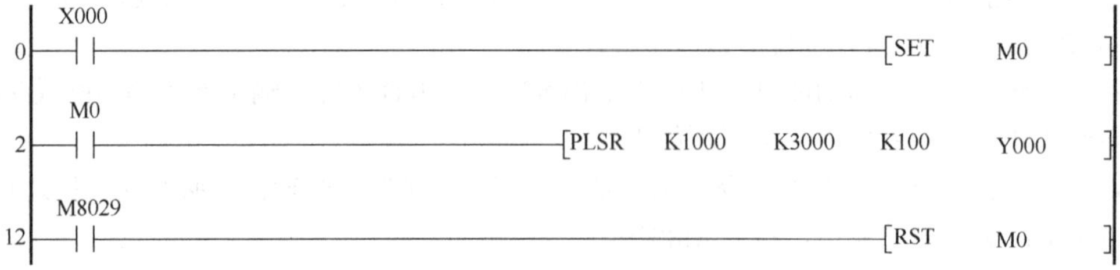

图 9-59　带加减速的高速脉冲输出指令运行过程

9.9.2　步进电动机的定位控制

利用步进电动机将料箱里的物料通过料斗分别分装到①号、②号、③号容器里。装料时间为 10s，①号容器下料时间为 5s，②号容器下料时间为 3s，③号容器下料时间为 2s。每一个容器与料斗原点的距离如图 9-60 所示。

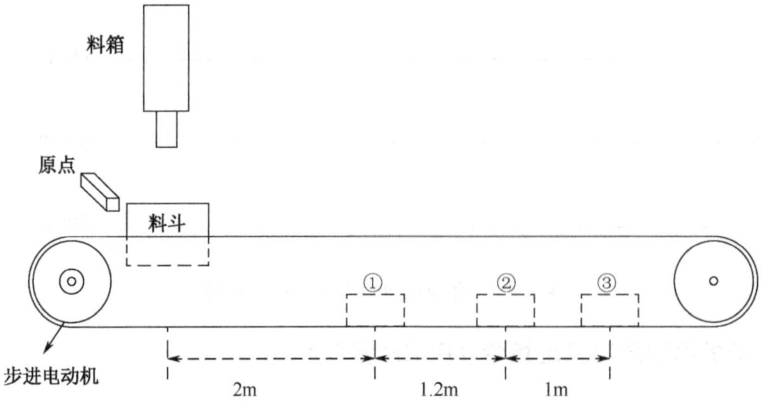

图 9-60　每一个容器与料斗原点的距离

已知步进电动机步距角为 1.8°，驱动器细分设定为 10 细分，步进控制方式为脉冲+方向。步进电动机每转一圈，前进 100mm，步进电动机转一圈需要 2000 个脉冲。

步进电动机的定位控制的输入/输出分配如下。

输入：X000 为启动信号；X001 为原点信号。

输出：Y000 接驱动器的 PU（正脉冲）；Y001 为接驱动器的 DR（方向）；Y002 为装料；Y003 为下料。

步进电动机的定位控制梯形图如图 9-61 所示。

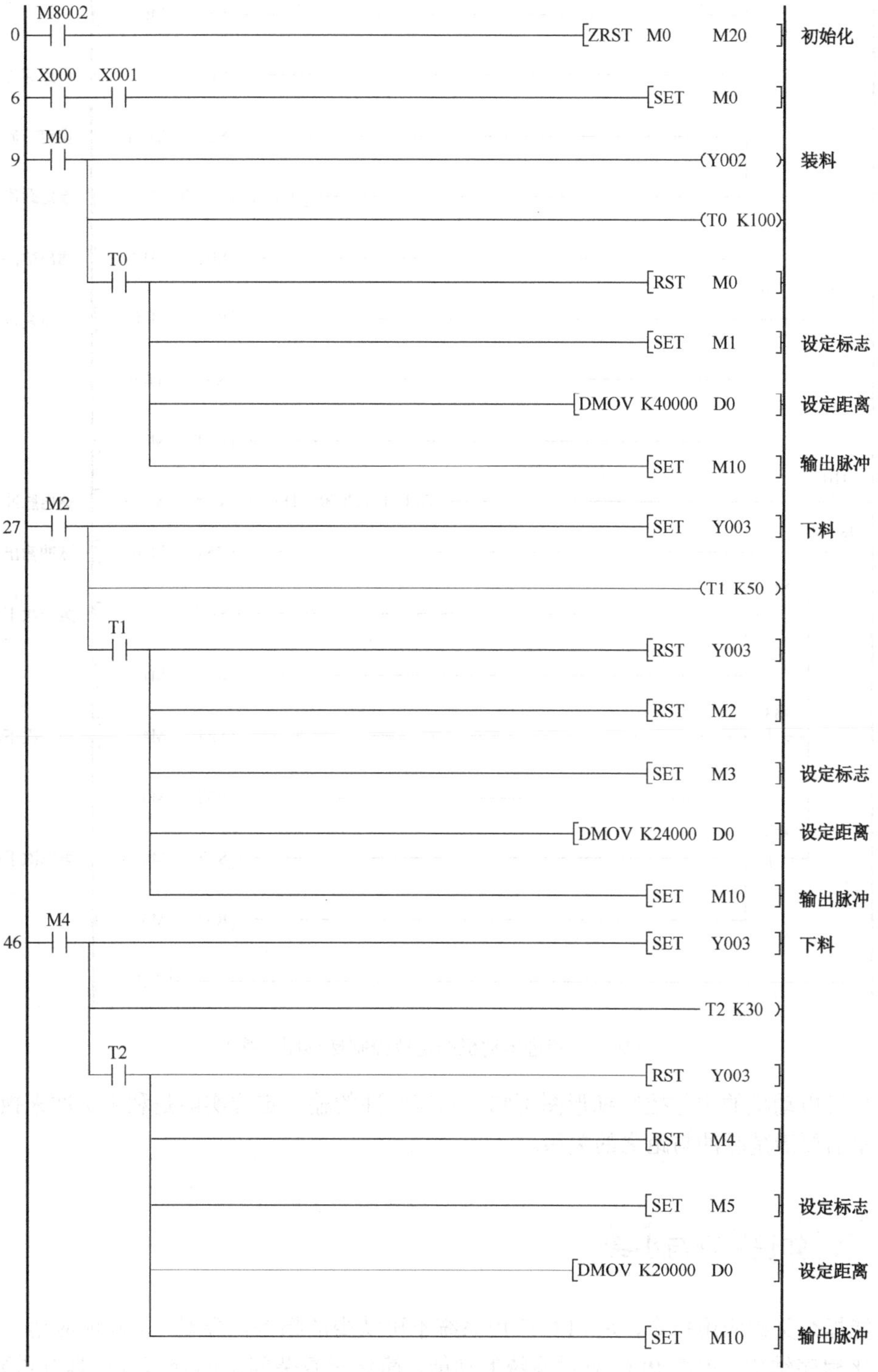

图 9-61　步进电动机的定位控制梯形图

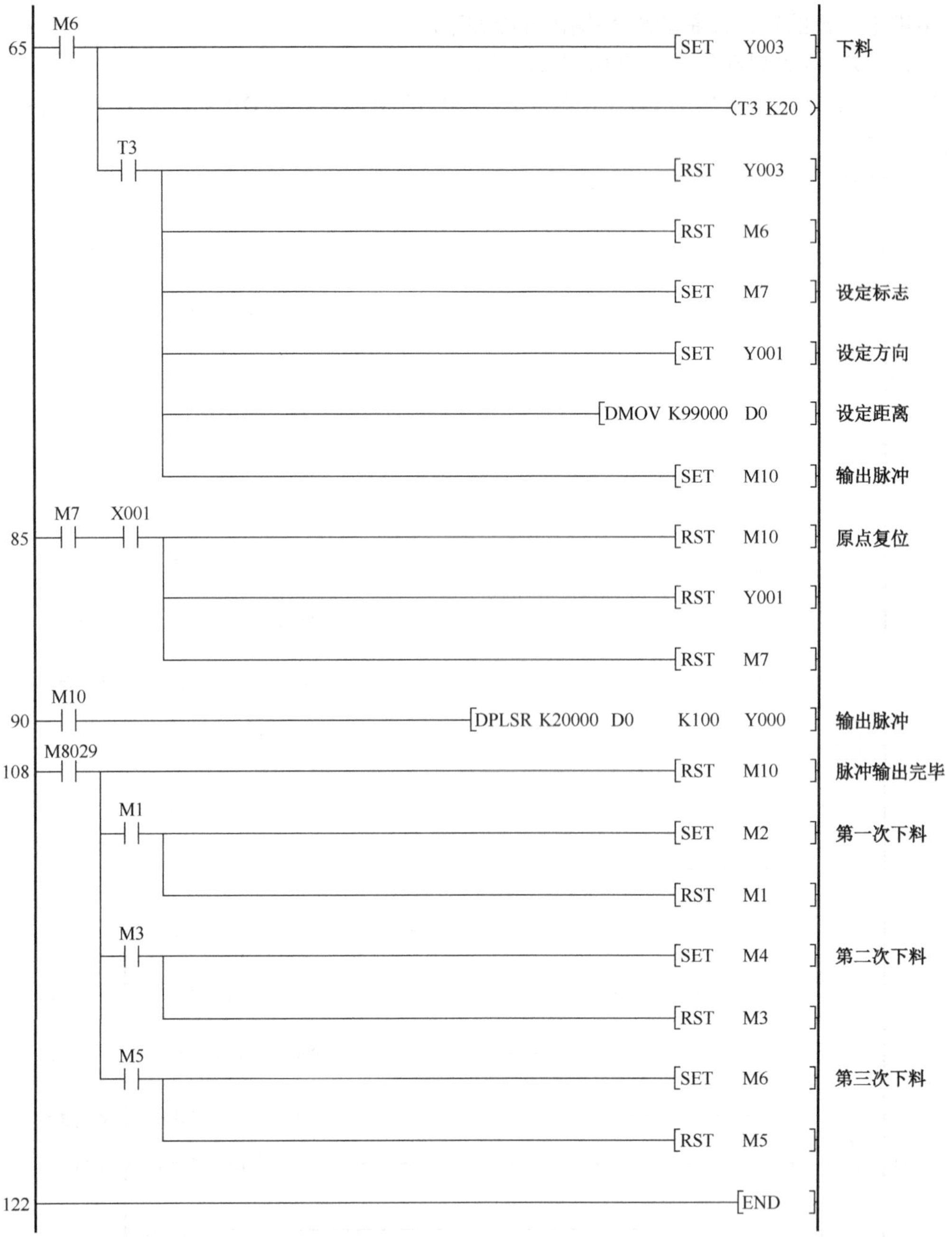

图 9-61　步进电动机的定位控制梯形图（续）

由步进电动机的定位控制梯形图可知，高速脉冲的输出定位实际是利用脉冲来换算距离的，这里需要清楚脉冲与距离的关系。

知识梳理与小结

功能指令又称应用指令，是 PLC 应用系统不可缺少的指令。合理、正确地应用功能指令对于优化程序结构、提高 PLC 应用系统的功能、简化对复杂问题的处理过程具有重要作用。

在本项目中，主要介绍了 FX3U 系列 PLC 的一些功能指令的格式，并通过相关实例介绍了这些指令的应用。

通过学习，要重点掌握功能指令的格式，并能熟练掌握这些指令的使用方法。

FX3U 系列 PLC 功能指令的类型、编号、助记符、功能如表 9-15 所示。

表 9-15 FX3U 系列 PLC 功能指令的类型、编号、助记符、功能

类型	助记符	指令编号	功能	类型	助记符	指令编号	功能
程序流程控制指令	CJ	FNC00	条件跳转	比较指令	LD＝	FNC224	触点比较 S1＝S2
	CALL	FNC01	子程序调用		LD＞	FNC225	触点比较 S1＞S2
	SRET	FNC02	子程序返回		LD＜	FNC226	触点比较 S1＜S2
	IRET	FNC03	中断返回		LD＜＞	FNC228	触点比较 S1≠S2
	EI	FNC04	允许中断		LD＜＝	FNC229	触点比较 S1≤S2
	DI	FNC05	禁止中断		LD＞＝	FNC230	触点比较 S1≥S2
	FEND	FNC06	主程序结束		AND＝	FNC232	触点比较 S1＝S2
	FOR	FNC08	循环范围开始		AND＞	FNC233	触点比较 S1＞S2
	NEXT	FNC09	循环范围结束		AND＜	FNC234	触点比较 S1＜S2
数据传送指令	MOV	FNC12	传送		AND＜＞	FNC236	触点比较 S1≠S2
	SMOV	FNC13	位移动		AND＜＝	FNC237	触点比较 S1≤S2
	CML	FNC14	取反传送		AND＞＝	FNC238	触点比较 S1≥S2
	BMOV	FNC15	成批传送		OR＝	FNC240	触点比较 S1＝S2
	FMOV	FNC16	多点传送		OR＞	FNC241	触点比较 S1＞S2
	PRUN	FNC81	八进制位传送		OR＜	FNC242	触点比较 S1＜S2
	XCH	FNC17	数据交换		OR＜＞	FNC244	触点比较 S1≠S2
	SWAP	FNC147	上、下字节的交换		OR＜＝	FNC245	触点比较 S1≤S2
	EMOV	FNC112	二进制浮点传送		OR＞＝	FNC246	触点比较 S1≥S2
	HCMOV	FNC189	高速计数器传送		CMP	FNC10	数值比较
数据转换指令	BCD	FNC18	BCD 码转换		ZCP	FNC11	数值区间比较
	BIN	FNC19	BIN 转换		ECMP	FNC110	二进制浮点比较
	GRY	FNC170	格雷码转换		EZCP	FNC111	二进制浮点区间比较
	GBIN	FNC171	格雷码逆转换		HSCS	FNC53	高速计数器比较置位
	FLT	FNC49	BIN 整数至二进制浮点数的转换		HSCR	FNC54	高速计数器比较复位
	INT	FNC129	二进制浮点数与十进制浮点数的转换		HSZ	FNC55	高速计数器区间比较
	EBCD	FNC118	二进制浮点数至十进制浮点数的转换		HSCT	FNC280	高速计数器表格比较
	EBIN	FNC119	十进制浮点数至二进制浮点数的转换		BKCMP＝	FNC194	数据块比较 S1＝S2
	RAD	FNC136	二进制浮点数角度至弧度的转换		BKCMP＞	FNC195	数据块比较 S1＞S2
	DEG	FNC137	二进制浮点数弧度至角度的转换		BKCMP＜	FNC196	数据块比较 S1＜S2

续表

类型	助记符	指令编号	功能	类型	助记符	指令编号	功能
四则运算指令和逻辑运算指令	ADD	FNC20	BIN 加法运算	比较指令	BKCMP<>	FNC197	数据块比较 S1≠S2
	SUB	FNC21	BIN 减法运算		BKCMP<=	FNC198	数据块比较 S1≤S2
	MUL	FNC22	BIN 乘法运算		BKCMP>=	FNC199	数据块比较 S1≥S2
	DIV	FNC23	BIN 除法运算	移位指令	STFR	FNC34	位右移
	EADD	FNC120	二进制浮点数加法		STFL	FNC35	位左移
	ESUB	FNC121	二进制浮点数减法		SFR	FNC213	16 位数据 *n* 位左移（带进位）
	EMUL	FNC122	二进制浮点数乘法		SFL	FNC214	16 位数据 *n* 位右移（带进位）
	EDIV	FNC123	二进制浮点数除法		WSFR	FNC36	字右移
	BK+	FNC192	数据块加法运算		WSFL	FNC37	字左移
	BK-	FNC193	数据块减法运算		SFWR	FNC38	移位写入
	INC	FNC24	加 1		SFRD	FNC39	移位读出
	DEC	FNC25	减 1		POP	FNC212	读取后入的数据
	WAND	FNC26	逻辑与	特殊功能模块指令	FROM	FNC78	BFM 的读出
	WOR	FNC27	逻辑或		TO	FNC79	BFM 的写入
	WXOR	FNC28	逻辑异或		RD3A	FNC176	模拟量模块的读出
循环指令	ROR	FNC30	循环右移		WR3A	FNC177	模拟量模块的写入
	ROL	FNC31	循环左移		RBFM	FNC278	BFM 分割读出
	RCR	FNC32	带进位循环右移		WBFM	FNC279	BFM 分割写入
	RCL	FNC33	带进位循环左移	字符串处理指令	ESTR	FNC116	二进制浮点转字符串
数据处理指令	ZRST	FNC40	区间复位		EVAL	FNC117	字符串转二进制浮点
	DECO	FNC41	解码		STR	FNC200	BIN 转字符串
	ENCO	FNC42	编码		VAL	FNC201	字符串转 BIN
	MEAN	FNC45	求平均值		DABIN	FNC260	十进制 ASCII 转 BIN
	WSUM	FNC140	计算出数据合计值		BINDA	FNC261	BIN 转十进制 ASCII
	SUM	FNC43	ON 位数		ASCI	FNC82	HEX 转 ASCII
	BON	FNC44	ON 位判别		HEX	FNC83	ASCII 转 HEX
	NEG	FNC29	补码		$MOV	FNC209	字符串的传送
	ENEG	FNC128	二进制浮点数符号翻转		$+	FNC202	字符串的结合
	WTOB	FNC141	字节单位的数据分离		LEN	FNC203	检测字符串的长度
	BTOW	FNC142	字节单位的数据结合		RIGH	FNC204	从字符串的右侧开始取出
	UNI	FNC143	16 位数据的 4 位结合		LEFT	FNC205	从字符串的左侧开始取出
	DIS	FNC144	16 位数据的 4 位分离		MIDR	FNC206	字符串的任意取出

续表

类型	助记符	指令编号	功能	类型	助记符	指令编号	功能
数据处理指令	CCD	FNC84	校验码	字符串处理指令	MIDW	FNC207	字符串的任意替换
	CRC	FNC188	CRC 运算		INSTR	FNC208	字符串的检索
	LIMIT	FNC256	上、下限限位控制		COMRD	FNC182	读出软元件的注释数据
	BAND	FNC257	死区控制	时钟控制指令	TCMP	FNC160	时钟数据的比较
	ZONE	FNC258	区域控制		TZCP	FNC161	时钟数据的区间比较
	SCL	FNC259	定各点的坐标		TADD	FNC162	时钟数据的加法
	SCL2	FNC269	定各点的坐标 2（X/Y 坐标）		TSUB	FNC163	时钟数据的减法
	SORT	FNC69	数据排列		TRD	FNC166	读出时钟数据
	SORT2	FNC149	数据排列 2		TWR	FNC167	写入时钟数据
	SER	FNC61	数据检索		HTOS	FNC164	时、分、秒数据的秒转换
	FDEL	FNC210	数据表的数据删除		STOH	FNC165	秒数据的时、分、秒转换
	FINS	FNC211	数据表的数据插入	文件寄存器控制指令	LOADR	FNC290	扩展文件寄存器的读出
特殊函数指令	SQR	FNC48	BIN 开方运算		SAVER	FNC291	扩展文件寄存器成批写入
	ESQR	FNC127	二进制浮点数开方运算		RWER	FNC294	文件寄存器的删除、写入
	EXP	FNC124	二进的制浮点指数运算		INITR	FNC292	文件寄存器的初始化
	LOGE	FNC125	二进制浮点数自然对数		INITER	FNC295	扩展文件寄存器的初始化
	LOG10	FNC126	二进制浮点数常用对数		LOGR	FNC293	文件寄存器的登录
	SIN	FNC130	二进制浮点数 SIN 运算	其他指令	WDT	FNC07	看门狗定时器
	COS	FNC131	二进制浮点数 COS 运算		ALT	FNC66	交替输出
	TAN	FNC132	二进制浮点数 TAN 运算		ANS	FNC46	信号报警器置位
	ASIN	FNC133	二进制浮点数 SIN-1		ANR	FNC47	信号报警器复位
	ACOS	FNC134	二进制浮点数 COS-1		HOUR	FNC169	计时表
	ATAN	FNC135	二进制浮点数 TAN-1		RAMP	FNC67	斜坡信号
	RND	FNC184	产生随机数		SPD	FNC56	脉冲密度
脉冲输出定位指令	ABS	FNC155	读取 ABS 当前值		PWM	FNC58	脉宽调制
	DSZR	FNC150	带 DOG 搜索功能的原点回归		DUTY	FNC186	发出定时脉冲
	ZRN	FNC156	原点回归		PID	FNC88	PID 运算
	TBL	FNC152	表格设定定位		ZPUSH	FNC102	变址寄存器成批避让保存
	DVIT	FNC152	中断定位		ZPOP	FNC103	变址寄存器的恢复
	DRVI	FNC158	相对定位		TTMR	FNC64	示教定时器
	DRVA	FNC159	绝对定位		STMR	FNC65	特殊定时器

续表

类型	助记符	指令编号	功能	类型	助记符	指令编号	功能
脉冲输出定位指令	PLSV	FNC157	可变速脉冲输出	其他指令	ABSD	FNC62	凸轮顺序控制绝对方式
	PLSY	FNC57	脉冲输出		INCD	FNC63	凸轮顺序控制相对方式
	PLSR	FNC59	带加减速的脉冲输出		ROTC	FNC68	旋转工作台控制
串行通信指令	RS	FNC80	串行数据的传送		IST	FNC60	初始化状态
	RS2	FNC87	串行数据的传送2		MTR	FNC52	矩阵输入
	IVCK	FNC270	变频器的运行监控		TKY	FNC70	数字键输入
	IVDR	FNC271	变频器的运行控制		HKY	FNC71	16键输入
	IVRD	FNC272	读取变频器的参数		DSW	FNC72	数字开关
	IVWR	FNC273	写入变频器的参数		SEGD	FNC73	7SEG译码
	IVBWR	FNC274	成批写入变频器参数		SEGL	FNC74	7SEG时、分显示
刷新指令	REF	FNC50	输入输出刷新		ARWS	FNC75	箭头开关
					ASC	FNC76	ASCII数据输入
	REFF	FNC51	输入刷新（带滤波器）		PR	FNC77	ASCII数据打印

练习与提高

1. 分析第1题图，回答以下问题：

按下X000后，经过多少秒D1不再增加？此时，D0、D1分别为多少？

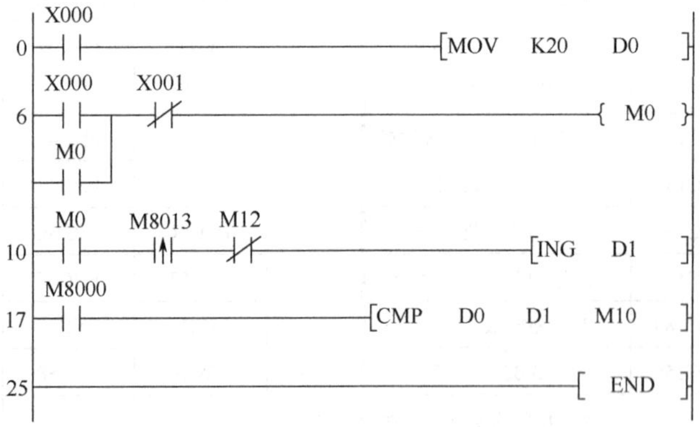

第1题图

2. 根据第2题图回答下列问题。

若SA1接通，按顺序按下SB1、SB2、…、SB6后，各指示灯的状态如何变化？

再次按顺序按下SB1、SB2、…、SB6后，各指示灯的状态如何变化？

试说明梯形图中WAND指令的作用。

能否将WXORP改为WXOR？说明理由。

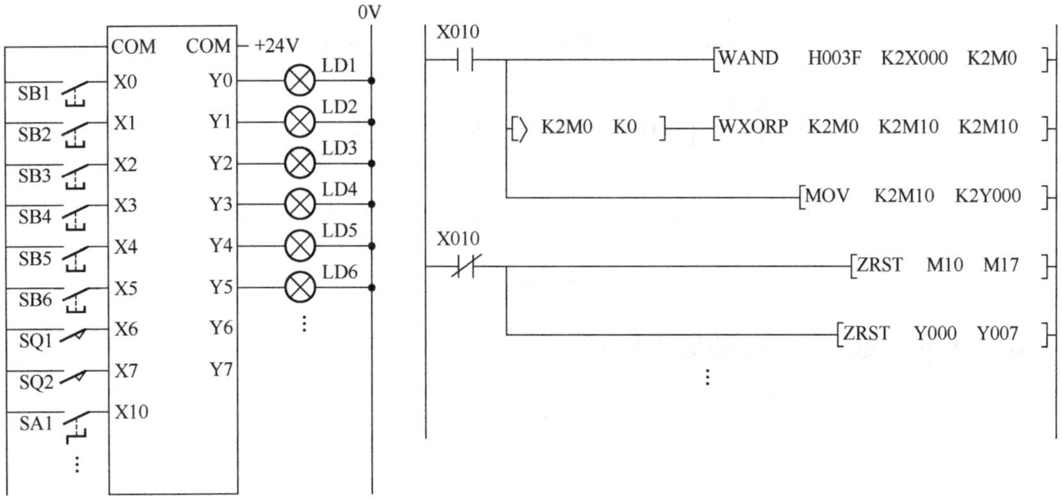

第 2 题图

3. 分析如第 3 题图所示的程序，并回答下列问题：

当 X000 闭合后，程序开始运行，运行至 50s 时，D1 的值是多少？

在这个程序的基础上进行改编，实现当 D1 的当前值大于 200 时，程序停止运行。试写出改编后的程序。

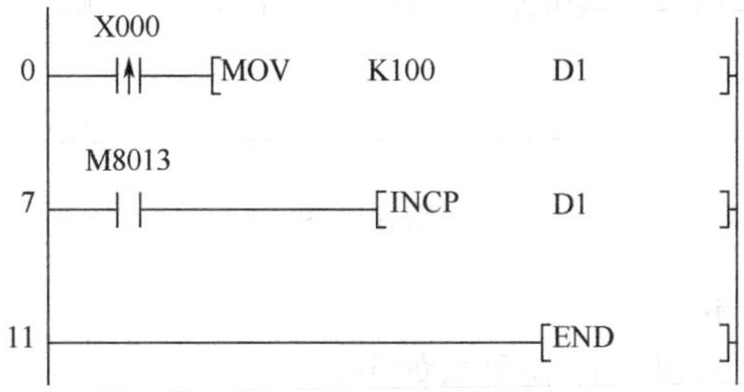

第 3 题图

4. 分析第 4 题图，D10 的值是多少？

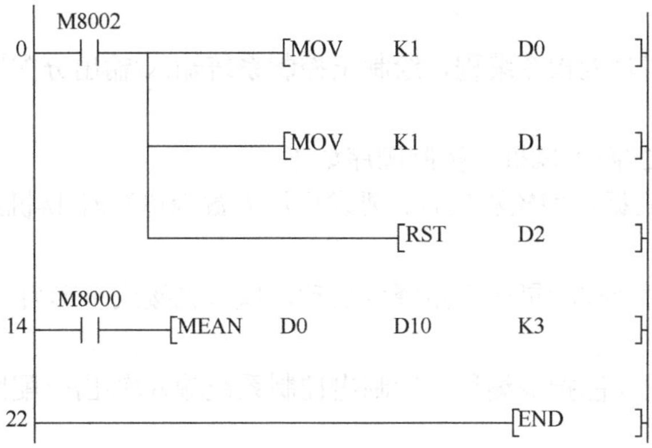

第 4 题图

5. 分析第 5 题图，按下 X010，执行 MOV 指令，则 M10～M13 中哪个软元件得电？

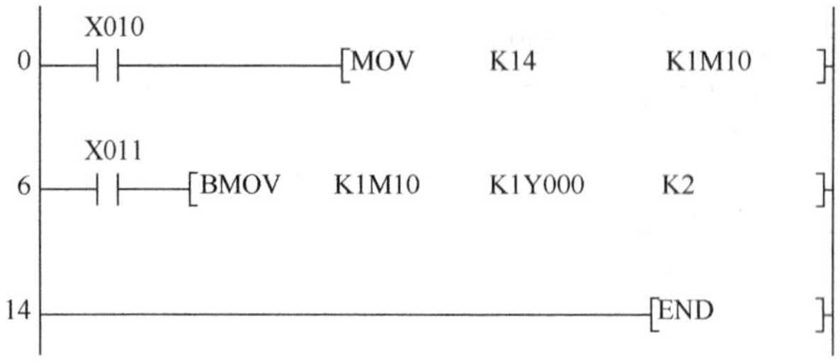

第 5 题图

6. 分析第 6 题图，D100 的值是多少？

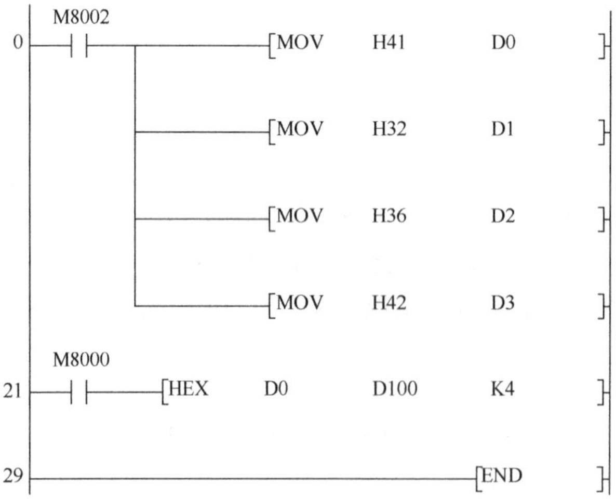

第 6 题图

7. 根据要求，编写程序。

某车间有 1#和 2#两台风机，控制要求如下。

按下 X0 后，1#风机和 2#风机同时启动运行。

运行半小时后，1#风机和 2#风机同时停止运行。

两台风机采用时间控制星—三角降压方式启动，风机先接成星形启动，4s 后，风机接成三角形运行。

试根据控制要求用功能指令编程，绘制出控制系统输入/输出分配图，并绘制出控制系统梯形图。

8. 某地有 1# 和 2#两组风机，控制顺序如下。

1#和 2#两组风机根据日期轮流运行，要求日期天数为单数时 1#机组运行，日期天数为双数时 2#机组运行。

两组风机均采用时间控制星—三角降压启动，风机先接成星形启动，4s 后，风机接成三角形运行。

试根据控制要求用功能指令编程，绘制出控制系统输入/输出分配图，并绘制出控制系统梯形图。

9. 使用 FX3U 系列 PLC 和 ROR 指令、ROL 指令编写程序。控制要求：按下启动按钮 SB0，16 盏流水灯正序（应用 ROL 指令）每隔 1s 点亮，循环 3 次；之后，16 盏流水灯反序（应用 ROR 指令）每隔 1s 点亮，循环 3 次熄灭。

试根据控制要求用功能指令编程，绘制出控制系统输入/输出分配图，并绘制出控制系统梯形图。

项目十　FX3U系列PLC的特殊功能模块及其应用

在工业控制中，压力、温度、流量、转速等输入量是连续变化的模拟量，某些执行机构（如伺服电动机、调节阀、变频器等）要求PLC可以输出模拟量信号，而PLC的CPU只能处理数字量，此时就需要利用PLC中的特殊功能模块来实现这种要求。模拟量首先被传感器和变送器转换为标准的电压信号或电流信号（如0～20mA、0～10V、4～20mA），PLC中的A/D转换器将这些标准的电压信号或电流信号转换为数字量；PLC中的D/A转换器再将处理后的数字量转换为模拟电压信号或模拟电流信号，进而控制执行机构。

FX3U系列PLC的特殊功能模块主要有模拟量输入模块、模拟量输出模块、高速计数模块、PID过程控制调节模块、定位控制模块、专用通信模块等。利用这些模块，PLC可以构成功能完善、可满足各种工程控制要求的控制系统单元。

本项目以FX3U系列PLC的特殊功能模块对变频器的控制等为例，系统地介绍FX3U系列PLC扩展模块的应用。

教学导航及目标

知识重点	FROM指令、TO指令和指定输入/输出模拟量方式的形式； 利用特殊功能模块编写程序以实现预定的控制功能
知识难点	对特殊功能模块特定功能的理解，以及对FROM指令、TO指令的理解和应用； 利用特殊功能模块进行编程控制
建议教学方式	建议通过引入应用实例来讲解功能模块的基本知识。在讲解过程中通过编程应用对比来加强学生的学习效果。动手操作是学习编程控制的一种重要手段，在教学中可以采用教、学、做一体化的教学方法
建议学时	8学时
知识目标	掌握FROM指令和TO指令的基本格式、表示方式和执行方式等； 掌握FX3U-4DA、FX3U-4AD、FX3U-4AD-PT-ADP等模块的使用方法； 学会利用功能指令解决实际问题，进一步熟悉GX Works2编程软件的使用，通过学习提高编程技巧； 掌握利用模块控制变频器的接线方式
技能目标	能熟练运用FROM指令、TO指令和指定方式读写模拟量，并进行调试运行，实现预定功能； 能熟练运用特殊功能模块解决实际工程问题

任务引入

10.1　模拟量输出模块和模拟量输入模块

FX3U 系列 PLC 中有关模拟量的特殊功能模块主要有 FX3U-4AD（4 路模拟量输入模块）、FX3U-4DA（4 路模拟量输出模块）、FX3U-4LC（4 路温度 PID 控制模块）、FX2N-2DA（2 路模拟量输出模块）、FX2N-4DA（4 路模拟量输出模块）等。

特殊功能模块连接在 FX3U 系列 PLC 的右侧，一台 PLC 最多可以连接 8 个特殊功能模块。PLC 与特殊功能模块连接示意图如图 10-1 所示。

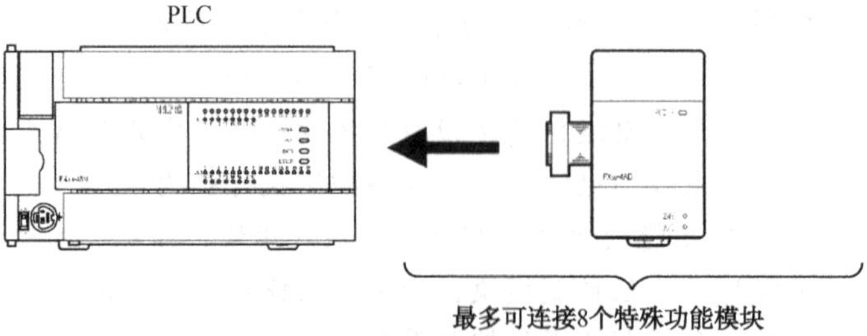

图 10-1　PLC 与特殊功能模块连接示意图

模拟量输入模块的功能是将现场仪表输出的标准模拟量信号（如 4～20mA、0～5V 等）转化为 PLC 可以处理的一定位数的数字信号。模拟量输出模块的功能是将 PLC 处理后的数字信号转化为现场仪表可以接收的标准信号（如 4～20mA、0～5V 等）。

例如，12 位数字量 0～4000 表示模拟量电流 4～20mA，根据对应关系可知，12 位数字量 2000 对应的转换结果是模拟量电流 12mA。

模拟量的输入和输出示意图如图 10-2 所示。

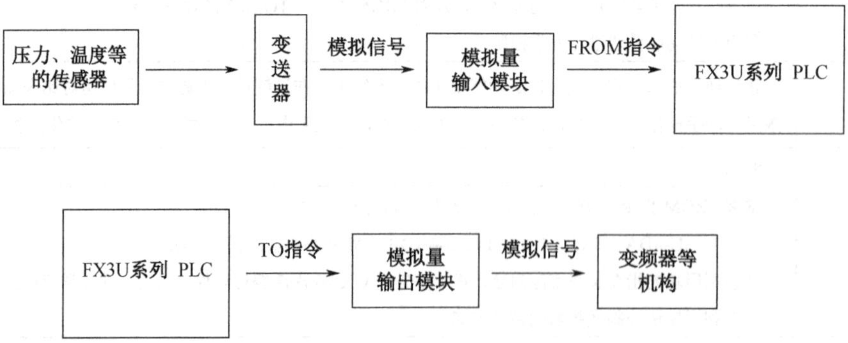

图 10-2　模拟量的输入和输出示意图

控制任务：验布机的速度控制设计

验布机是服装行业对棉、毛、麻、丝绸、化纤等特大幅面布、双幅布和单幅布进行瑕疵检测的专用设备。根据检验人员操作的熟练程度、布匹的种类不同，验布机对速度的要求不同。

在本项目中，我们通过对特殊功能模块的学习来编写程序，以实现验布机不同速度，以及通过按钮实现加减速的功能。

相关知识及实施

10.2　特殊功能模块的读写操作

三菱 PLC 的 CPU 在模块内存中为特殊功能模块分配了一个数据缓冲区 BFM，用于特殊功能模块和 CPU 之间的通信。三菱 PLC 有两条专门的指令用于对 BFM 进行读写，即 FROM 指令和 TO 指令。对于 FX3U 系列 PLC，也可以采用直接指定方法来读写 BFM 的数据，这种方法是适用于 FX3U-4AD 等模块的专用方法。

FROM 指令（指令编号为 FNC78）的功能是实现对 BFM 指定位的读取操作。TO 指令（指令编号为 FNC79）的功能是由 PLC 向 BFM 写入数据。FROM 指令、TO 指令的目标操作数可取 K*n*Y、K*n*M、K*n*S、T、C、D、V、Z。FROM 指令和 TO 指令格式如图 10-3 所示。当 X0 闭合时，将编号为 m_1 的特殊功能模块内由编号为 m_2 开始的 *n* 个 BFM 的数据读入 PLC，并存入[D.]开始的 *n* 个数据寄存器中。即当 X0 闭合时，从 1#特殊功能模块 BFM #29 中读出 16 位数据传送到 PLC 的 K4M0 中。当 X0 为 OFF 时，不执行传送，传送目标的数据不变化。

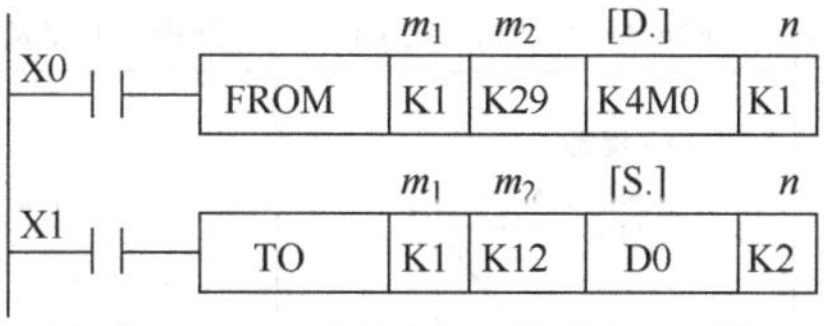

图 10-3　FROM 指令和 TO 指令格式

图 10-3 中各符号的含义如下。

m_1：特殊功能模块编号（0～7）。特殊功能模块通过扁平电缆连接在 PLC 右边的扩展总线上，一台 PLC 最多可以连接 8 个特殊功能模块。特殊功能模块的编号从最靠近基本单元的那一个开始顺次编为 0～7。

m_2：特殊功能模块 BFM 首元件编号（0～32766）。

[S.]：指定存放数据的首元件号。

n：传送点数，用 *n* 指定传送的字点数（n＝1～32767）。

如果将上面的 FROM 指令改成 FROM K1 K10 D0 K4，即将 1#特殊功能模块的 BFM#10～BFM#13 四个单元的内容复制到 PLC 的 D0～D3 单元里面，对应的关系是 BFM#10 对应 D0、BFM#11 对应 D1、BFM#12 对应 D2、BFM#13 对应 D3。例如，FROM K1 K29 K4M0 K1 指令是用 1#模块 BFM#29 的数值来控制 PLC 的 M0～M15 的状态的，假如 BFM#29 中的数值是 1001 0000 0001 0101，那么 M0、M2、M4、M12、M15 就是闭合的。

基本单元与特殊功能模块的连接如图 10-4 所示。

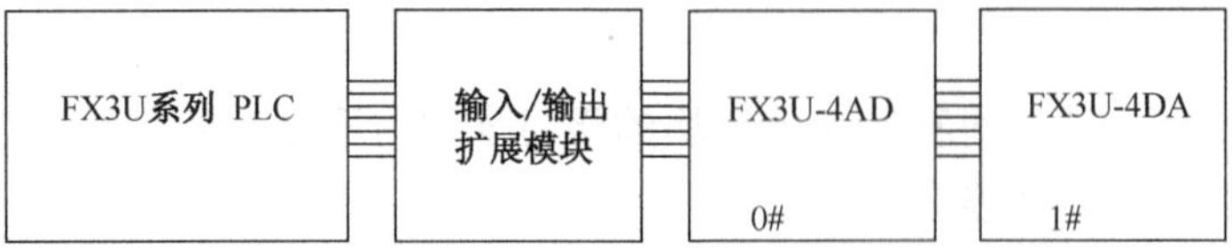

图 10-4　基本单元与特殊功能模块的连接

10.3　4 路模拟量输入模块

1. BFM 及分配

FX3U-4AD 和 FX2N-4AD 是 4 路模拟量输入模块，两者都可以应用于 FX3U 系列 PLC，二者的特性对比如表 10-1 所示。

表 10-1　FX3U-4AD 和 FX2N-4AD 的特性对比

规格	FX3U-4AD		FX2N-4AD	
	电压输入	电流输入	电压输入	电流输入
输入	4 通道			
模拟量输入范围	DC-10V～+10V（外部负载为 1k～1M）	DC0mA～20mA；DC4mA～20mA（外部负载为 500 以下）	DC-10V～+10V（外部负载为 2k～1M）	DC0mA～20mA；DC4mA～20mA（外部负载为 500 以下）
数字量输出	带符号 16 位二进制	带符号 15 位二进制	带符号 12 位二进制	带符号 10 位二进制
分辨率	0.32mV（20V×1/64000）	0.63mA（20A×1/32000）	5mV（10V×1/2000）	20mA（20A×1/1000）
输入特性	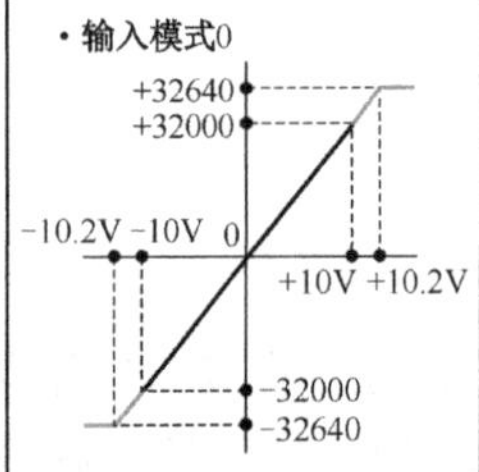	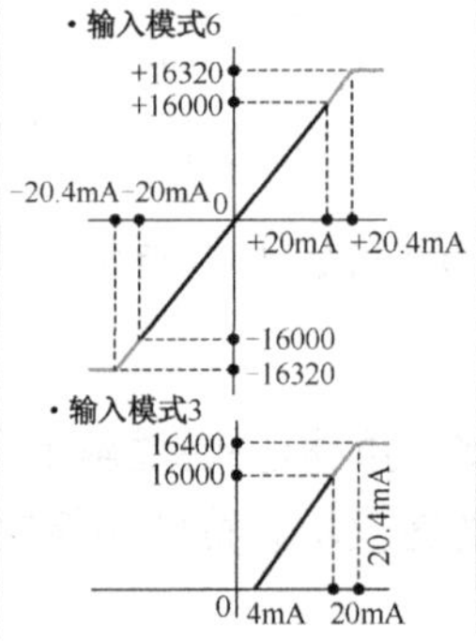	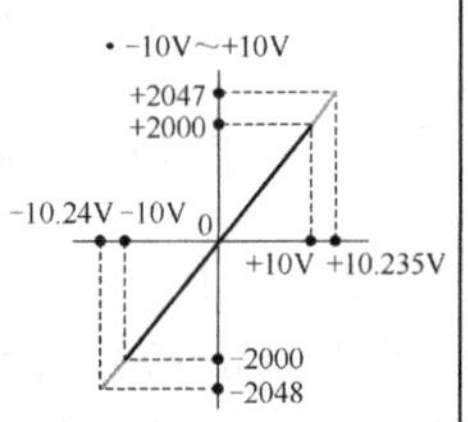	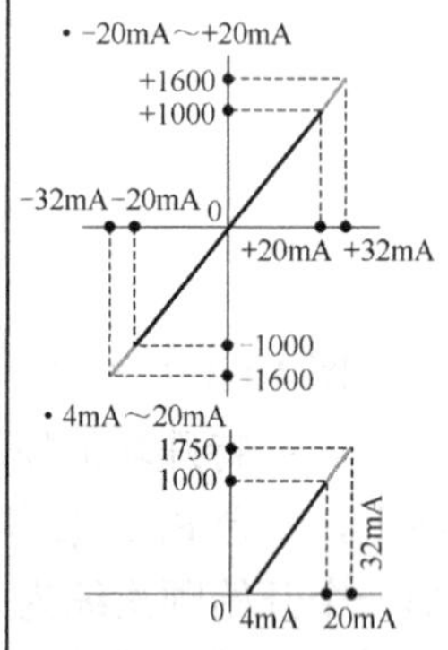
占用点数	8 点（在 PLC 的输入点数、输出点数中的任意一侧计算点数）			

FX3U-4AD 有 4 个可进行 A/D 转换的输入通道，最大分辨率为 16 位。基于电压或电流的输入，用户可以通过 BFM#0 来设定 FX3U-4AD 的模式。FX3U-4AD 和主单元之间的数据交换通过 BFM 实现。FX3U-4AD 共占用扩展总线 8 个点，这 8 个点可任意分配为输入或输出。

FX3U-4AD 的 BFM 一览表如表 10-2 所示。

表 10-2　FX3U-4AD 的 BFM 一览表

BFM 编号	内容	设定值	初始值
#0	指定通道 1～4 的输入模式	—	H0000
#1	不可用	—	—
#2～#5	通道 1～4 的平均次数	1～4095	K1

续表

BFM 编号	内容	设定值	初始值
#6～#9	通道 1～4 的数字滤波器设定	0～1600	K0
#10～#13	通道 1～4 的数据	—	—
#14～#18	不可用	—	—
#19	设定禁止变更	K2080	K2080
#20	功能初始化，用 K1 初始化，K0	K1 或 K0	K0
#30	机型代码 K2080	—	K2080
#41～#44	通道 1～4 的偏置数据	电压输入：-10000～90000 电流输入：-20000～17000	K0
#45～#8063	请参阅相关手册	—	—

BFM#0：指定通道 1～4 的输入模式。采用 4 位数的 HEX 码对各位分配各通道的编号来指定通道 1～4 的输入模式。通过在各位中设定 0～8、F 的数值，可以改变输入模式。

在 BFM#0 中写入十六进制 4 位数字 H□□□□使各通道初始化，4 位数字中的最低位数控制通道 CH1；最高位数控制通道 CH4。H□□□□中的每位数值表示的含义如表 10-3 所示。其余 BFM 的内容请参阅模拟量控制手册。

表 10-3　H□□□□中的每位数值表示的含义

设定值	输入模式	模拟量输入范围	数字量输出范围
0	电压输入模式	-10V～+10V	-32000～+32000
1	电压输入模式	-10V～+10V	-4000～+4000
2	电压输入模拟量值直接显示模式	-10V～+10V	-10000～+10000
3	电流输入模式	4mA～20mA	0～16000
4	电流输入模式	4mA～20mA	0～4000
5	电流输入模拟量值直接显示模式	4mA～20mA	4000～20000
6	电流输入模式	-20mA～+20mA	-16000～+16000
7	电流输入模式	-20mA～+20mA	-4000～+4000
8	电流输入模拟量值直接显示模式	-20mA～+20mA	-20000～+20000
9～E	不可以设定	—	—
F	通道不可用	—	—

2. FX3U-4AD 端子排列及接线方式

FX3U-4AD 端子排列及接线方式如图 10-5 所示。FX3U-4AD 采用电流输入信号和采用电压输入信号时的端子的连接方法不一样，在接线时应注意以下几点。

- FX2N-4AD 通过双绞屏蔽电缆与 PLC 连接，电缆应远离电源线或其他可能产生电气干扰的电线。
- 如果输入电压有波动或在外部接线中有电气干扰，可以接一个规格为 0.1～0.47μF、DC25V 的平滑电容器。
- 若采用电流输入信号，需要连接 V+端子和 I+端子。

● 如果存在过多的电气干扰，应将电缆屏蔽层与 FG 端连接，并连接到 FX2N-4AD 的接地端子。

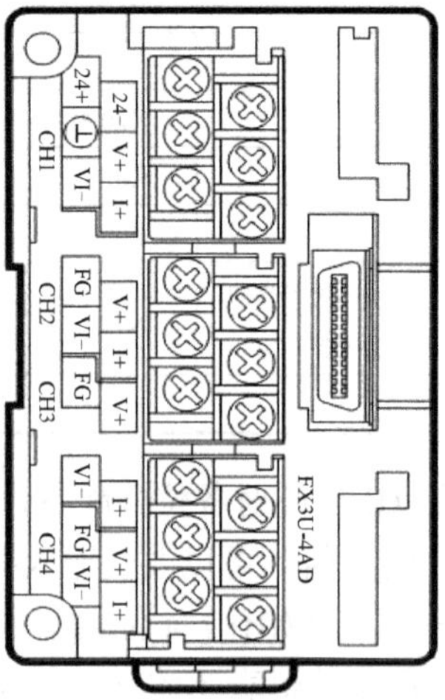

端子名称	用途
24+	DC24V电源
24−	
⏚	接地端子
V+	通道1 模拟量输入
VI−	
I+	
FG	通道2 模拟量输入
V+	
VI−	
I+	
FG	通道3 模拟量输入
V+	
VI−	
I+	
FG	通道4 模拟量输入
V+	
VI−	
I+	

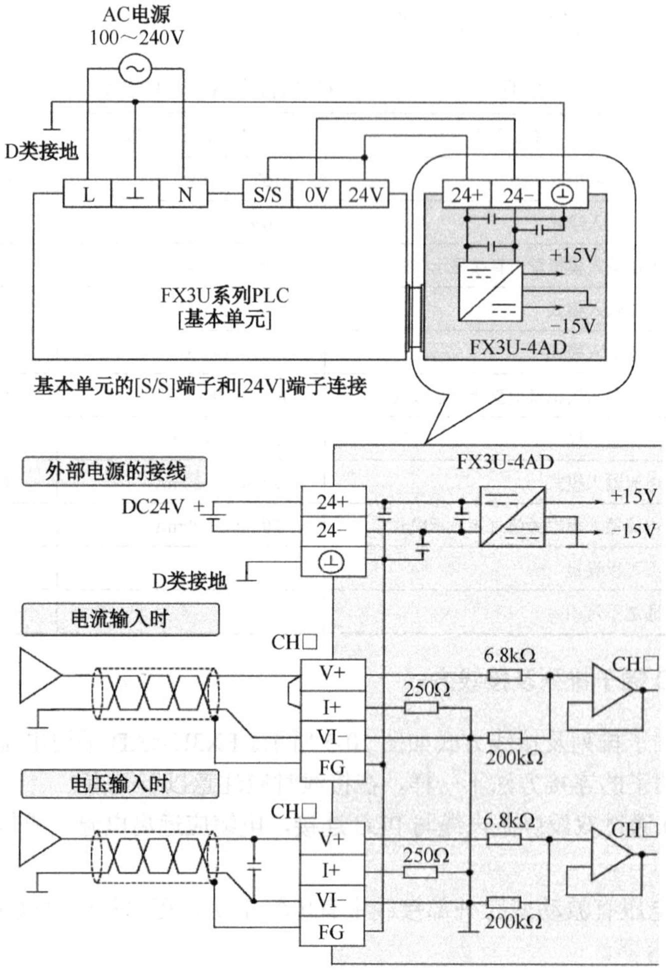

图 10-5　FX3U-4AD 端子排列及接线方式

3. BFM 的数据读取

对 FX3U-4AD 的 BFM 的数据读取有两种方式：利用 FROM 指令和 TO 指令读取、BFM 直接指定。在使用 BFM 直接指定方式时，需要对应 PLC 的软元件。

BFM 直接指定方式：将如图 10-6 所示的软元件指定为直接应用指令的源操作数或目标操作数，并在图 10-6 中方框内写入相应的数字。

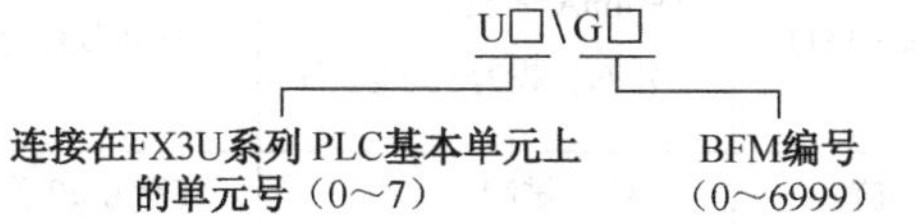

图 10-6　软元件设定

例如，在图 10-7 中，指定 0 号单元的通道 3、通道 4 为 4mA～20mA 电流输入模式。在图 10-8 中，T0 时间 5s 到达后，将 0 号单元的 BFM#10～BFM#13（K4）的内容读取到 D0～D3。

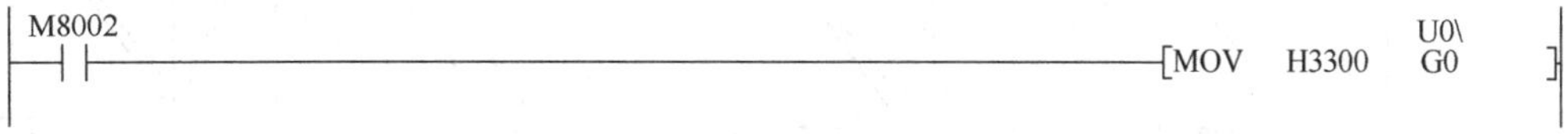

图 10-7　0 号单元的电流输入模式

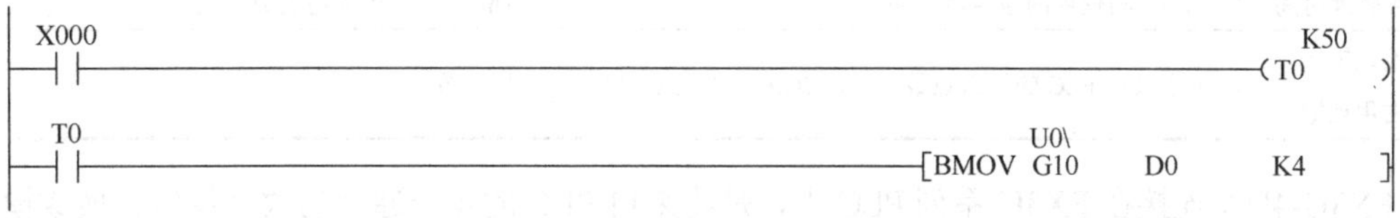

图 10-8　读取 0 号单元内容

也可以采用 FROM 指令读取 BFM 的内容。在图 10-9 中，将 0 号单元的 BFM #1 的内容读取到 1 个数据寄存器(D10)中。如果这条程序采用 BFM 直接指定方式，可以写成如图 10-10 所示形式。图 10-9 和图 10-10 中的程序实现的功能是一样的。

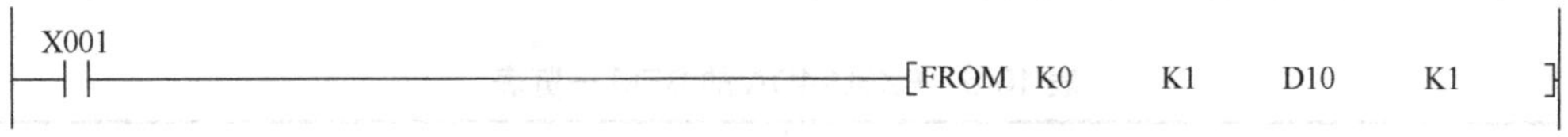

图 10-9　使用 FROM 指令读取 0 号单元的 BFM#1 的内容

图 10-10　使用 BFM 直接指定方式读取 0 号单元的 BFM#1 的内容

10.4　4 路模拟量输出模块

1. BFM 及分配

FX3U-4DA 和 FX2N-4DA 是 4 路模拟量输出模块，两者都可以应用于 FX3U 系列 PLC，二者的特性对比如表 10-4 所示。

表 10-4　FX3U-4DA 和 FX2N-4DA 的特性对比

规格	FX3U-4DA		FX2N-4DA	
	电压输出	电流输出	电压输出	电流输出
输出	4 通道			
模拟量输出范围	DC-10V～+10V（外部负载为 1k～1M）	DC0mA～20mA DC4mA～20mA（外部负载为 500 以下）	DC-10V～+10V（外部负载为 2k～1M）	DC0mA～20mA DC4mA～20mA（外部负载为 500 以下）
数字量输入	带符号 16 位二进制	15 位二进制	带符号 12 位二进制	10 位二进制
分辨率	0.32mV（20V×1/64000）	0.63mA（20A×1/32000）	5mV（10V×1/2000）	20mA（20A×1/1000）
输出特性	•输出模式0 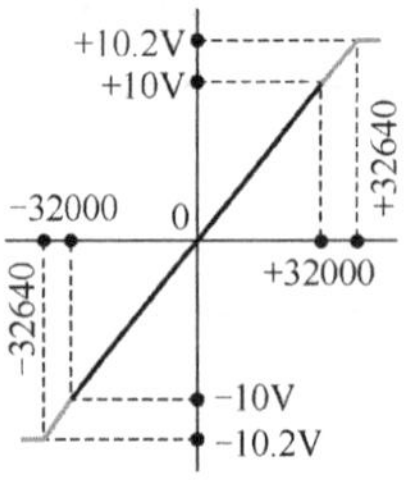	•输出模式2（虚线为输出模式3） 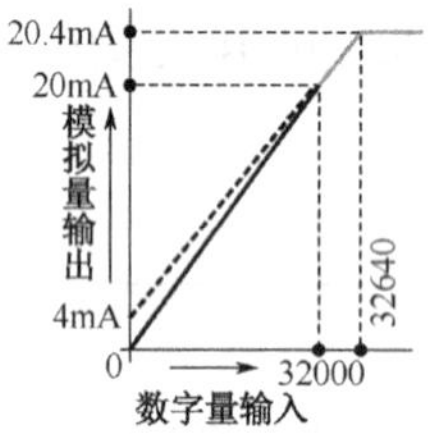	•输出模式0 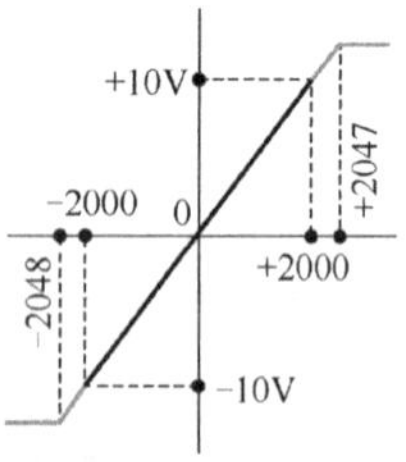	•输出模式2（虚线为模式1） 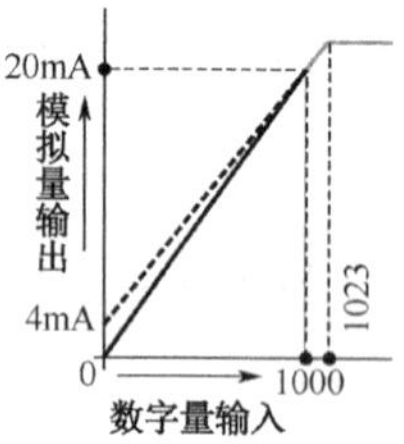
D/A 转换时间	1ms（与使用的通道数无关）		2.1ms（与使用的通道数无关）	
输入输出占用点数	8 点（在 PLC 的输入点数、输出点数中的任意一侧计算占用点数）			

FX3U-4DA 连接在 FX3U 系列 PLC 上，是将来自 PLC 的 4 个通道的数字量值转换成模拟量值（电压/电流）并输出的特殊功能模块。FX3U-4DA 可以指定各通道的板输出电压或输出电流。

FX3U-4DA 有 4 个可进行 D/A 转换的输入通道，最大分辨率为 16 位。FX3U-4DA 和主单元之间的数据交换通过 BFM 实现。FX3U-4DA 共占用扩展总线 8 个点，这 8 个点可任意分配为输入或输出。

FX3U-4DA 的 BFM 一览表如表 10-5 所示。

表 10-5　FX3U-4DA 的 BFM 一览表

编号	内容	设定值	初始值
#0	指定通道 1～4 的输出模式	—	H0000
#1～#4	通道 1～4 的输出数据	根据模式而定	K0
#5	PLC 在 STOP 时的输出设定	—	H0000
#6	输出状态	—	H0000
#7～#8	不可用	—	—
#10～#13	通道 1～4 的偏置数据	根据模式而定	根据模式而定
#14～#17	通道 1～4 的增益数据	根据模式而定	根据模式而定
#21～#27	不可用	—	—
#30	机型代码 K3030	—	K3030
#其他～#3098	参阅相关手册	—	—

BFM#0：指定通道 1～4 的输出模式。采用 4 位数的 HEX 码对各位分配各通道的编号来

指定通道 1～4 的输出模式。通过在各位中设定 0～8、F 的数值可以改变输出模式。

在 BFM#0 中写入十六进制 4 位数字 H□□□□使各通道初始化，4 位数字中的最低位数控制通道 CH1，最高位数控制通道 CH4。H□□□□中的每位数值表示的含义如表 10-6 所示。其余 BFM 的内容请参阅模拟量控制手册。

表 10-6　H□□□□中的每位数值表示的含义

设定值	输出模式	模拟量输出范围	数字量输入范围
0	电压输出模式	−10V～+10V	−32000～+32000
1	电压输出模拟量毫伏指定模式	−10V～+10V	−32000～+32000
2	电流输入模式	0mA～20mA	0～+32000
3	电流输入模式	4mA～20mA	0～+32000
4	电流输出模拟量毫安指定模式	0mA～20mA	0～+20000
5～E	无效（设定值不变化）	—	—
F	通道不可用	—	—

2. FX3U-4DA 端子排列及接线方式

FX3U-4DA 端子排列如图 10-11 所示。FX3U-4DA 接线方式如图 10-12 所示。FX3U-4DA 采用电流输出信号和采用电压输出信号时的端子的连接方法不一样，在接线时应注意以下几点。

● 对于模拟量输出要使用双绞屏蔽电缆，电缆应远离电源线或其他可能产生电气干扰的电线。

● 在输出电缆的负载端应使用单点接地，且接地电阻阻值不大于 10Ω。

● 如果输出存在电气噪声或电压波动，可以连接一个规格为 0.1～0.47μF、DC25V 的平滑电容器。

● 将 FX3U-4DA 的接地端子和 PLC 基本单元的接地端子连接在一起；若将电压输出端子短路，或将电流输出负载接到电压输出端子都可能导致 FX3U-4DA 损坏。

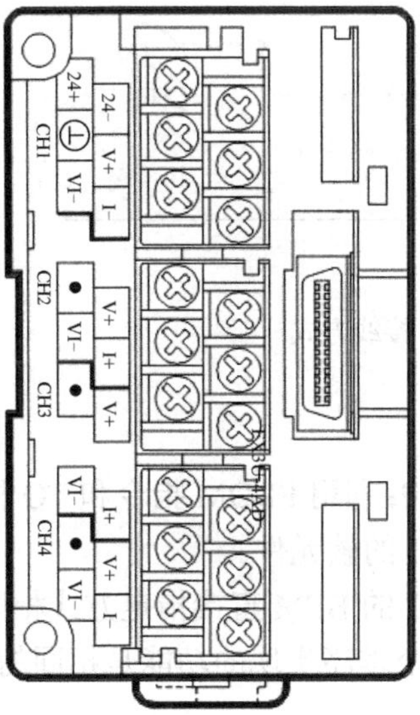

端子名称	用途
24+	DC24V电源
24−	
⊥	接地端子
V+	通道1模拟量输入
VI−	
I+	
●	请不要接线
V+	通道2模拟量输入
VI−	
I+	
●	请不要接线
V+	通道3模拟量输入
VI−	
I+	
●	请不要接线
V+	通道4模拟量输入
VI−	
I+	

图 10-11　FX3U-4DA 端子排列

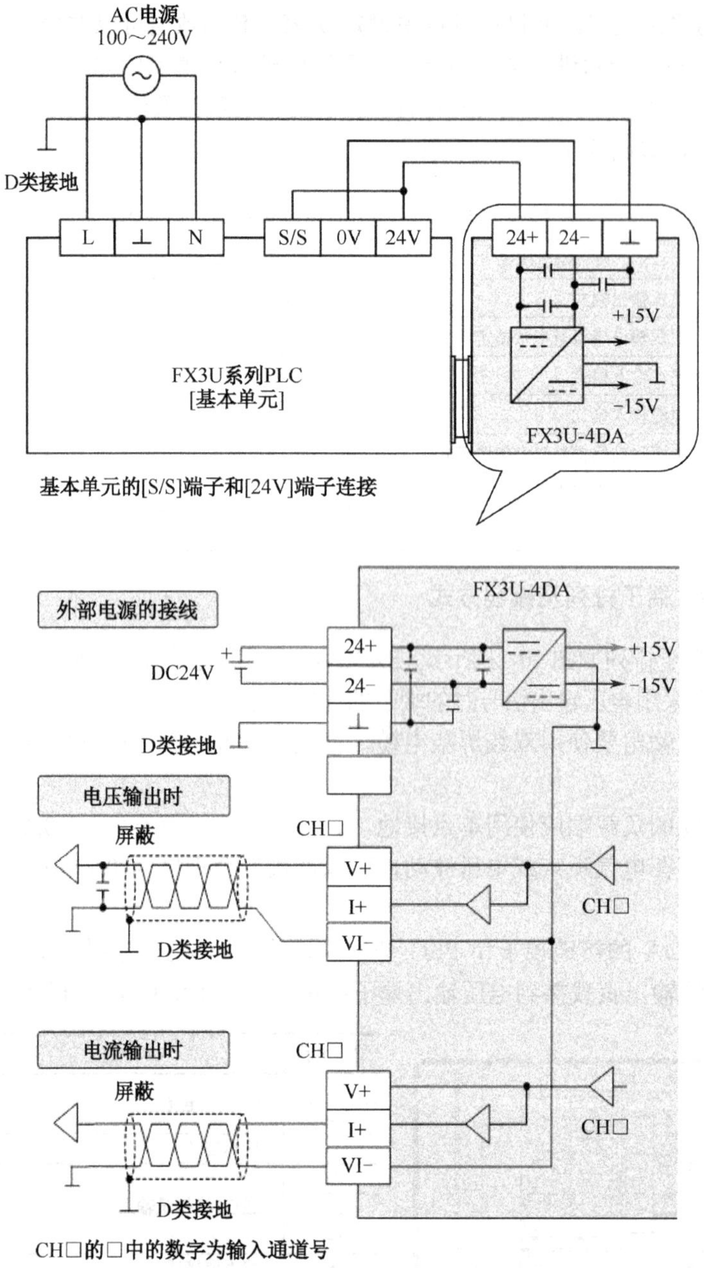

图 10-12　FX3U-4DA 接线方式

3. BFM 的数据写入

向 FX3U-4DA 的 BFM 中写入数据的方式有两种：利用 FROM 指令和 TO 指令写入、BFM 直接指定。在使用 BFM 直接指定时，需要对应 PLC 的软元件。

FX3U-4DA 的 BFM 直接指定方式和 FX3U-4AD 的 BFM 直接指定方式相同。在图 10-13 中，采用 TO 指令方式和 BFM 直接指定方式的两个程序实现的功能是相同的，都是将 D10 的数据写入 0 号单元的 BFM#1 中。

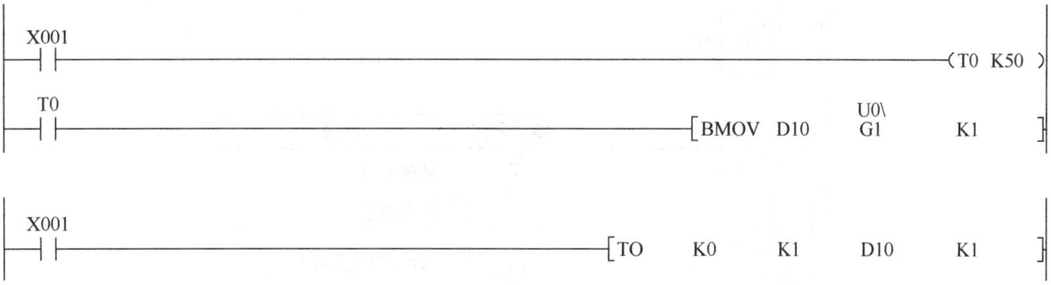

图 10-13　BFM 的数据写入

10.5　FX3U-4AD-PT-ADP（4 路铂电阻输入模块）

1. FX3U-4AD-PT-ADP 的性能

FX3U-4AD-PT-ADP 连接在 FX3U 系列 PLC 上，是获取 4 个通道的铂电阻温度的模拟量特殊适配器。FX3U 系列 PLC 上最多可以连接 4 个 FX3U-4AD-PT-ADP（包括其他模拟量功能扩展板和模拟量特殊适配器）。FX3U-4AD-PT-ADP 与铂电阻（Pt100）相连，用于测定铂电阻的温度，测定的温度值被自动写入 FX3U 系列 PLC 的特殊数据寄存器中。FX3U-4AD-PT-ADP 的性能规格如表 10-7 示。

表 10-7　FX3U-4AD-PT-ADP 的性能规格

规格	性能	
	摄氏度（℃）	华氏度（℉）
输入信号	铂电阻（3 线式）	
温度范围	-50℃～+250℃	-58℉～+482℉
数字量输出	-500～2500	-580～4820
分辨率	0.1	0.18
输入特性	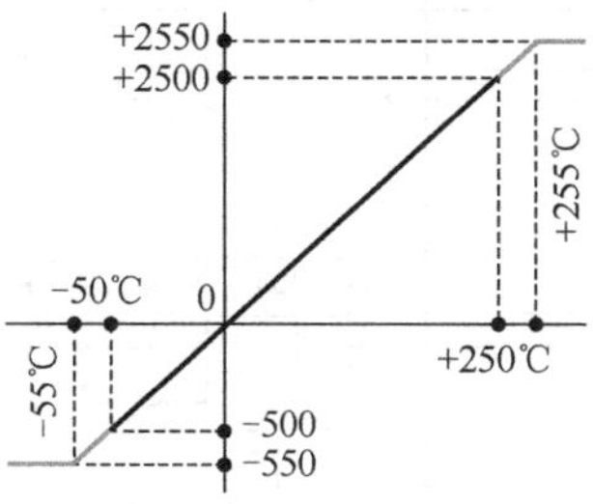	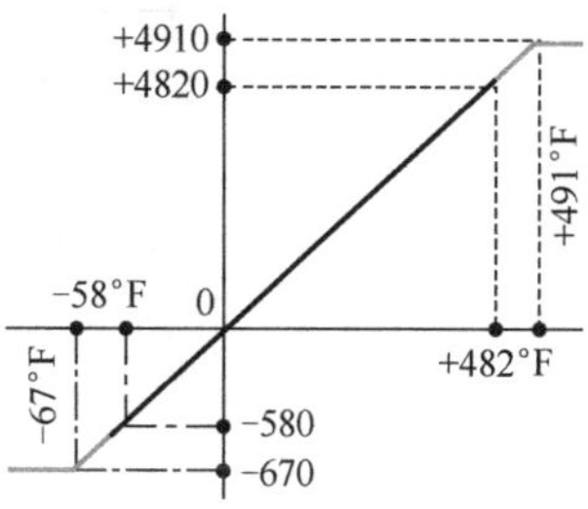
占用点数	0 点（与 PLC 的最大输入点数、最大输出点数无关）	

2. FX3U-4AD-PT-ADP 的端子排列及接线方式

FX3U-4AD-PT-ADP 的端子排列如图 10-14 所示。FX3U-4AD-PT-ADP 的端子接线如图 10-15 所示。电源接线时要注意：将 FX3U-4AD-PT-ADP 的接地端子和 PLC 基本单元的接地端子连接在一起，并与进行了 D 类接地（阻值为 100Ω 以下）的供给电源的接地端子相连。在使用外部电源时，FX3U-4AD-PT-ADP 应与基本单元同时或先于基本单元接通电源。

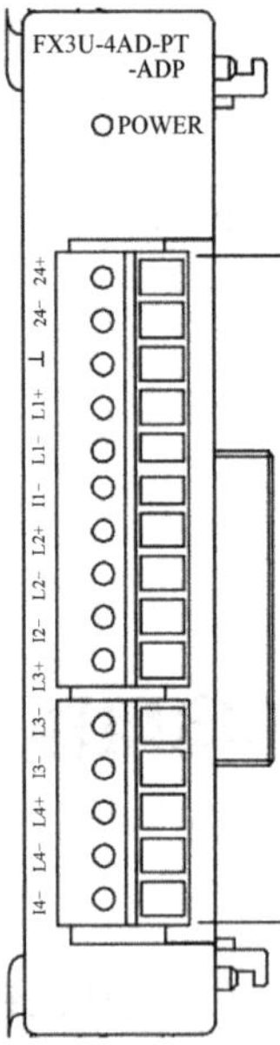

端子名称	用途
24+	外部电源
24−	
⊥	接地端子
L1+	通道1铂电阻输入
L1−	
I1−	
L2+	通道2铂电阻输入
L2−	
I2−	
L3+	通道3铂电阻输入
L3−	
I3−	
L4+	通道4铂电阻输入
L4−	
I4−	

图 10-14　FX3U-4AD-PT-ADP 的端子排列

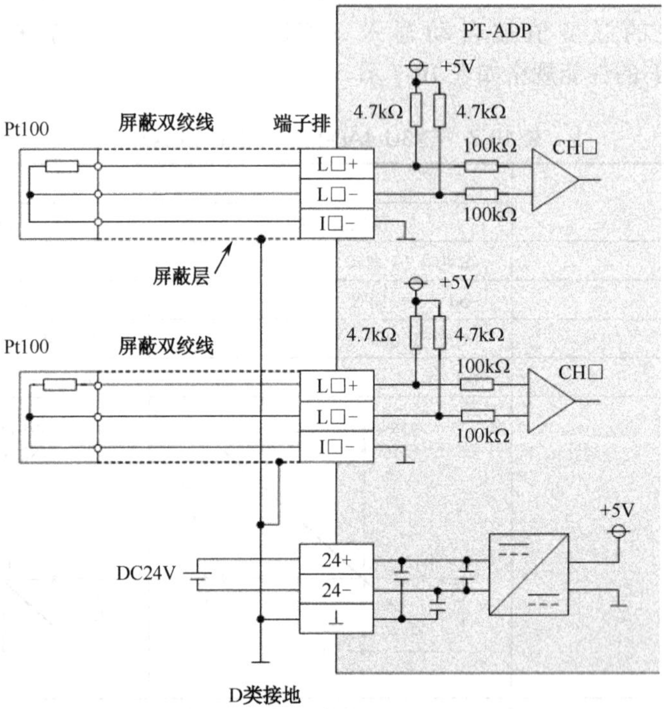

L□+、L□−、I□−、CH□的□中的数字为输入通道号

图 10-15　FX3U-4AD-PT-ADP 的端子接线

3. FX3U-4AD-PT-ADP 的软元件及应用举例

FX3U-4AD-PT-A 在工作时，输入的模拟量值被转换成数字量值，并被保存在 FX3U 系列 PLC 的特殊软元件中。通过向特殊软元件写入数值，可以设定平均次数或指定输入模式。依照从基本单元开始的连接顺序分配特殊软元件，每个 FX3U-4AD-PT-ADP 分配特殊辅助继电器、特殊数据寄存器各 10 个。FX3U-4AD-PT-ADP 特殊软元件分配表如表 10-8 所示。

表 10-8　FX3U-4AD-PT-ADP 特殊软元件分配表

特殊软元件	软元件编号				内容	属性
	第一个	第二个	第三个	第四个		
特殊辅助继电器	M8260	M8270	M8280	M8290	温度单位的选择	—
	M8261～M8269	M8271～M8279	M8281～M8289	M8291～M8299	未使用（不要使用）	—
特殊数据寄存器	D8260	D8270	D8280	D8290	通道 1 测定温度	R
	D8261	D8271	D8281	D8291	通道 2 测定温度	R
	D8262	D8272	D8282	D8292	通道 3 测定温度	R
	D8263	D8273	D8283	D8293	通道 4 测定温度	R
	D8264	D8274	D8284	D8294	通道 1 平均次数(设定范围:1～4095)	R/W
	D8265	D8275	D8285	D8295	通道 2 平均次数(设定范围:1～4095)	R/W
	D8266	D8276	D8286	D8296	通道 3 平均次数(设定范围:1～4095)	R/W
	D8267	D8277	D8287	D8297	通道 4 平均次数(设定范围:1～4095)	R/W
	D8268	D8278	D8288	D8298	错误状态	R/W
	D8269	D8279	D8289	D8299	机型代码＝20	R

通过将特殊辅助继电器置为 ON（℉）、或置为 OFF（℃），可以设定 FX3U-4AD-PT-ADP 的温度单位。

例如，图 10-16 中的两行程序在运行时，第一行 M8260 处于 OFF 状态，第二行 M8270 处于 ON 状态。这说明第 1 个模块的温度单位被设定为摄氏度（℃），第 2 个模块的温度单位被设定为华氏度（℉）。

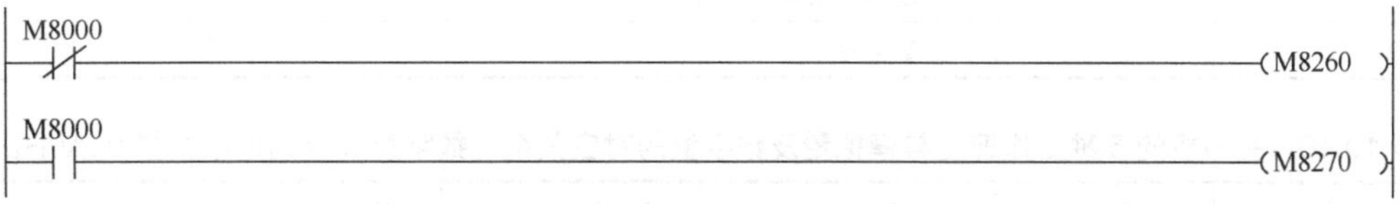

图 10-16　温度单位的设定

将第一个模块中的 1 号 Pt100 接入通道 1，测定温度存至 FX3U 系列 PLC 的 D10；2 号 Pt100 接入通道 2，测定温度存至 D20，如图 10-17 所示。

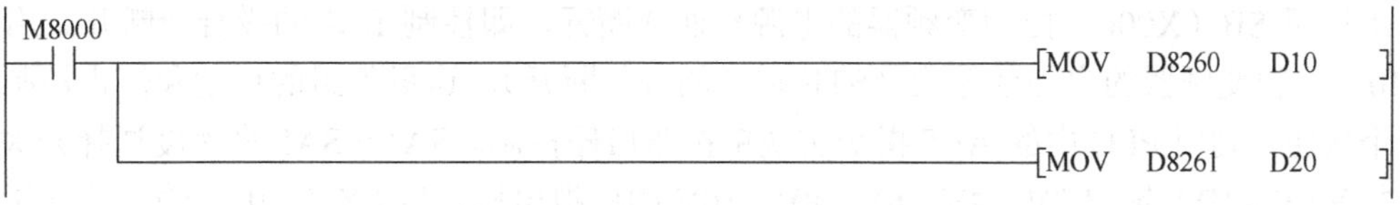

图 10-17　温度读取

即使不在 D10、D20 中保存测定温度，也可以在算术运算指令或 PID 指令等指令中直接使用 D8260、D8261。

10.6 特殊功能模块的应用实例

验布机是服装行业对棉、毛、麻、丝绸、化纤等特大幅面布、双幅布和单幅布进行瑕疵检测的专用设备。根据检验人员操作的熟练程度、布匹的种类不同，验布机对速度的要求不同。

验布机有 5 种工作速度：1 速为 10Hz、2 速为 20Hz、3 速为 30Hz、4 速为 40Hz、5 速为 50Hz。

验布机有加速按钮和减速按钮，每按一次按钮，变频器的速度就会增加 1Hz 或减少 1Hz。

1. 硬件电路及分析

在本例中，由于变频器的速度控制信号是电压信号，属于模拟量，因此需要使用 FX3U-4DA。由表 10-4 可以看出，在输出模式 0 时，数字量 0～32000 对应模拟量 DC0～10V，同时在变频器中对应频率 0～50Hz（使用三菱 A700 变频器，设置参数 Pr.125＝50），那么可以列表进行说明，如表 10-9 所示。验布机的 5 种工作速度与模拟量及数字量的对应关系（数字量 640 对应模拟量 0.2V/Hz）如表 10-10 所示。

表 10-9 输入/输出分配

输入			输出		
继电器	输入元件	作用	继电器	输出元件	作用
X000	SB	变频器通电	Y001	STF	变频器启动
X001～X005	SA1～SA5	速度选择开关	Y004	KM	接通接触器 KM
X006	SB6	加速按钮	Y005	HA	报警铃
X007	SB7	减速按钮	Y006	HL	报警灯
X010	SB1	启动/停止按钮			
X011	A/C	报警信号			

表 10-10 验布机的 5 种工作速度与模拟量及数字量的对应关系（数字量 640 对应模拟量 0.2V/Hz）

输入	X001	X002	X003	X004	X005
数字量 D0	6400	12800	19200	25600	32000
模拟量	2V	4V	6V	8V	10V
速度	10Hz	20Hz	30Hz	40Hz	50Hz

用按钮 SB（X000）控制变频器的电源接通或断开，即控制 KM 的吸合或断开。用 SB1（X010）控制变频器的启动或停止（STF 端子闭合与断开），这里每组的启动和停止控制都只用一个按钮，利用 PLC 中的 ALT 指令实现单按钮启停控制。SA1～SA5 是速度选择开关，分别控制 FX3U-4DA 输出 2V、4V、6V、8V、10V 的模拟电压，将 FX3U-4DA 输出的电压信号接到变频器的端子 2、端子 5 可以实现变频器的多段速运行。SB6 是加速按钮，每按一次，变频器的速度增加 1Hz；SB7 是减速按钮，每按一次，变频器的速度减少 1Hz。将变频器的报警输出端子 A 接到 PLC 的 X011 输入端子上。PLC 的输出继电器 Y1 接变频器的正转端子 STF 以控制变频器的启动或停止。PLC 的输出继电器 Y4 接接触器 KM 线圈，用来给变频器上电，Y005、Y006 分别用于控制变频器的声、光报警。根据表 10-9 绘制出验布机控

制系统输入/输出接线图，如图 10-18 所示。

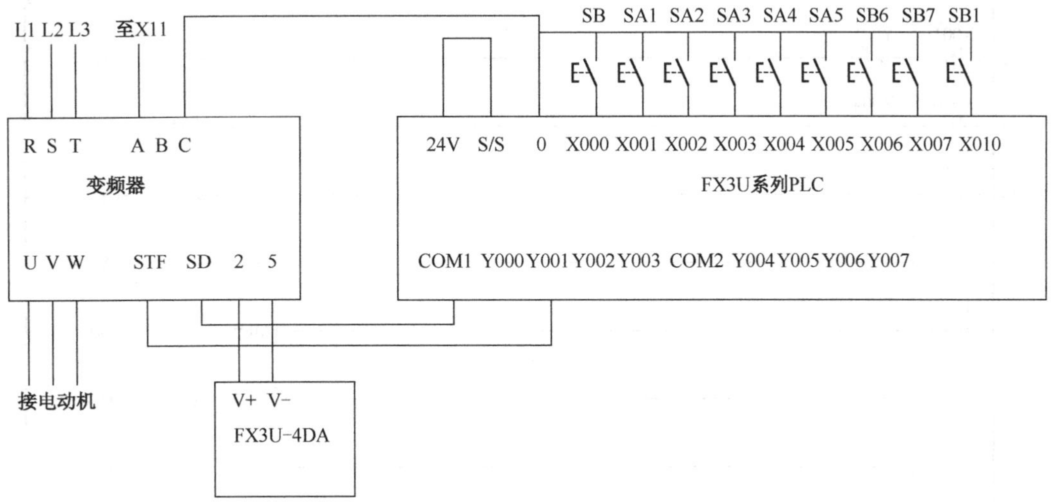

图 10-18　验布机控制系统输入/输出接线图

2. 程序设计

验布机通过 X001～X005 分别将数字量 6400、12800、19200、25600、32000 送到 PLC 的数据寄存器 D0 中，并利用 FX3U-4DA 将这些数字量转变为电压信号，再送到变频器的端子 2、端子 5，从而控制变频器实现多段速运行。

如果需要选择 30Hz 工作速度，将数字量 19200 转换成模拟电压信号 3V，将其接到变频器的端子 2、端子 5，变频器就会按照 30Hz 的频率运行。验布机的控制系统梯形图如图 10-19 所示。

3. 运行

（1）按照验布机控制系统输入/输出接线图连接电路。将程序下载到 PLC 中。

（2）使 PLC 处于 RUN 状态，PLC 的 RUN 指示灯点亮。此时按下 SB（X000），Y004 为 1，接触器 KM 得电，其主触点闭合，变频器通电。

（3）根据变频器的使用手册，将设置好的参数写入变频器中。

（4）按下 SB1（X010），Y001 得电，接通变频器的 STF 正转端子，变频器开始运行，变频器的 RUN 灯闪烁。此时将选择开关 SA 分别置于 5 个不同的位置，观察变频器的运行频率与设定频率是否一致。分别接通 X001～X005，输出频率分别为 10Hz、20Hz、30Hz、40Hz、50Hz。若不正确，监视 D0 的值，若与表 10-10 不符，则检查程序和输入电路是否正确。若 D0 的值为 0 或不变，首先检查特殊功能模块编号是否正确，然后检查特殊功能模块与 PLC 的连线及模拟输出电路。再次按下 SB1（X010），变频器停止运行。按下 SB（X000），KM 失电，变频器切断电源。按下 SB6 或 SB7，每按一次，D0 的值加 640 或减 640，使输出模拟量发生微小变化，观察变频器频率的变化。

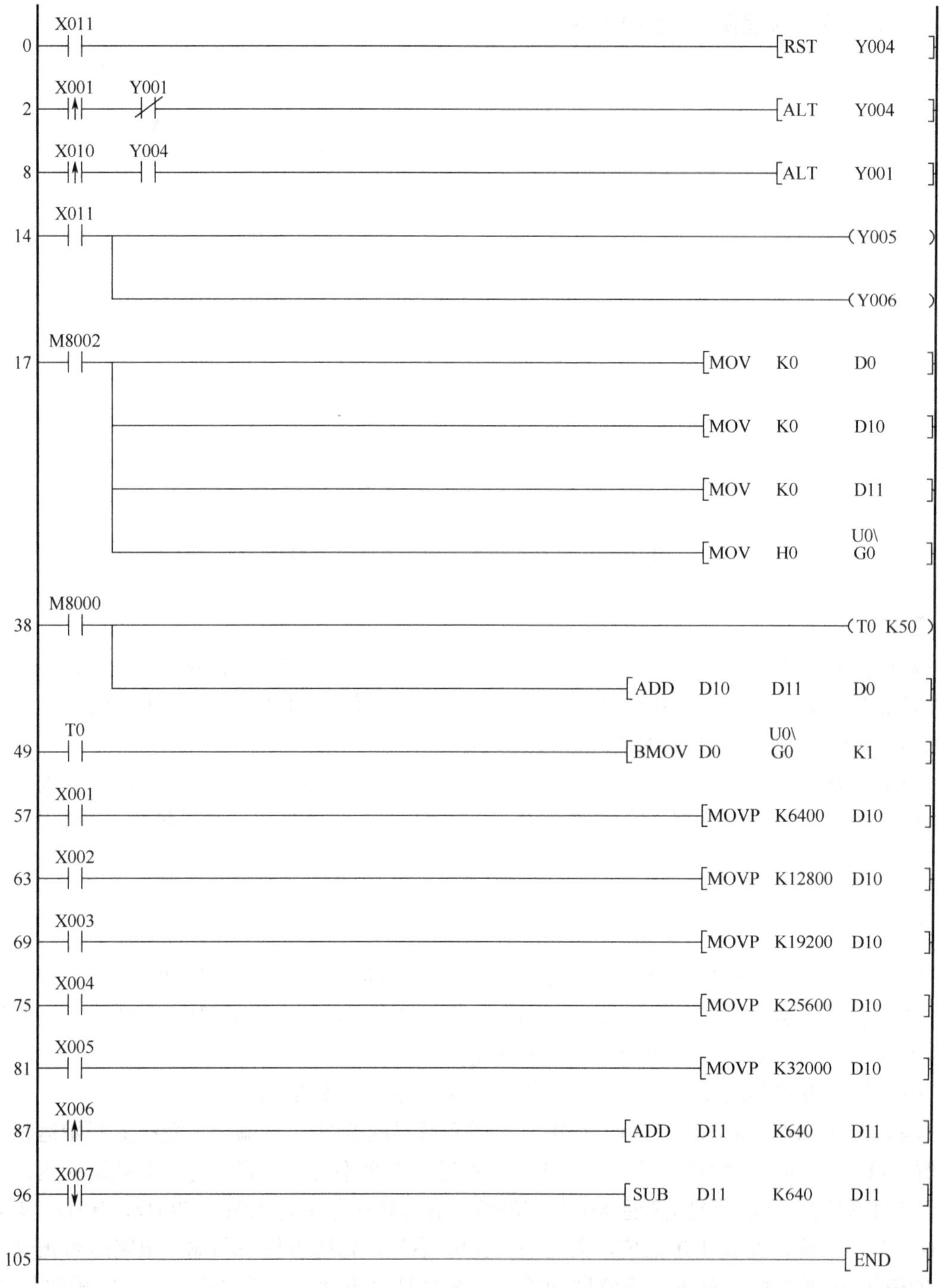

图 10-19　验布机的控制系统梯形图

知识梳理与小结

在使用由PLC组成的控制系统时，通常需要利用PLC的特殊功能模块处理一些特殊信号，如流量、压力、温度等。FX3U 系列 PLC 的特殊功能模块有模拟量输入模块、模拟量输出模块、专用通信模块、高速计数模块、定位控制模块、PID 过程控制调节模块等。

本项目主要介绍了 FX3U 系列 PLC 的 4 路模拟量输入模块 FX3U-4AD 和 4 路模拟量输出模块 FX3U-4DA，还介绍了 4 路铂电阻输入模块 FX3U-4AD-PT-ADP。要掌握这几种模块的功能及使用方法，并了解它们是如何与 PLC 进行通信的。

练习与提高

1. 某恒温箱要求工作温度为 100℃，当温度小于 100℃时，启动电加热器加热；当温度大于 100℃时，停止加热。现场温度用热电偶检测，并通过模拟量输入模块转换成数字信号反馈给 PLC 主机以控制电加热器启动和停止。试编写程序实现上述控制。

2. 某控制单元将 4 路模拟量输出模块设置为编号 1，试将 FX3U 系列 PLC 基本单元中的数据寄存器 Dl0、Dll、D12、D13 中的数据通过 4 路模拟量输出模块的 4 个通道输出。要求：将通道 CH1、CH2 作为-10V～+10V 的电压输出通道；将通道 CH3、CH4 作为 0～+20mA 的电流输出通道。试编写程序实现上述控制。

3. 一家食品厂采用隧道式加热炉生产饼干，该隧道炉有 3 个加热区，每个加热区安装两个输出标准电压信号（0～10V）的温度传感器以探测每个加热区的内部温度。隧道炉采用 FX3U 系列 PLC 作为主控制器，并采用 FXON-3A 模块作为温度采集模块，每个加热区对应一个 FXON-3A 模块。每个加热区中的两个温度传感器分别对应同一个 FXON-3A 模块的两路输入通道。

要求：系统要有启动采集和停止采集的按钮；六个温度传感器采集的温度数据分别存存至 PLC 的 D0～D5；绘制出该系统的输入/输出接线图；绘制出该系统的 PLC 梯形图。

项目十一　PLC编程控制能力拓展（电工考证实例分析）

本项目以电工考证和实际生产应用中对FX3U系列PLC的编程控制等为例，系统地介绍FX3U系列PLC在实际生产中的应用。

教学导航及目标

知识重点	利用PLC的梯形图语言进行编程控制的思路及方法； 电工考证程序的熟练编程
知识难点	对用PLC控制带直流能耗制动的星—三角启动电路的理解和应用； 用PLC控制简易机械手等的设计、安装与调试
建议教学方式	建议通过引入应用实例来讲解程序设计的知识。在讲解过程中通过编程应用对比来加强学生的学习效果。动手操作是学习编程控制的一种重要手段，在教学中可以采用教、学、做一体化的教学方法
建议学时	8学时
知识目标	掌握用PLC控制带直流能耗制动的星—三角启动电路的设计思路及方法； 掌握用PLC控制简易机械手的设计、安装与调试的方法； 掌握用PLC控制双速交流异步电动机的设计方法； 掌握用PLC控制自动洗衣机的设计方法
技能目标	能熟练运用GX Works2编程软件解决实际工程问题

11.1　用PLC控制带直流能耗制动的星—三角启动电路的设计、安装与调试

用PLC控制带直流能耗制动的星—三角启动电路如图11-1所示。

1. 工作原理

合上电源开关QS。按下启动按钮SB2，继电器KT、接触器KM3和接触器KM1得电，电动机定子绕组接成星形实现电动机的降压启动；KM1得电的同时KT失电。延时时间（5s）到，KM3失电，电动机定子绕组解除星形连接；同时KM2得电，电动机定子绕组接成三角形实现电动机的全压运行。当按下停止按钮SB1时，KM1和KM2失电解除三角形连接，同时KM3和KM4得电，电动机能耗制动；松开SB1，电动机能耗制动结束并停止转动。

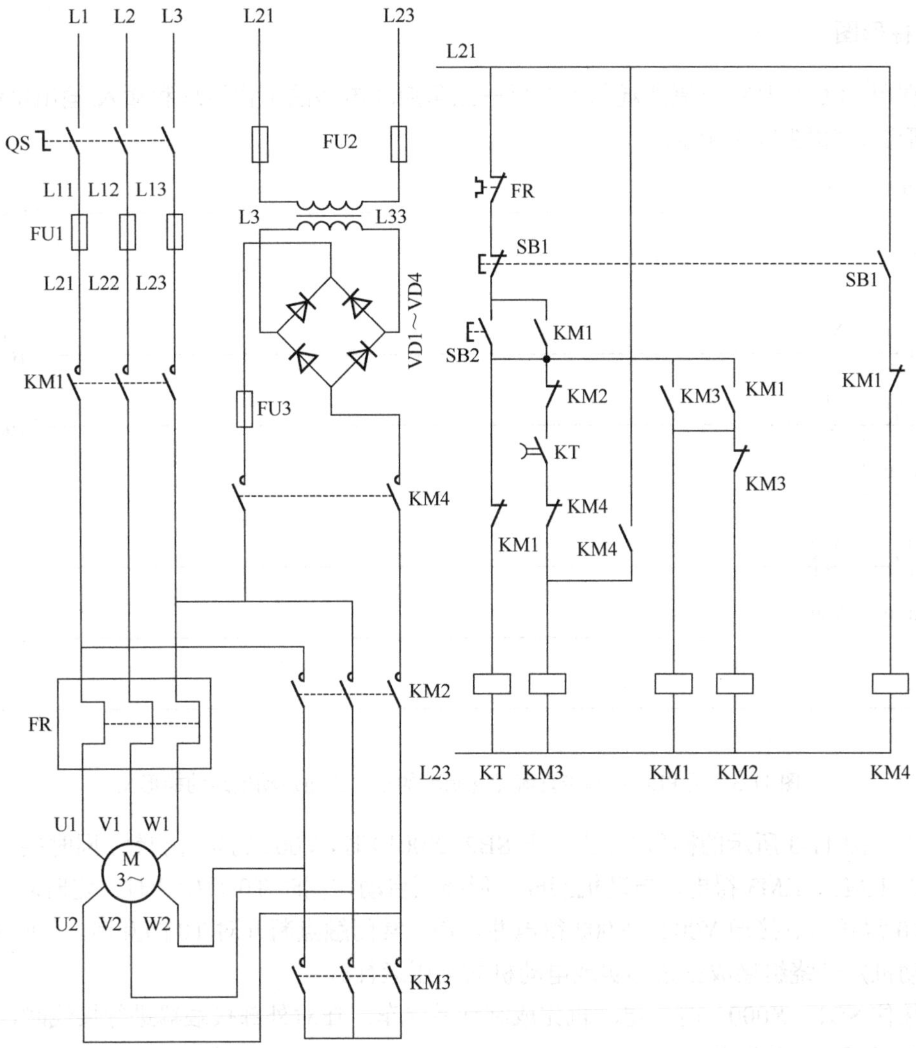

图 11-1　用 PLC 控制带直流能耗制动的星—三角启动电路

2. 接线图

用 PLC 控制带直流能耗制动的星—三角启动电路的输入/输出接线图如图 11-2 所示。

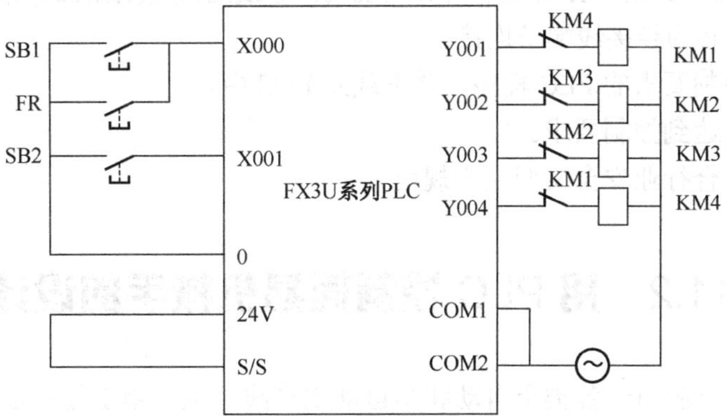

图 11-2　用 PLC 控制带直流能耗制动的星—三角启动电路的输入/输出接线图

3. 梯形图

根据用 PLC 控制带直流能耗制动的星—三角启动电路的工作原理和输入/输出接线图，可得其梯形图，如图 11-3 所示。

图 11-3　用 PLC 控制带直流能耗制动的星—三角启动电路的梯形图

对于如图 11-3 所示的梯形图，当按下 SB2（X001）时，Y001 得电并自锁，同时接通 Y003、T0，此时 KM1、KM3 得电，电动机接成星形降压启动，同时 T0 开始计时。定时时间（5s）到后，T0 常开触点接通 Y002，Y002 得电并自锁，常闭触点断开对 T0 的互锁。此时 KM2 得电，电动机定子绕组接成三角形实现电动机的全压运行。

当按住 SB1（X000）时，电动机完成制动并停车。在对外部接触器进行接线时，接触器之间应进行互锁以防短路。

4. 注意事项

- 根据控制要求，正确完成 PLC 控制系统的输入/输出接线。
- 输入/输出接线必须符合国家电气安装规范，导线连接需要紧固、布局合理，导线要进线槽，外接引出线必须经接线端子连接。
- 编写满足控制要求的 PLC 程序，并下载到 PLC 中。
- 通电调试，达到控制要求。
- 所有操作符合行业安全文明生产规范。

11.2　用 PLC 控制简易机械手的设计

简易机械手广泛应用于各类全自动和半自动生产线，主要用于控制零部件或成品在固定位置之间的移动，以代替人工作业，实现生产某的自动化控制。

图 11-4 为某机械手动作过程，该机械手的上升和下降、左移和右移由双线圈二位电磁阀

推动气缸来实现。当某个双线圈二位电磁阀线圈通电时，机械手会保持现有的机械动作。例如，一旦下降的双线圈二位电磁阀线圈通电，机械手下降；即使线圈断电，机械手仍保持现有的下降动作状态，直到相反方向的双线圈二位电磁阀线圈通电为止。另外，机械手夹紧和放松由单线圈二位电磁阀推动气缸来实现，单线圈二位电磁阀线圈通电时执行夹紧动作，单线圈二位电磁阀线圈断电时执行放松动作。机械手装有上、下行程开关和左、右行程开关，可实现 8 个动作。

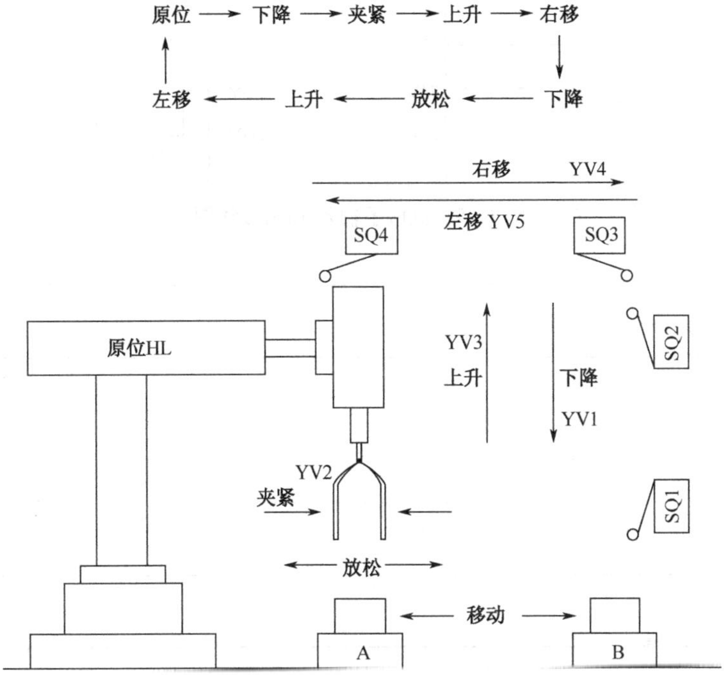

图 11-4　某机械手动作过程

机械手共有 6 个输入信号和 6 个输出信号，其输入/输出分配表如表 11-1 所示。

表 11-1　机械手输入/输出分配表

输入设备	输入地址	输出设备	输出地址
SQ1	X001	YV1	Y001
SQ2	X002	YV2	Y002
SQ3	X003	YV3	Y003
SQ4	X004	YV4	Y004
启动	X005	YV5	Y005
停止	X006	原位	Y006

根据机械手动作过程及其输入/输出分配表，可以绘制出其输入/输出接线图，如图 11-5 所示。

机械手是按照严格的流程来运行的，可以采用步进指令来编程。机械手控制系统梯形图如图 11-6 所示。

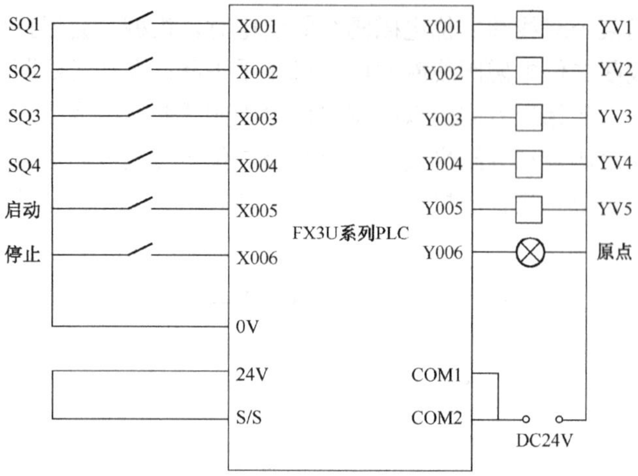

图 11-5　机械手输入/输出接线图

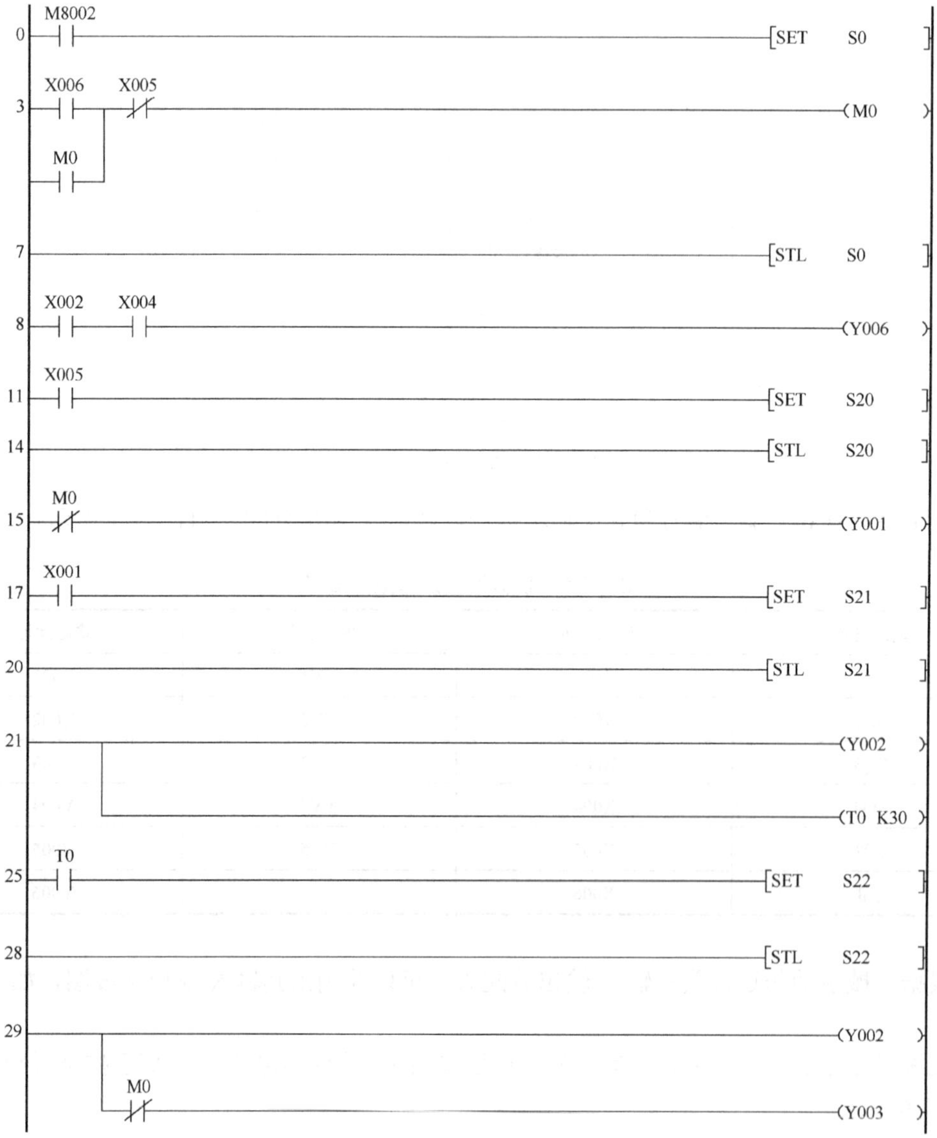

图 11-6　机械手控制系统梯形图

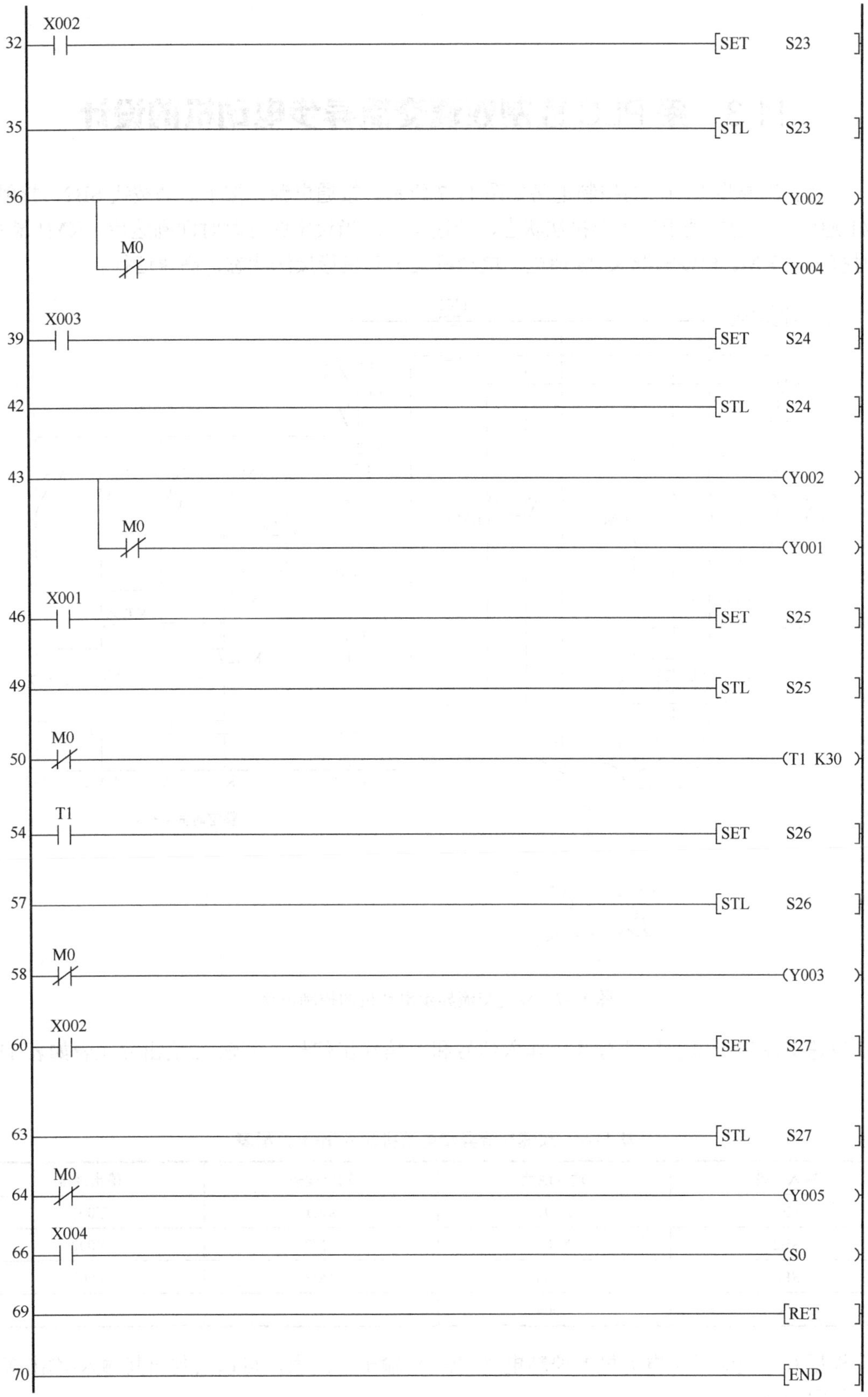

图 11-6　机械手控制系统梯形图（续）

11.3　用 PLC 控制双速交流异步电动机的设计

双速交流异步电动机的控制电路如图 11-7 所示。接通电源，按下启动按钮 SB2，接触器 KM1 通电，电动机处于三角形接法状态，低速运行。当设定的延时时间到达后，KM1 断电，同时接触器 KM2 和接触器 KM3 通电，电动机处于双星形接法状态，高速运行。

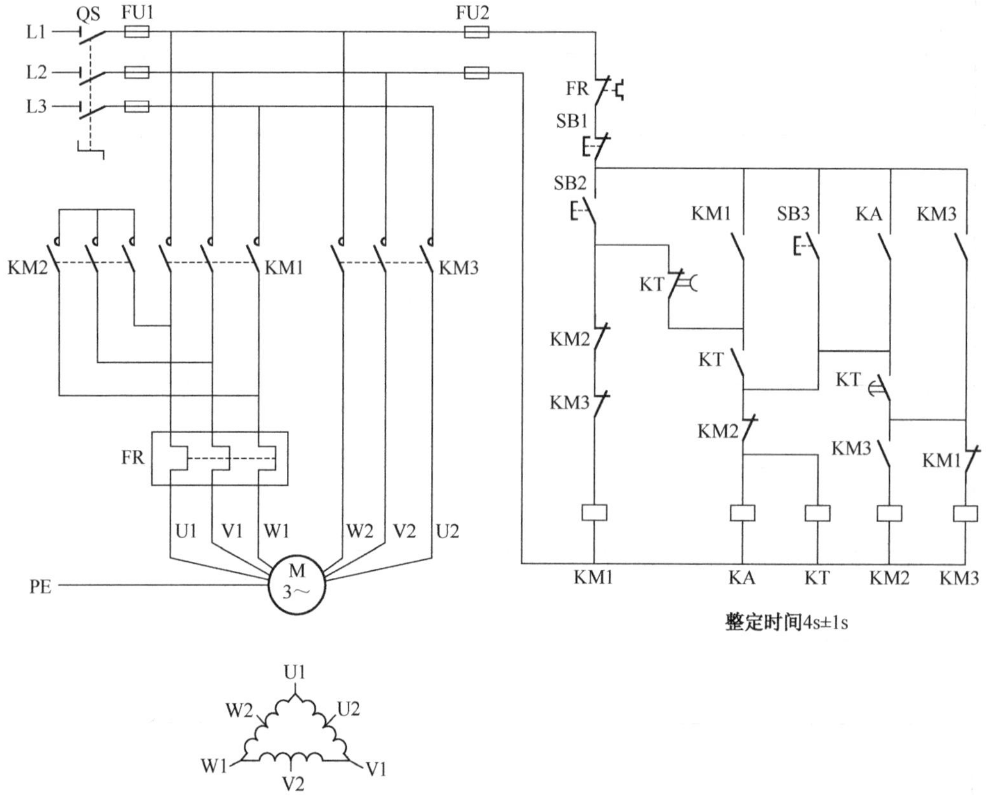

图 11-7　双速交流异步电动机的控制电路

双速交流异步电动机共有 4 个输入信号和 3 信输出信号，其输入/输出分配表如表 11-2 所示。

表 11-2　双速交流异步电动机输入/输出分配表

输入设备	输入地址	输出设备	输出地址
SB1	X001	KM1	Y001
SB2	X002	KM2	Y002
SB3	X003	KM3	Y003
FR	X004		

根据双速交流异步电动机的控制电路和输入/输出分配表，可以绘制出其输入/输出接线图，如图 11-8 所示。

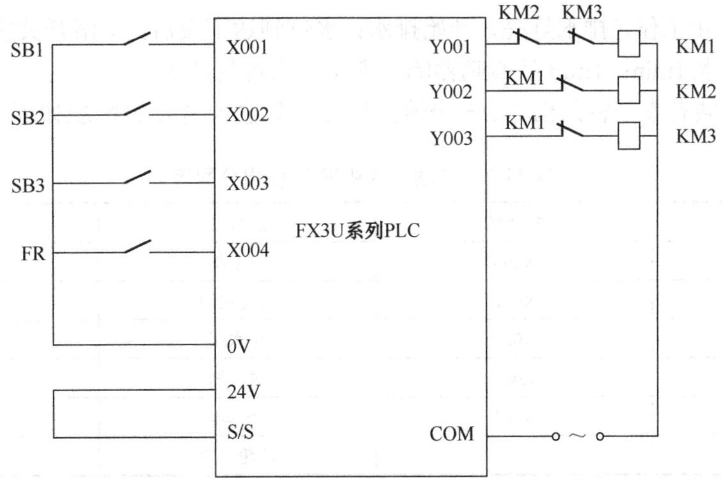

图 11-8 双速交流异步电动机输入/输出接线图

可以采用基本指令来编程，双速交流异步电动机的控制系统梯形图如图 11-9 所示。

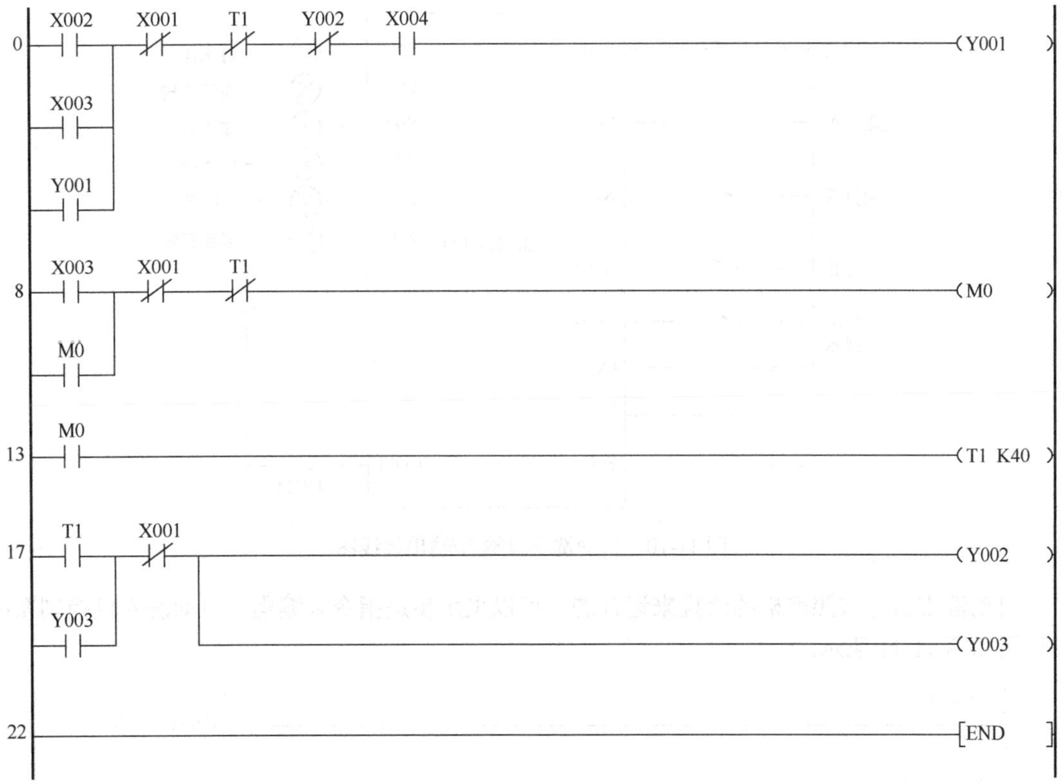

图 11-9 双速交流异步电动机的控制系统梯形图

11.4 用 PLC 控制自动洗衣机的设计

利用 PLC 编写合适的程序，使自动洗衣机按下述要求运行。

按下启动键后，进水阀灯亮，自动洗衣机开始注水；水位到达上限后，上限开关压下，进水阀灯灭，表示水已注满；波轮开始运转，左转 5.5s，停止工作 1s，然后右转 5.5s；运行

4min 后，波轮停止工作，排水灯亮，开始排水；水位到达下限后，下限开关接通，排水灯灭；脱水桶灯亮，脱水 1min；1min 后蜂鸣器响，整个洗衣过程结束。

自动洗衣机共有 5 个输入信号、6 个输出信号，其输入/输出分配表如表 11-3 所示。

表 11-3　自动洗衣机输入/输出分配表

输入设备	输入地址	输出设备	输出地址
启动	X000	进水阀	Y000
上限开关	X001	波轮左转	Y001
下限开关	X002	排水阀	Y002
停止	X003	脱水桶	Y003
自动排水	X004	蜂鸣器	Y004
		波轮右转	Y005

根据自动洗衣机的工作过程和输入/输出分配表，可以绘制出其输入/输出接线图，如图 11-10 所示。

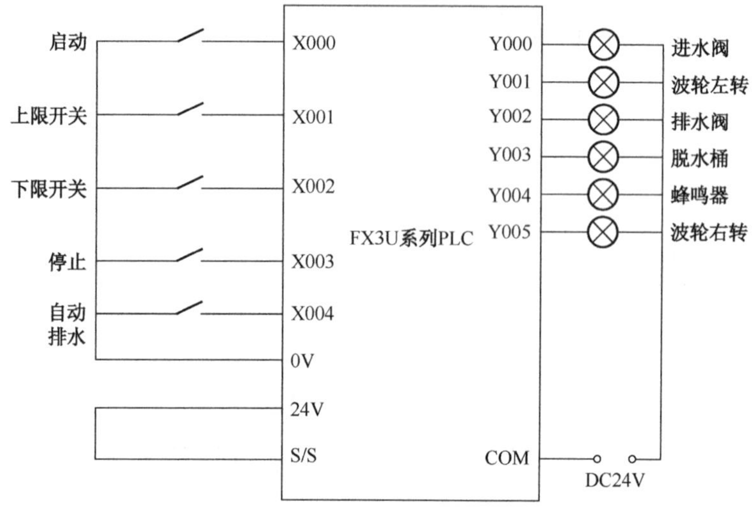

图 11-10　自动洗衣机输入/输出接线图

自动洗衣机是按照严格的流程来运行的，可以采用步进指令来编程。自动洗衣机控制系统梯形图如图 11-11 所示。

图 11-11　自动洗衣机控制系统梯形图

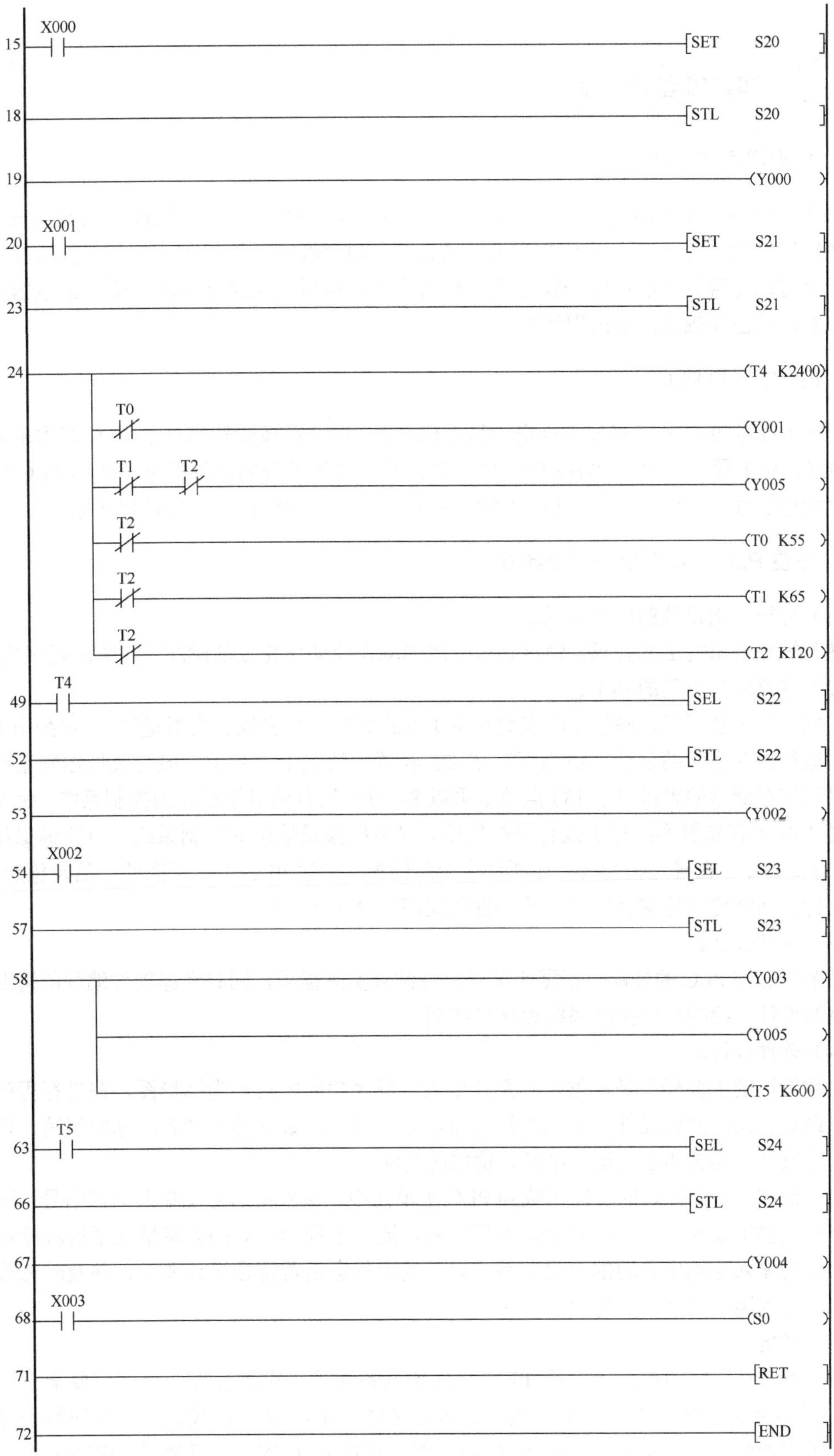

图 11-11　自动洗衣机控制系统梯形图（续）

知识梳理与小结

1. 梯形图语言特点

每个梯形图由多个梯级组成；梯形图左、右两边的竖线表示假想的逻辑电源，当某一梯级的逻辑运算结果为 1 时，有假想的电流通过；继电器线圈只能出现一次，但其常开触点、常闭触点可以出现无数次；每一梯级的运算结果立即被后面的梯级利用；输入继电器受外部信号控制，只出现触点，不出现线圈。

2. FX3U 系列 PLC

FX3U 系列 PLC 是三菱公司推出的第三代三菱 PLC。晶体管输出型的 PLC 基本单元内置 3 轴独立、频率最高可达 100kHz 的定位装置，并且增加了新的定位指令，使得 PLC 的定位控制功能更加强大，使用更为方便。FX3U 系列产品为 FX2N 系列产品替代产品。

3. 三菱 PLC 控制系统一般设计方法

（1）分析控制系统的控制要求。

熟悉被控对象的工艺要求，确定必须完成的动作及动作完成的顺序，归纳出顺序功能图。

（2）选择适当类型的 PLC。

根据生产工艺要求，确定 I/O 点数和 I/O 点的类型（数字量、模拟量等），并列出 I/O 点清单。进行内存容量的估计，适当留有裕量。在通常情况下，对于一般开关量控制系统，用户程序所需存储器的容量等于 I/O 点总数乘以 8；对于只有模拟量输入的控制系统，每路模拟量需要 100 个存储器字；对于既有模拟量输入又有模拟量输出的控制系统，每路模拟量需要 200 个存储器字。在确定机型时，还要结合市场情况，考察 PLC 生产厂家的产品及售后服务、技术支持、网络通信等综合情况，选择性价比高的 PLC 机型。

（3）硬件设计。

了解所选用 PLC 的性能。根据相关资料并结合实际需求，同时考虑软件编程的情况进行外电路的设计，绘制电气控制系统原理接线图。

（4）软件设计。

软件设计的主要任务是根据控制系统要求将顺序功能图转换为梯形图，在进行程序设计的时候最好将使用的软元件（如内部继电器、定时器、计数器等）列表，标明用途，以便在进行程序设计、调试和系统运行维护、检修时查阅。

模拟调试。将设计好的程序下载到 PLC 主单元中。由外接信号源加入测试信号，可用按钮或小开关模拟输入信号，用指示灯模拟负载，通过各种指示灯的亮暗情况了解程序运行的情况，观察输入与输出之间的变化关系，以及逻辑状态是否符合设计要求，并及时修改和调整程序，直到满足设计要求为止。

（5）现场调试。

在模拟调试合格的前提下，将 PLC 与现场设备连接。在进行现场调试前要全面检查整个 PLC 控制系统，包括电源、接地线、设备连接线、输入/输出连线等。在保证整个硬件连接正确无误的情况下才可送电。将 PLC 的工作方式置为 RUN，反复调试，消除可能出现的问题。当试运一定时间且系统运行正常后，可将程序固化在具有长久记忆功能的存储器中，做好备份。

练习与提高

1. 花样喷泉 PLC 控制系统的设计、安装与调试，花样喷泉示意图如图 11-12 所示。所需设备有花样喷泉模拟接线板一块；计算机、PLC 及编程软件。要求如下：

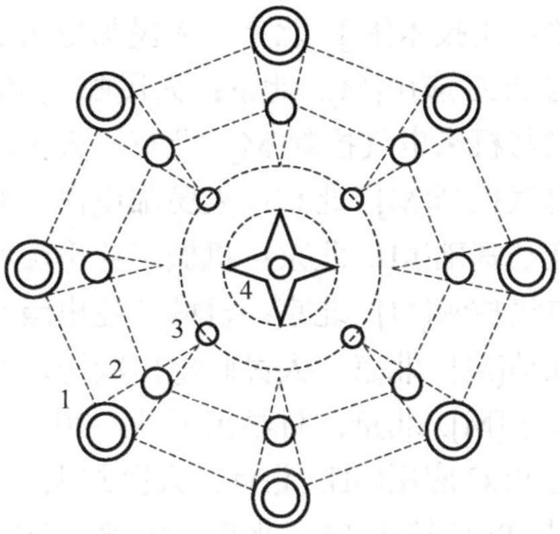

图 11-12　花样喷泉示意图

按下启动按钮，喷泉开始工作；按下停止按钮，喷泉停止工作。

喷泉的工作方式由花样选择开关和单步/连续开关决定。

当单步/连续开关在单步位置时，喷泉只能按照花样选择开关设定的方式，运行一个循环。

2. 机械动力头 PLC 控制系统设计、安装与调试，机械动力头动作示意图如图 11-13 所示。所需设备有机械动力头模拟接线板一块、计算机、PLC 及编程软件。工作台循环工作过程：工作台启动→向右移动工进→减速至换向→左移快速返回→减速至换向→进入正向工作状态。

要求：工作方式设置为自动循环和点动两种；梯形图设计工作方式为自动循环、点动单周循环和步进；自动循环时应按照上述顺序动作。

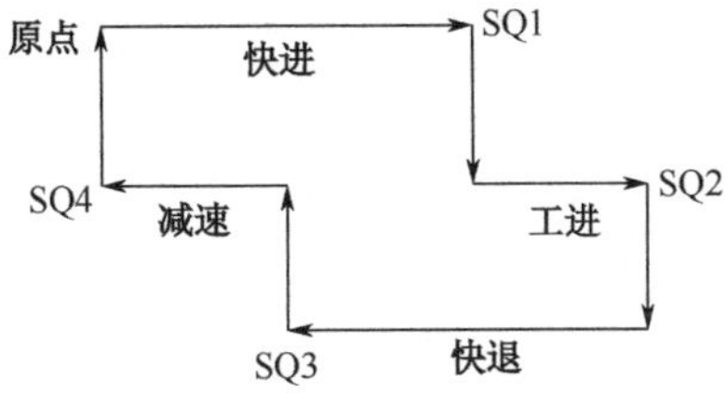

图 11-13　机械动力头动作示意图

参 考 文 献

[1] 郭艳萍. 变频及伺服应用技术[M]. 北京：人民邮电出版社，2018.
[2] 郭艳萍. 电气控制与 PLC 应用[M]. 北京：人民邮电出版社，2017.
[3] 吴灏，冯宁. 电动机与机床电气控制[M]. 北京：人民邮电出版社，2009.
[4] 施振金. 电动机与电气控制[M]. 北京：人民邮电出版社，2007.
[5] 汤天浩. 电动机与拖动基础[M]. 北京：机械工业出版社，2004.
[6] 周元一. 电动机与电气控制[M]. 北京：机械工业出版社，2006.
[7] 刘小春. 电动机与拖动[M]. 北京：人民邮电出版社，2010.
[8] 郁建平. 机电控制技术[M]. 北京：科学出版社，2006.
[9] 张伟林. 电气控制与 PLC 应用[M]. 北京：人民邮电出版社，2007.
[10] 史国生. 电气控制与 PLC 技术[M]. 北京：化学工业出版，2003.
[11] 战祥森. 电气控制一点通[M]. 北京：机械工业出版社，2012.
[12] 三菱 PLC 手册